징검다리 시리즈

돌아갈 때가 되면
돌아가는 것이 '진보'다

글 천규석

돌아갈 때가 되면 돌아가는 것이 진보다

1999년 6월 28일 초판 1쇄 펴냄
2005년 12월 20일 초판 5쇄 펴냄

지은이 | 천규석
펴낸이 | 김영현
편집 | 박문수, 정은영, 홍진, 강영특
디자인 | 여현미, 이선화
관리·영업 | 김경배, 김태일, 이용희, 권순길

펴낸곳 | (주)실천문학
등록 | 10-1221호(1995.10.26.)
주소 | (121-820) 서울시 마포구 망원1동 377-1 601호
전화 | 322-2161~5, 팩스 | 322-2166
홈페이지 | www.silcheon.com

ⓒ 천규석, 1999

ISBN 89-392-0353-4 03810

글쓴이 천규석은 옹골진 농사꾼이다. 때로는 급진적인 근본주의자로, 때로는 철학자로, 때로는 극단적인 환경론자로 비치지만, 자신에게는 무섭도록 철저한 생활인이다. 그는 1938년 경남 창녕군 영산(靈山)에서 태어났다. 서라벌예술대학과 서울대학교 미학과를 졸업한 후 1965년 이농의 물결을 뒤로 한 채 농촌공동체 건설의 꿈을 품고 귀향하여 지금까지 농사를 짓고 있다. 그는 사라져가는 전통농법을 살려 농약과 화학비료의 사용을 억제하고 유기농을 실시, 자연과 인간이 함께 사는 길을 모색하였으며, 새마을운동과 투기바람이 황폐화시킨 농촌을 재건하기 위해 '소농두레'의 방법론을 제창하였다. 1990년 도농직거래를 통한 지역자립자치두레를 부활시키기 위해 '한살림 운동'에 참여, 한살림 운동 대구공동체를 만들고, 2백여 명의 모금으로 창녕 남지에 '공생농두레농장'을 열어 평생의 꿈을 일구고 있다.
한국민족예술인 총연합 2대 공동의장을 지냈으며, 저서로는 『이 땅덩이와 밥상』(1993 창작과비평), 『땅사랑 당신사랑』(1996 명경)이 있다.

"결국에는 모두가 패배자가 될 수밖에 없는 경쟁사회에서 농사는 누구에게나 열린 가능성이자 희망이고, 유일한 귀의처다."

■ **책머리에**

천규석의 삶과 생각

천 규석의 고향은 경남 창녕이다. 그는 그곳에서 태어나 잠시 학창 시절의 객지생활을 제외하고는 물 건너라고는 그 흔해빠진 제주도 여행도 한번 가보지 않고 평생 그곳에서 살아가고 있다.

지난 겨울 나는 나의 고향이기도 한 그곳에 잠시 <신한국기행>이라는 프로의 촬영차 갔다가 그의 농장에 들렀다. 창녕에서도 남지, 남지에서도 한참 벗어나 좁은 지방도를 따라가다가 '공생농두레농장'이라는 팻말이 붙어 있는 농로를 따라 골짜기 안으로 들어가니 작은 저수지가 하나 있고 그 안으로 팔천여 평의 농장이 있었는데, 그곳이 바로 그의 '공생농두레'의 평생철학이 담겨 있는 작은 터전이었다.

겨울이라 그런지 골짜기는 썰렁하였지만 윗밭에 심어놓은 보리만은 맑은 겨울 햇살을 받아 푸르게 반짝이고 있었다. 청청한 하늘을 향해 푸르게 자라고 있는 보리밭을 보자 평생 농부로서, 농민운동가로서, 도시와 농촌의 공생적 삶을 위한 '한살림 운동'의 제창자로서, 그리고 무엇보다 산업사회의 거대한 물결에 맞서 농촌문화와 공동체를 지키고 복원하기 위한 꿈을 가지고 '극단적 원칙주의자'로 살아온 그의 삶이 말없이 전해오는 듯했다.

농장에는 두 쌍의 젊은 부부를 포함해 너덧 명의 젊은이들이 그의

'공생농두레' 철학에 따라 공동생활을 하고 있었다. 모두가 이전에는 도회지에서 대학물도 먹고 운동판에도 돌아다녔으나 이제 그런 운동에서 벗어나 보다 '근본적'인 방법과 길을 찾아 이곳 외진 골짜기로 스며든 친구들이었다. 둘러앉아 구수한 결명자차를 마시는 동안 나는 이른바 '제3의 길'이라는 문명적 대안과 이들의 삶이 어떤 모양으로 연결되어 있을까 하고 혼자 생각했다.

20세기말 신자유주의의 깃발 아래 몰아닥친 이 광폭한 '자본주의 덫'에 맞서 새로운 모색을 하는 사람들이 늘어가고 있다. 그 새로운 모색이란 다름 아닌 자연이라는 환경과 조화하고, 낭비적인 기존의 시장구조에 대신하여 생산자와 소비자가 더불어 공생하는 새로운 공동체운동을 뜻한다. 이러한 모색은 그 자체가 대량생산, 대량소비, 그리고 그 사이를 잇는 대량유통구조를 축으로 한 자본주의적 경제구조와 대치되기 때문에 어떻게 보면 시대역행적이거나 시대착오적인 형태로 보여질지도 모른다. 자연과의 가장 조화적인 경제구조를 이루는 흙의 공동체 같은 경우에도, 이제 그러한 생산력만으로는 더 이상 지탱할 수 없는 인구 팽창이라는 것을 염두에 두지 않을 수 없기 때문이다. 공장 중심의 산업사회를, 그리고 그러한 산업사회를 유지하기 위한 일종의 전투소조와 같은 핵가족적 가족제도를 해체하여 다시 농경사회로, 그리고 대가족공동체 사회로 환원한다는 일은 불가능한 일일뿐만 아니라 역사적 현실을 무시하는 일일 것이다.

우리나라뿐만 아니라 세계적으로 자본주의적 중심으로부터 이탈하여 스스로 삶의 패러다임을 구축하려 하는 자생적 공동체운동은 오랫동안 있어 왔다. 그러나 그것은 모두 폭풍우 속의 비닐 하우스처럼 결국 근본적인 변화에 이르지 못하고 좌절하는 경우가 대부분이었다.

천규석이 농사에 생애적 희망을 걸고 귀향한 것은 한창 '조국 근대화'의 깃발 아래 산업화가 진행되던 1965년이었다. 농촌 인구들이 급속도로 도시로 몰려들면서 대도시 주변에 빈민촌이 형성되고, 방직공장이나 신발공장 등에 농촌 출신의 어린 여공들이 인간 이하의 대우를 받으면서 '수출 입국'의 첨병으로 일하던 무렵이었다. 시골바닥에서는 보기 드물게 서울 문리대 미학과를 졸업한 천규석은 홀아버지의 기대를 저버리고 줄 이은 이농의 대열에서 빠져 나와 다시 고향 농촌으로 돌아와 농사꾼이 되었다. 물론 한가로운 전원생활을 구가하기 위한 것은 아니었다.

아버지에서 물려받은 1천여 평의 터를 발판으로 그는 여린 아내와 함께 진짜 농사꾼이 되기 위해 골병이 들도록 일을 했다. 그런 한편 가톨릭 농민회 창녕분회를 만들고, 지역 농민단체인 '경화회'에 참여해 기관지를 만드는 일을 했다. 그런 한편 조성국 선생 밑에서 영산 줄다리기의 기능을 전수받고 지역 문화운동의 개척에 심혈을 기울였다. 말하자면 당시 최고의 인텔리 출신으로서 선진적으로 '하방'을 했던 것이다.

그 사이 아버지도, 부인도 모두 세상을 떠났다. 그럴 뿐만 아니라, 칠십년대에는 농촌공동체를 속속히 허물어 넘기며 불어닥쳤던 새마을운동에, 그리고 88년에는 전국적으로 광풍처럼 휩쓸었던 토지 투기바람에 그의 꿈은 완전히 거덜나 버렸다. 그는 오랜 병고까지 앓았다. 그는 실패를 한 것이다. 말하자면 그의 인생은 실패한 인생이다. 이순을 넘긴 나이에도 불구하고 아직도 비타협적이고 고집스런 그의 눈빛은 역설적이게도 그의 실패한 인생을 곽확하게 보여주고 있는지 모른다.

그러면 무엇이 그를 실패하게 만들었는가? 일반적인 기준으로 치자면 그의 가난 때문인지도 모른다. 그의 재산은 그가 아니면 묵혀 내버려두고 있던 골짜기밭(한계농지) 몇천 평과 아들 딸이 살고 있는 대구

변두리의 이십여 평짜리 낡은 아파트가 전부이다. 그것은 물론 그의 무능 때문이다. 그는 '돈'을 거부하였다. 일찍부터 농토에 익은 그에게 투기바람이 불 때마다 억만 금의 유혹이 눈앞에서 왔다갔다했다. 그는 그 유혹과 싸웠다. 오히려 투기적인 개발에 맞서 자연을 지키기 위해 반대의 길을 걸었다. 그것이 그를 무능한, 실패한 인생으로 만드는 첩경이 되었다.

두번째는 그의 철학이 그를 실패하게 만들었다. 일찍부터 공동체생명운동에 눈을 뜬 그는 일체의 농약을 쓰지 않는 유기농법에 눈을 돌렸다. 지금은 유기농법이다, 자연식품이다 하며 난리를 떨고 있지만 초기에는 생산성이 떨어진다는 이유로 거들떠보지도 않았던 일이었다. 그는 이제 그 유기농법조차도 남의 땅의 기름기를 착취한다는 이유로 거부하고, '자연농'에 눈을 돌리고 있다. 땅이 가진 생산력에 모든 것을 기대고, 환원하는 극단적 공생농법인 것이다. 한 걸음 앞서는 것은 성공하지만 그처럼 열 걸음 앞서가는 일은 언제나 실패하기 마련이다. 그의 철학은 언제나 근본이며 따라서 급진적이다. 1965년의 남다른 귀향도 그러했지만 농민운동에 관한 한 그는 언제나 변치 않고 맨 좌측에 서 있은 사람이었다.

그런데 이러한 그의 실패를 뒤집어보면 진실은 그 반대라는 사실을 금세 알게 될 것이다. 실패한 것은 그가 아니라 바로 파행적으로 전개되어 온 우리나라 산업화의 족적이며, 농촌공동체의 밑뿌리를 거덜낸 농업정책이며, 토지투기이며, 나아가서는 인간성을 말살시켜 버린 거대한 세계자본의 횡포였다. 실패한 것은 그의 철학이나 가난이 아니라, 이 나라의 썩은 재벌이며, 관료이며, 그들을 지탱하는 철학이었다. 천규석의 일생은 그들과의 투쟁이자 저항의 연속이었다 해도 과언이 아닐 것이다. 어느 누가 그처럼 온몸으로 실천하며 자신의 철학을 지키고 싸워온 사람이 있을까. 그이야말로 요즘의 환경운동가나 생태주의자들에게 보다 근본적인 질문을 던질 수 있는 자격이 있는 사람인지도 모른다.

수많은 실패의 끝, 깡마른 얼굴에 골골이 주름이 잡힌 88년. 그는 땅을 지키고 살리기 위해서는 , 그리고 자연과 공생 순환하는 농적(農的) 문명과 그 공동체를 구현하기 위해서는 이미 자생력을 잃은 농민의 힘만으로는 불가능하다는 사실을 깨닫고, 도시소비자와 농촌생산자가 협력하는 도농(都農) 협조시스템인 '한살림 운동'을 시작하였다. 대구 한살림을 꾸려나가는 데도 그는 상업주의적 유혹을 뿌리치고 철저한 원칙을 지키고 있다. 풀무원과 같이 확대되는 것을 반대하여 작은 규모의 살림살이와 작은 규모의 공동체유통을 고집했다. 농사에 있어서도 그는 기업농 대신 소농(小農)두레라는 가족 단위의 규모를 주장한다. 그것이 자연을 살리고, 인간의 지속적 삶을 담보하는 길이라고 굳게 믿고 있기 때문이다.

천규석은 1995년 2백여 명의 한살림 회원이 주축이 돼 모금한 1억5천만 원으로 평생의 꿈을 실현할, 바로 이 남지 골짜기의 '공생농두레' 농장을 마련했다. 회비 납부액의 많고 적음에 관계없이 회원 전부가 동등한 권리와 자격을 갖춘 그야말로 공동농장인 것이다. 경남 창녕의 이름 없는 골짜기에 자리잡고 있지만 아마 그곳은 그의 평생철학을 실천적으로 보여줄 실험적 무대가 될 것이다.

그는 이곳에서 뜻있는 젊은이들과 함께 서른다섯 해 전 귀농할 때와 같이 희망을 심고 있다. 인간을 머슴으로 부리지 않고, 자연을 함부로 착취하지 아니하며, 더불어 공생할 수 있는 방안을 모색하고 있는 것이다.

그는 작다. 길거리에서 만난다면 그가 왜소하고 초라한 평범한 중늙은이로밖에 보이지 않을 것이다. 하지만 그의 눈빛과 혀 짧은 말투 속에 견고한 중심이 느껴진다. 이제 그의 삶과 철학이 새로운 문명기에 어떤 대안이 될 수 있을 것인지, 폭풍우 속의 비닐하우스가·전세계적 연대 속에서 새로운 패러다임으로 성립할 수 있을 것인지 눈여겨보아야 할 것이다. 왜냐하면 비록 그것이 또 다시 실패로 끝난다 하더라도 그것은 그의 실패가 아니라 우리 모두의 운명과 직결된 문제이기 때문이다.

1999년 초여름
김영현 (소설가)

차례

1 땅을 지키기 위해

- 내 자식들에게 내 땅을 팔겠다 · 18
  - 아내와 함께 잃은 첫번째 농장 · 18
  - 미완의 두번째 농장 · 21
  - 귀양살이 자처한 청도 비슬산 농장 · 24
  - 생태상업주의와 정치적 국립공원 · 29
  - 산 나무에 쇠못 박는 생태상업주의 · 32
  - 꿈의 실현을 위한 공생농두레농장 · 36
  - 내 자식들에게 내 땅을 팔겠다 · 39
- 아버지의 유산 · 43

2 지속적인 삶의 길

- 소농두레 · 55
  - 2천 평으로 못 산다? · 56
  - 귀농 — 연민의 대상도 품잡는 수단도 아니다 · 57
  - 소농두레 말고 다른 길이 있는가? · 59
  - 소농정책의 행방을 묻는다 · 62
  - 농어촌 구조개선자금 42조 원의 행방 · 65
  - 실패로 막 내린 기업농정책 · 69
  - 소농정책 말고 다른 길 없다 · 72
  - 상업농·수출농은 반환경농 · 74
  - 진정한 환경농은 지역자립농 · 76
  - 지역, 생태, 문화, 사람의 협동으로 · 79
  - 두레 직거래식품 규제는 자율규제로 · 83
  - 스스로 돕는 자를 지원하라 · 87

민주주의냐 시장주의냐 · 89
광주항쟁의 참뜻은? · 92
대통령병 치유 없이 지역통합 없다 · 96
지역분권 자치없이 민주주의 없다 · 98

3 바쁠수록 에둘러 가라

- 귀농, 왜 어떻게 해야 하나 · 104
  진보에 대한 의혹 · 105
  귀농이란 말에 담긴 뜻 · 106
  어떤 귀농인가 · 108
  소농의 두레귀농 · 109
  공생농두레 · 112

- 지역자립의 두레농업으로 · 115
  공생두레문화의 창조적 부활 · 119
  귀농의 징검다리 · 120
  도농두레에서 지역자립두레로 · 122

- 씨가 말라가고 있다 · 126
  사라져가는 고향마을 · 126
  농경지 상실은 곧 식량 위기 · 128
  과수원 개간은 에너지 낭비 · 129
  화학비료의 효용 한계 봉착 · 130
  바다의 한계는 육지보다 빨라 · 131
  씨앗 식민주의 · 131
  유전공학기술이 파국 초래 · 133
  '두레귀농'이 파장을 막는 길 · 134

4 발상의 전환은 이런 것이다

- 문제는 기술이 아니라 사람이다 · 138
    - 직거래에서 지역거래로 · 141
    - 농지파괴와 가격폭등 · 144
    - 기계로 하는 '태평농법' · 147
    - 태평농법의 어두운 그림자 · 152
- 자동차 굴뚝을 제 차 안으로 · 157
    - 개발 천국의 자동차 길 닦기 · 159
    - 지역공동체와 인간성 파괴의 주범, 자동차 · 161
- 생활 속의 환경보전 · 165

5 자립자치의 삶으로 가는 길

- 자치 전인교육은 지역자립두레와 함께 · 173
    - 지금의 우리 교육에 무엇이 문제인가 · 174
    - 지금의 대안교육운동은 궁극적 대안인가 · 176
    - 전인적 자치교육은 탈학교 지역자립두레로 · 178
- 우리의 지자제는 전통두레의 창조적 재건으로 · 184
    - 자생력 없는 수입은 우리 삶의 토착성을 뿌리째 뽑아내 · 185
    - 생활공동체 자치조직인 '두레' · 186
    - 대동굿의 조직이기도 한 두레 · 187
    - 전통두레를 오늘에 맞게 창조적으로 재건해야 · 189
    - 도농 공동의 두레를 창조해야 · 190
    - 한살림, 두레농촌 부활의 밀알이 돼야 · 191
- 제주도민을 위한 농사 · 192
- 식량위기 — 북한만의 일인가 · 197

6 과거에서 미래의 희망을 찾는다

- 토착문화론(土着文化論)을 기대하며 · 207
  - 두레와 두레문화는 하나다 · 209
  - 채희완의 신명론 · 215
  - 신명 직거래의 두레 · 220
  - 탈춤의 반토착적 시장성 · 225
  - 유랑성의 예술성과 파괴성 · 230
  - 신명의 원천은 두레다 · 233
  - 분리된 문화는 토착두레로 통일 · 237
- 전통과 진보 · 241
- 민족예술에서 지역두레예술로 · 245

7 죽음은 새로운 삶의 시작이다

- 한 송이 풀꽃으로 거듭 살기 위해 · 254
  - 어떤 장묘제도가 있어 왔나 · 257
  - 매장문화는 모두 악인가 · 259
  - 무덤의 돌감옥화가 문제다 · 261
  - 화장제의 반생태 — 반지속성 · 264
  - 지속가능한 묘지문화 · 268
  - 내가 가꾸던 나무 밑에 묻어다오 · 273

천규석의 삶과 생각 / 김영현 · 5

땅을 지키기 위해

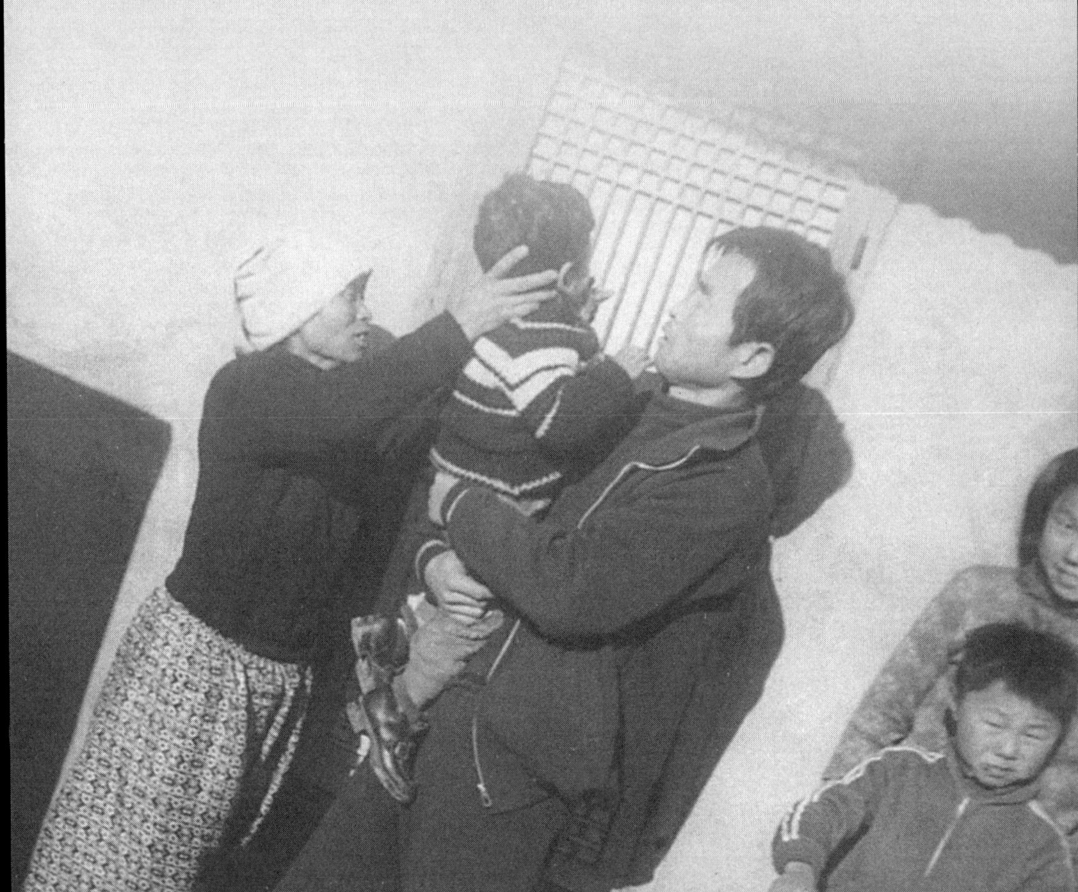

내 자식들에게 내 땅을 팔겠다

나는 평생에 걸쳐 1만 평 전후의 소규모 농장을 네 번째나 만들고 있다. 하나를 제외하면 만든 것이 아니라 지금도 만들어 가는 중에 있다. 이런 얘기 들으면 모르는 사람들은 땅투기 해서 살 만하겠구나 생각할지 모르지만 그렇지는 않다. 지금의 내가 못산다고 엄살을 부릴 처지는 아니지만, 적어도 땅투기와는 반대의 길로 살아온 것만은 확신한다. 그런데 왜 미친 듯이 한평생을 땅만 보고 땅을 찾아 땅에서 살아왔던가? 나도 확실히는 모르지만 아마도 그 땅사랑이 내 나름의 임사랑, 자식사랑, 도(道)사랑의 길이 아니었던가 싶다.

아내와 함께 잃은 첫번째 농장

첫번째 농장은 아버님이 두고 가신, 내 생가가 있던 5백 평이 넘는 대지, 그리고 그 집 앞에 있는 천수답 1천여 평을 근거로 장장 15년 간의 내 청춘을 바쳐 8천 평 규모로 키웠던 안태 고향의 농장이다. 그 농장 한구석 비탈밭에 함께 농장을 일구었던 아내를 묻은 뒤, 산과 경계 문제로 평생 편할 날 없던 부모님 산소도 이장해 놓았다. 나도 평생 농사를 지으며 살다가 죽으면 내 아내 옆에 묻히겠다고 다짐했던 젊은

날의 애증이 아프게 젖은 그런 농장이다.

처음 이 농장을 시작할 땐 그래도 희망에 부풀어 있었다. 그러나 우리가 해왔던 어설픈 농민운동의 지향과는 달리 농촌공동체는 나날이 무너져만 갔다. 심지어 농민운동을 함께한 사람들조차 나보다 나이 많은 이는 먼저 땅속으로 갔고, 나보다 젊은 이들은 개발 성장 광풍에 휩쓸려 다 떠나갔다. 이것까지는 견딜 만했는데 설상가상으로 함께 농장을 만들고 농사짓던 아내마저 저 세상으로 떠나버렸다. 결국 오늘 이 꼴로 주저앉고 말 농민운동 반, 농사일 반의 반거충이 남편과 하는 농사일, 그리고 많은 내 형제들 뒤치닥거리가 얼마나 힘겨웠던지 여린 체구였던 아내는 나보다 먼저 농장 한구석으로 몸을 숨긴 것이다.

마을두레는 고사하고 모든 두레의 시작이고 근본인 가족두레마저 나는 지키지 못했던 것이다. 아내가 간 뒤 10년 동안 나는 이를 악물고 이 농장을 지키려고 했으나 뜻대로 되질 않았다. 모두가 농사 아닌 다른 일들로 돈을 벌러 떠나고, 민주화운동이니 노동운동이니 한다고 도시로 떠난 텅 빈 들, 텅 빈 마을의 외로움과 적막을 나는 더 이상 참을 수 없었다.

마침내 나는 농장 옆 작은 고개 너머에 마련해 두었던 2천 평의 땅을 늘려, 5천 평 규모의 작은 농장으로 만들 작정을 하고, 일단 농장을 팔았다. 그러나 당시의 도도한 이농대세에도 불구하고, 다시 땅을 모으기란 난감한 일이었다. 어떤 땅은 종중답이라서 안 되고, 어떤 사람들은 가을 추수 뒤에나 보자고 했고, 어떤 사람은 엄청난 땅값을 요구했고, 어떤 땅임자는 아예 팔지 않겠다고 했다.

뜻대로 되지 않아 초조하게 기다리며, 대구에 있는 아이들과 고향을 왔다갔다하는 사이 어느새 1988년이 되었다. 88올림픽 거품경기로 시작된 땅투기 광풍은 농촌 구석구석까지 할퀴며 지나갔다. 한 해 전에 이미 팔았던 농장과 내가 새로 농장을 만들려는 바로 그 땅에도, 그로부터 10년 뒤 IMF 환란 무렵에 남 먼저 부도를 낸 한일합섬 공장이 들어온다는 소문이 돌았다. 그 소문과 함께 당시 평당 2~5천 원 했던 땅값이 무려 10만 원에 팔리기도 하자 조용했던 인근 동네들이 갑자기 광기로 날뛰기 시작했다.

동네 유지들로 구성된 한일합섬 공장유치 추진위원회라는 것이 만들어졌다. 한일합섬에서 제멋대로 그어 만든 5만 평 부지의 공장예정지 지적도를 들고 그들은 땅임자들을 찾아서 공장유치 동의를 받으려 다녔다. 이들에 의하면 한일합섬이 제시하는 부지 내의 수용땅값이 논은 평당 2만 원, 밭은 1만 원, 산은 5천 원이라고 했다. 그런데 그 부지 밖의 땅값이 이렇게 10만 원으로까지 폭발해 버린 고향땅에 어찌 농장을 가꾸며 농사로 먹고살 꿈을 꿀 수 있겠는가? 이미 아내를 잃고, 농장마저 잃고, 드디어 고향까지 잃고 만다는 그 참담함이란…….

그러나 한일합섬의 투기놀음은, 농민운동 등으로 별종 취급을 받던 나만 빼고, 인근 마을 경작인들로부터는 동의 정도가 아니라 오히려 쌍수로 환영까지 받았다. 공장유치 추진위원들은 일찍부터 낙인찍힌 나만 설득하면 공장유치는 기정사실인 줄 알고 있었다. "너 때문에 공장 못 오면 지역발전 막히는데 어쩔 테냐. 우리가 땅 구해 줄 테니 동의하라"는 회유와 협박을 하는 한편으로 동네에서는 돼지까지 잡아놓고 유치결 겸 환영잔치까지 미리 벌였다.

한데 문제는 경작지 가운데의 낮은 야산에 수없이 자리잡은 무덤에서 생겼다. 오래 된 무덤에서부터 최근에 생긴 무덤까지 군데군데 자리잡은 그 많은 무덤들은 요즘같이 요란한 돌치장물들은 하나도 없었다. 그러나 이 무덤들은 개발자의 뜻대로 측량기로 줄긋고 나면, 청동기시대의 고분처럼 발굴로 간단히 끝낼 수 있는 무연고 분묘가 아니라 사연도 많은 무덤들이었던 것이다. 그 무덤의 자손들 중에는 경제적으로 성공한 재일동포도 있고, 서울에서 호텔을 경영하는 알부자들도 있었고, 나처럼 돈은 없다 해도 고집 하나로 사는 사람들도 있었다.

그런데 고작 평당 5천 원과 약간의 이장보조비로 자기의 오늘이 있게 해준 선대들의 무덤을 선선히 내놓겠는가? 이같이 조상의 매장묘는 무조건 산 자의 생활공간을 협소화시키고 미관을 해친다는 개발지상주의들의 주장과는 반대로 투기개발로부터 우리의 삶의 터전을 온전히 지켜준 최후의 보루가 되어주기도 한다.

그런 것을 보고 나는 젊은 날에 생각했던, 개발 불가능한 깊고 높은 산중에 조용한 주검으로 남고자 했던 산중유택을 깨끗이 포기했다. 대신 다른 8도로 전용될 가능성이 많은 내 농지 한 자락을 주검으로 깔고 누워 한 그루 곡식이나 나무, 아니면 한 포기의 풀꽃의 거름으로라도 되살아 영원한 땅지킴이가 되기로 생각을 고쳤던 것이다.

한일합섬의 땅투기 놀음은 인근 마을을 개발 광기로 휘몰아 조용하던 동네 인심만 갈가리 찢어놓은 슬픈 해프닝으로 끝났다. 그러나 한번 부푼 땅값이 원점으로 되돌아가는 예는 거의 없다. 비싼 땅값에 날로 삭막해지는 동네 인심은 고향을 고향으로 남겨두지 않았다. 이를 계기로 나는 고향으로부터 밀려나 제2의 고향을 찾아 세번째, 네번째 농장을 시도하며 10여 년 동안 객지에서 고향을 그리는 나그네의 신세로 살았다.

미완의 두번째 농장

지금부터 열한 해 전(벌써 그런 세월이 갔다) 첫번째 농장을 팔고 그 대신에 등 너머에 두번째 농장을 만들려던 계획이 문제의 그 투기바람으로 인한 땅값 폭등으로 중단된 경위는 앞에서 얘기한 대로다. 투기가 오기 전에도 내가 이미 가지고 있던 땅 2천 평 앞쪽의 쓸 만한 땅은 쉽게 구입할 수 없었지만, 그 뒤쪽 산골짜기 다랑이 논밭 1천5백여 평은 평당 2천 원에 어떻게 겨우 매매계약을 할 수 있었다. 그런데 계약 중의 어느 날 그 땅임자가 느닷없이 해약을 통보해 왔다. 무슨 영문인지 나는 그때까지 몰랐지만, 이것이 바로 고향 땅까지 투기의 마수가 뻗어왔다는 신호탄인 셈이었다.

한동네 불알친구이기도 했던 그 땅임자가 나보다 땅값을 훨씬 더 주겠다는 원매자가 있다는 이유로 나와의 해약을 요구했을 때, 나는 이웃과 고향에 대한 정뜸과 환멸로 두말 않고 이에 응했다. 이것이 이 두번째 농장을 깨끗이 포기하고 고향을 일단 떠나게 된 직접적 계기다. 나의 세번째 농장만들기와 제2의 고향 찾기의 방황은 이때부터 시작되었다.

이때부터 주거는 고향에서 다른 곳으로 거듭 옮겨다녔지만, 그래도 여기저기 소규모 농지가 남아 있는 고향 땅을 자주 들락거리지 않을 수가 없었다. 그런데 이상하게도 그 이후부터는 고향이 그렇게 남남처럼 낯설고 서먹서먹해질 수가 없었다. 특히 사려다 해약 당한 넓지도 않은 그 땅은 내 가슴에 황량한 회오리를 일으키며 나를 착잡하게 만들었다.

그 땅은 투기광풍중에 두세 차례의 전매를 거쳤다는 소문이 있은 뒤부터 열 한 해 동안을 그대로 묵혀 두었다. 그래서 아카시나무, 참나무, 리기다소나무 등의 잡목과 찔레, 억새 등의 잡초에 완전히 묻혀 경작지에서 산지로 되돌아갔다.

'그때 내 손에 들어왔다면 이미 쓸 만한 작품으로 가꾸어져 있을 터인데 안타깝구나.' 나는 잡초에 묻힌 그 땅을 보며 혼자 생각했다. 이 농장을 찾을 때마다 뻥 뚫린 듯한 내 가슴속으로 황량하게 회오리바람이 이는 것은 그 때문이었는지 모른다.

종이 위에 문자로 정서를 가다듬고 화포에다 색으로 형상하고 오선지에 악보로 소리 만들고 무대 위에서 몸으로 말하는 연행예술도 작품활동일 테지만, 농장을 온몸으로 가꾸는 일도 결코 그에 못지 않은 작품활동이라고 나는 생각한다. 방치된 황무지나 무질서하게 인공화된 논밭이나, 아니면 기하학적으로 구획된 농경지를 그 이전의 자연 상태 때의 모습에 가깝게 굴곡과 동선을 되살려 하나의 조화로운 농장으로 다듬는 것만도 일종의 창작이다. 게다가 농민들은 어머니 젖가슴같이 부드러운 땅의 살갗에다 농작물이란 생명의 털을 입혀 그것을 길러낸다. 이처럼 어머니 땅을 살려 지켜가며 아름답게 꽃피는 식물들을 공생식재하여 생명을 기르는 행위야말로 이른바 장르예술작품들로서는 따라잡을 수 없는 탁월한 의미에서의 종합예술 활동이 아닐까?

'농장작가'라고 하기엔 뭐해도 농장만들기 귀신 썰 내 눈에는 억새 잡목으로 황폐한 산지로 시들어가는 그 땅꼴을 보고 그냥 넘어가지지가 않았다. 세월도 가고, 공장부지 주변 땅투기 광풍도 잠잠해졌다. 이제 되팔 때도 되었다싶어 땅임자를 찾아내서 내게 팔기를 수차례 권유했다. 그러나 땅주인은 본전생각이 나서 안 된다는 것이었다. 기다리자. 내가 살아 있는 한 언젠가는 저 땅을 매입하여 비록 규모는 작아도 그때 좌절당한 이 농장을 기어이 다시 꾸미리라 다짐하던 중에 구제금융시대가 왔다.

11년을 기다리다가 마침내 한일합섬은 부도나고 내 동의 없이는 그 땅에 접근할 농로조차 없는 한계농지, 역시 내 동의 없이 아무 용도로도 전용할 수 없는 땅임을 그제서야 알아차린 부산의 땅임자가 마침내 되팔려고 했다. 열한 해 전 1차 계약 때의 값에 견주면 아직도 너무 비싼 값이었지만, 그래도 거품은 좀 빠진 값으로 마침내 다시 매입할 수 있었다. 이에 용기와 희망을 얻어 비록 규모야 보잘것없었지만, 중지당한 농장일을 다시 시작하게 되었다. 내가 묻히기로 최종 결심한 곳이 바로 이 농장이니, 이 농장 가꾸는 일도 아마 그날까지 계속될 것이다.

귀양살이 자처한 청도 비슬산 농장

애기가 다시 열한 해 전으로 잠시 돌아가야겠다. 하룻밤새에 들이닥친 그 투기광풍으로 두번째 농장의 좌절과 함께 고향조차 잃은 나는 그 메울 수 없는 공황감으로 제정신이 아니었다. 이미 50대의 장년에 접어든 내가 어디다 제2의 고향을 다시 만들어 안주할 새 둥지를 틀 수 있을지 난감하고 답답한 일이었다. 실로 막막한 심정으로 대구와 창녕 사이의 산골이란 산골은 미친 듯이 헤매고 다녔다.

첫번째 농장을 투기 전의 값으로 팔고 보니 수중에 남은 돈은 얄팍했다. 아무리 산촌이라 해도 이미 초벌 투기광풍이 남한땅 방방곡곡을 할퀴고 간 뒤라서 어디든 땅값이 만만치 않았다. 유구한 세월 동안 마을 취락과 절터와 정자와 묘터와 요즘에 유행하는 무슨 별장들까지 다 차지해 버린 지금에 와서 산 좋고 물 좋고 전망 좋은 이른바 명당이야 물론 남아 있을 리가 없다. 어디에 뿌리를 내려야 하나? 정말이지 정든 고향땅 떠난 내 한몸 포근히 깃들, 쓸 만한 땅 한 자락이 그렇게 귀하고 그리울 줄은 예전엔 미처 몰랐었다.

시골 마을버스 아니면 걸어서 헤매다 헤매다 지친 나는 고향 창녕과 바로 경계지점인 달성군 유가면 본말리쯤에서 그만 주저앉기로 했다.

제대로 된 농장은 포기하고 그냥 푹 묻혀 쉴 수 있는 제2의 고향터나 어서 잡고 싶었다. 그래서 비슬산 줄기 대견산 부근 산자락에 붙은 1천 평 미만의 다랑이논을 가까스로 사긴 했다. 그런데 이 땅은 들어가는 길이 너무 좁아 그것을 좀 넓히려면 그 길을 위한 땅의 일부를 더 사야만 했다. 그러나 여기도 대구 등 인근 도시인들의 낚시터이자 드라이브 코스로 알려진 달창 저수지 인근인 탓이었던지 시멘트 포장이 된 길가의 전답은 이미 평당 십만 원을 훨씬 넘어서고 있었다.

'아하, 내가 터를 잘못 잡았구나!'

값비싼 땅. 그것은 언젠가 내몰리거나 돈에 빼앗길 죽은 상품이지 생명의 뿌리를 내리게 하고 내가 밟고 살 생명의 터는 아니었다. 이래서 다시 헤매고 묻고 물으며 또 헤매다가 청도군 각북면 쪽 비슬산 중의 제일 높은 다랑이논 2천여 평을 비교적 싼값에 찾아낼 수 있었다. 달성군 유가 땅은 때마침 본전에 사려는 사람이 있어 그것을 팔아 청도 땅을 샀다.

나는 그때 몰랐지만, 유가 땅은 달성군 지역이 대구광역시에 편입되는 정보를 일찍 안 사람이 산 것 같았다. 그 뒤 이 년여 만에 대구시에 실지로 편입되고 평당 7천 원 하던 땅이 20만 원 이상으로 뛰었다고 했다. 이래서 나는 그 많은 땅을 헤매면서 농장을 네 번이나 만들면서도 투기는커녕 가만히 앉아 있으면 저절로 굴러올 돈도 용케 피해 다니다가 이 나이에 다다랐다.

청도 각북 땅은 경사가 가파르고 뾰족한 비슬산 주봉 아래 해발 5백 미터 정도에 자리잡은 곳이다. 가장 가까운 오산동 마을에서도 약 2킬로미터나 높은 지역에 있었다. 임로(林路)가 있긴 했지만 심한 험로라서 당시로서는 4륜 구동차가 아니면 걸어서밖에 접근하지 못했다. 아래에 있는 마을과 온도계 상의 기온 차이야 별로 없었지만, 비슬산 봉 우리에서 휘몰아치는 산바람으로, 봄인데도 체감온도는 엄청난 차이가 났다.

그 땅을 굴삭기로 정지중이던 어느 봄날, 멀리 마산에서 소문을 듣고 물어물어 찾아온 젊은 후배가 만나자마자 대뜸 이렇게 말했다.

"귀양살이도 유분수지, 이 깊은 산중에서 무슨 고생입니까? 남해가 내려다보이는 고성에 제가 언젠가는 학교를 만들려고 사둔 좋은 산이 있는데 그리로 가십시다."

그 말을 듣는 순간 나는 이 험한 산중과는 도무지 어울리지 않을 남해안의 작은 포구 마을들을 언뜻 떠올렸다. 내가 상처한 얼마 뒤인 40대 초반에 고조부님의 고향인 고성 남해안의 한 작은 마을로 종친회에 족보의 초단을 가져갔을 때 일이다. 해안선을 따라 돌아오는 시골버스 차창 밖으로 보이는 올망졸망한 봄날의 그 포구 마을들은 시리고 아픈 외로움과 기다림의 정서로 내 마음을 붙잡고 숨을 턱턱 막았다. 저 포구 마을에 묻혀 원 없이 고독과 기다림으로 살다 가도 좋을 것 같은 그때의 감상을 때아닌 이곳에서 이 젊은이에게 들킨 묘한 기분이었다. 그래서 나는 더욱 단호하고 매몰차게 이를 거절했다.

"이 사람아, 그 땅은 자네가 학교를 열면 내가 쫓겨날 자네 땅이지 내 땅은 아니지 않는가? 나는 귀양살이라도 내 땅이 좋으니 안 가겠네. 여러 말 말고 어서 돌아가게."

그 젊은 후배는 그때에 많이 섭섭했던지 그 뒤부터는 거의 연락을 끊고 다시 찾지 않는다.

하기야 이런 겹산중에 나 혼자서야 어떻게 무슨 재미로 살겠는가? 비슬산 농장의 계획도 일단 내가 먼저 1~2천 평의 터를 확보한 후, 언젠가 시골서 살기를 바라는 그림 그리는 후배와 대학에 있는 친구들 너덧 사람을 끌어들일 참이었다. 땅을 함께 사서 새로운 사람들의 새

두레로, 작지만 제2의 고향마을을 다시 만들려는 속셈에서였다. 그래서 내 땅 2천 평을 산 뒤부터는 나 아니면 아무도 살 것 같지 않던 그 주변 땅을 친구들 사주려고 가능한 싼값에 밀고 당기는 장기흥정을 하고 있었다. 그런 세월이 어느덧 한 해쯤 가는 사이에 대구에서 학원해서 돈을 많이 번 아랫마을 살던 사람이 지갑에 수표를 두둑이 넣고 다니며 땅을 사기 시작했다. 내가 흥정중이던 땅들은 물론 팔 의사가 있는 그 동네의 모든 땅들을 내가 주려던 값의 갑절도 훨씬 더 주고 모조리 매점해 갔다. 여기서도 내가 꿈꾸던 새 두레는 역시 꿈단계에서 다시 깨지고 마는구나 하는 생각이 들었다.

내가 이날까지 매달리고 있는 작은 농장을 통해 실현하고자 하는 꿈은 소농들의 땅 균점을 통한 새 두레 세상이다. 동시에 그것은 나로서는 이해할 수도 적응할 수도 없는 이 체제에 대한 내 나름의 저항이자, 가슴 밑바닥에 쌓인 한과 살을 푸는 신명 노동이었다. 또 그것은 돌아보지 않는 내 임에 대한 간절한 구애였고 그것 말고 표현할 길 없는 내 나름의 임에 대한 사랑이었다.

이런 꿈이 거듭 깨진 후 남은 오기는 승산 없는 농사일로 스스로를 학대하며 그 독기를 풀어갈 수밖에 없었다. 기계로 손으로 땅을 고르고 고르며 큰 돌과 자갈돌들을 한도 끝도 없이 주어내었다.

파종한 콩, 강냉이, 채소 등은 싹이 돋는 대로 산토끼, 비둘기, 꿩, 노루 등의 산짐승들이 먼저 수확해 잡수셨다. 나눠 먹는 것도 좋지만, 똥줄이 타도록 땅 고르고 심고 가꾸는 내 몫도 조금은 남겨줘야 도린데 이건 너무 심했다. 하긴 하나는 남겨준 것이 있다. 비료도, 물주기도 하지 않고 생땅에 심어 길러 그 향기가 진하다 못해 독하기까지 해서인지 크기도 모양도 말이 아닌 꼬마당근만은 남겼다. 이처럼 농사라기보다 산짐승 밥상 차려주는 귀양살이를 3년쯤 계속하다 나는 지쳤고 체력의 한계도 왔다. 때마침 대구 한살림 일도 벌여놓아 너무 힘들고 바빠 산짐승 밥농사는 일단 중지하고 은행, 매실, 살구 등 유실수 심기로 퇴로를 열고 대구로 물러나야 했다.

대구 일이 너무 고달파 오래 방치하다시피 한 이 농장에 일종의 채무감 같은 것을 지고 있을 무렵이었다. 그때는 거품경제와 땅투기가 다시 절정을 이룬 97년쯤인데, 한 중개인이 어찌 알고 찾아왔는지 그 땅에 여관 지으려는 원매자가 있는데 나로서는 평생 못 만져 볼 거액(?)을 주겠다며 팔지 않겠느냐고 했다. 제대로 농사도 못 지을 바에야 팔아서 대구에 집을 사거나 아니면 좋은 논이라도 사서 주곡농사나 지어볼까 하는 유혹이 굴뚝 같았다. 하지만, 몰랐다면 또 모르되 말과 글로써 농지의 타용도 전용파괴를 강도 높게 질타하며 농지를 농지로 지킬 방법을 떠벌리고 다니는 주제에 농가주택이면 몰라도 여관 짓는 것을 알고서야 어찌 땅을 주겠는가?

좀 생각해 봐야겠다며 중개인을 돌려세웠다. 그리고 한동안 잊고 있다가 진로문제로 방황했던 아들이 군대제대를 한 뒤부터 농사를 짓겠다기에 팔아서 논을 사기로 결심할 무렵에는 이미 구제금융시대가 와 있었다. 앉아서 땅 넓힐 마지막 기회도 나는 놓쳤다. 이제 내가 아니라도 그 땅에는 농사밖에 할 것이 달리 없을 것이다. 그 땅은 산짐승들 때문에 보통 농작물은 어렵고 유실수가 적지다. 가능하다면 농막을 하나 지어 이미 심은 은행나무를 더 심거나 그 밖의 유실수를 가꿀 작정이다. 돈은 못 만들고 오히려 앞으로도 더 들어갈지 모르지만 땅은 지켰다. 차라리 홀가분하고 마음 편하다.

생태상업주의와 정치적 국립공원

그런데 최근에 와서 이 비슬산 주변 일대가 국립공원 지정 찬반 문제로 주민들 간에 갈등이 심화되고 민심이 흉흉하다. 비슬산이 좋아 나도 깃들고자 했지만 글쎄 이 산을 설악산, 소백산, 지리산, 속리산 같은 수준의 국립공원으로 지정한다면 대한민국의 산이란 산, 땅이란 땅은 다 국립공원으로 지정해야 하지 않겠는가?

아마도 문제의 발단은 달성군 유가면 쪽 유원지에서 장사하는 사람들이 이미 투자한 과잉시설에 장사조차 잘 안 되자, 국립공원이란 유명세(?)로 한 건 올리려는 생태상업주의적 독점욕에서 촉발된 것 같다. 국립공원으로 지정되면 기존의 건물과 시설 외에 변소 한 칸도 국립공원 관리공단의 허가 없이 지을 수가 없고, 농지도 농사 외에 일체의 전용이 불허된다는 사실을 나도 최근에야 알았다. 달성군 유가 쪽의 비슬산 유원지에 이미 기득권을 가진 소수 상인들 말고 이를 원할 사람은 아무도 없다. 국립공원 지정면적의 최하한선은 60여평방킬로미터라고 한다. 이 면적 속에 포함되는 청도군 각북면, 풍각면, 창녕군의 성산면에 살다가 국립공원 지정으로 하루아침에 이런 날벼락을 맞아 제 땅에 제 집도 못 지을 대다수 주민들이 이 사실을 알게 된다면 가만있겠는가?

실상이 이러함에도 소수 말 많은 기득권 상인들의 민원을 무슨 지역 전체 여론인 양 업고 현 집권당의 대구시 지부장이 앞장서서 그 지정을 신청했다고 한다. 얼마 전 태백산 국립공원 지정 때 내 고향 창녕의 우포 늪과 비슬산을 함께 국립공원으로 지정 신청을 한 것도 아마 계속 이탈중인 영남 민심 수습을 위한 정치적 판단이 작용된 것 같다. 어쨌든 요건이나 자격미달로 지정에서 일단 제외됐다면 그것으로 끝내

야 옳을 터이다. 그런데 그 유가지역 출신이라는 국립공원 관리공단의 부이사장이 비슬산을 답사하고 그 지정 타당성을 신문 인터뷰를 통해 주장하고 돌아갔다. 같은 공단 소속의 박사는 대구지역 방송 TV의 공원지정 찬반토론 프로에까지 출연해서 그 지정 타당성을 강변하는 것으로 보아 아무래도 내 추론과 판단이 옳은 것 같다.

같은 프로에 반대토론자로 나온 계명대 생물학과 김종원 교수는 동식물 생태분포면에서나 현재의 식생면에서 이미 산의 생태균형이 깨진 것을 나타내는 바로미터인 진달래가 군락화한 비슬산을 설악산, 지리산 수준의 국립공원으로 지정하는 것은 기존의 국립공원 가치를 부정하고 그 지정 기준조차 무시하는 무원칙이라고 말했다. 이 너무도 온당한 발언을 지금 공원 지정에 극력 찬성하는 일부 지역상인들은 '비슬산 비하 발언'으로 규정하고, 김 교수를 찾아가 집단항의와 발언 취소압력을 넣어 그 교수가 곤욕을 치르고 있다는 신문보도도 있었다. 대구에 있는 지역신문들은 이 비슬산 공원 지정에 대한 높은 관심을 연재물처럼 싣고 있는 실정이다.

나는 생태적 지역두레주의자(?)이기 때문에 생태적, 두레적 가치를 무시한 채 지역여론, 그것도 말없는 대다수의 잠재적 여론은 깨끗이 무시한 채 말 많은 기득권자의 소수 이기심을 전체의 여론인 양 호도해서 정치적으로 지정하거나 해제하는 모든 행위는 절대 반대다. 지금까지 문제가 있는 대로 지켜왔고 또 필요한 그린벨트는 민원 때문에 대선공약으로까지 풀자면서 생태적으로 억새 아니면 진달래 군락지화한 그렇고 그런 산을 국립공원으로 묶어두자는 행위는 원칙도 철학도 없이 유신본당에서부터 5공, 6공까지 권력쓰레기 집합처인 이 정치판의 복사판일 뿐이다.

이미 억새밭, 칡덩쿨 밭으로 황폐화된 비슬산 골골의 농지들도 첨단

기술과 정보화로 언젠가 도시에서 밀려나 갈 곳 없는 '5 대 95 사회의 95 중'의 일부 사람들이 돌아가 농지로 재활용할 삶의 터전이 될지 모른다. 원한다면 쉽게 집과 농막을 짓고 살 수 있어야 그 농지를 제대로 활용할 수 있다. 그런데 국립공원으로 묶어 억새, 칡덩쿨, 진달래 군락지화로 영원히 황폐시켜 두고 그 첨단기술 정보사회의 '티티테인먼트'를 위한 관광휴양지 자원으로 삼겠다는 발상인가?

할 테면 대한민국 땅 모두 국립공원으로 일괄 지정하든지 아니면 국립공원 지정제도 자체를 깨끗이 없애버려야 한다. 나는 지구 행성 전체가 크게는 자연생태 공원으로 남기를 바라지만, 그러나 그 지역 삶의 특성에 따라 생태적, 토착문화적 자기정체성을 지닌 모든 지역들이 나름대로 특색 있는 공원이 되어야 한다고 생각한다.

다른 나라 또는 지역에서 운용하고 있는 국립공원제도를 그대로 이식모방해 와서 세상 어딜 가나 부딪히게 하는 그 획일과 통제는 결코 생태적이지도 지속적이지도 않다. 특히 내 두레 생태 취향에는 구역질 나는 것이다. 진정한 생태보호의 의미는 사람이 사는 데 최소한으로 필요한 행위까지 제도적으로 제한하는 생태주의가 아니다. 그 생태지역 관광을 위해 더 많은 외부 생태계를 파괴하는 상업적 관광 생태주의일 수 없다.

어차피 생태계 가운데서 살 수밖에 없는 사람들이 그것을 이용하고 활용해서 살면서도 지속적으로 지역순환이 가능한 생태주의가 아니라면 결코 의미 있는 생태주의라 할 수 없다. 창궐하는 생태상업주의가 오히려 생태계 파괴를 가속화시키는 것이다.

산 나무에 쇠못 박는 생태상업주의

이 청도농장은 구입 당시 집이라고는 1킬로미터 떨어진 용천사 절집 말고는 1킬로미터쯤 더 떨어진 오산동뿐이고 산짐승들만 들끓는 첩첩 산골 적막강산이었다. 길도 4륜구동 경운기나 겨우 기어다니는 험한 임로 겸 농로뿐이었다.

그래서 내가 이 땅을 구입한 뒤부터는 우선 이 험로를 고치고 수십 개의 다랑이로 된 2천 평의 논밭을 조금 규모를 크게 다듬고 배수로를 내는 등 일종의 영농기반 조성에 거의 한 해를 보냈다. 집 짓는 일은 엄두가 나지 않아, 임시 농막으로 쓰기 위해 중고 컨테이너 집을 구해 대형 굴삭기로 이 산중에 끌어올리려는 무모한 일을 계획했다. 이 컨테이너집을 멀리 마산에서 싣고 오는 날 하필이면 비가 억수로 내려 하루 예정이던 작업일정을 3일 간이나 연장하는 등 죽을곤욕을 치렀다.

고생은 고생대로 다 치르고 컨테이너집은 집대로 그 험로에 다 쭈그러지고 망가진 처절한 강행군이었다. 컨테이너집을 대형 트럭에서 내려 굴삭기로 끌어올리는 산길의 거리는 1킬로미터 정도밖에 되지 않았지만, 비가 내려 질척거리는 산비탈 험로에 성능 좋은 굴삭기라 해도 제 몸조차 못 가눌 판인데 거기다가 육중한 쇠집을 끌어올리는 일은 지금 생각해도 무모한 만용이었다.

이런 고생스런 농장정비 작업들을 하면서, 4륜구동 경운기나 겨우 기어다니던 농장 한가운데의 농로를 경사가 덜 급한 농장가로 돌려서 제법 쓸 만한 농로로 다시 내주었다. 기왕 벌인 일에 주변에서 농사짓는 사람들의 편리도 보아주고 싶었고 농장을 양분시키는 한가운데 길보다 갓길이 농장경작에도 효율적이라 생각했기 때문이다.

이 새로 내준 농로가에 남의 땅에 임시로 심어두었던 고향의 은행나무 일부를 정식으로 옮겨 심어놓았다. 그런데 나 아니면 아무도 살 사람 없을 줄 알았던 이 산중에 내가 고생해서 만들어둔 농로 탓인지 집들이 하나둘 지어지기 시작했다. 그것도 농사집이 아니라 무슨 휴게실, 식당, 굿당 등이었다. 뒤에 알고 보니 내가 친구들에게 사주려고 했던 그 땅을 가로채간 투기꾼이 제 땅 투기 장사를 위해 대구 등 외지인들을 불러들여 아주 비싼 값으로 땅을 잘라 팔아 지은 집들이었다.

  마을두레야 그 투기로 이미 포기했다지만, 그래도 최소한 전원주택지라도 될 줄 알았는데 저 꼴이 뭐냐, 속은 무척 불편했지만 어쩌겠는가. 그래야만 잘사는 세상에 무슨 수로 그 짓들을 내가 막을 수 있겠는가.

  그런데 내가 벌여놓은 일들이 너무 많고 힘들어 미처 손을 쓰지 못하고 있다가 이따금 한번씩 농장에 들를 때면 그 길가의 은행나무들은 거의 껍질이 벗겨지거나 몹시 상해 비스듬히 혹은 완전히 쓰러져 있었고 그 은행나무들 사이에는 깡통, 병, 비닐봉지 등 온갖 쓰레기들, 심지어 폐기된 건축자재들까지 버려져 있었다. 이 집들을 뻔질나게 들락이는 자동차 행락객들, 등산객, 인근 주민들이 한 짓들이었다. 이 말종들 참 구제불능이구나 싶었다. 자연을 실컷 파괴하면서 살다가 자연이 그리워서 산에 왔다면, 자연의 뜻을 제대로 맛보고 배워 가지는 못할지언정 자동차를 함부로 몰아 나무를 들이받아 죽이고, 온 산을 쓰레기 폐기장으로 만들어 자연을 황폐화시켜 놓다니…….

  농장으로 올라갈 때마다 그 쓰러지고 벗겨진 은행나무들을 도로 세우고 쓰레기를 치우면서 과연 인간에게 희망이 있는가 반문하며 절망하지 않을 수 없었다. 내 땅 아래쪽에 있는 그 문제의 집들을 찾아가 그러지 말아달라고 부탁해도 자기 집 탓이 아니고 남의 집 탓이고, 자기 탓이 아니고 손님 탓이라고만 한다. 내가 그 길가에 보초를 서지 않는 한 어디 이곳에서 은행인들 한 그루 제대로 기를 수 있겠는가?

또 언제 한 번 갔을 때는 그 상처투성이의 은행나무 중 두 그루가 잎이 노랗게 죽어가고 있었다. 껍질이 환상박피로 완전히 벗겨지지 않는 한, 차에 받쳐 넘어지고 껍질이 많이 상했다 해도 죽지는 않는 것이 은행의 강인한 생명력인데 이상한 일이었다. 자세히 살펴서 점검해 보았더니 그 흉고직경 5센티미터 이내의 어린 은행에 무수한 쇠못이 박혀 있었다. 세상에 이럴 수가 있나! 살아서 크고 있는 어린 나무 두 포기를 가로질러서, 어느 집에선가 상호간판을 못으로 박아 고정시켰던 것이다.

나무가 샛노랗게 죽어가고 그보다는 차들이 계속 들이박아 나무 자체가 넘어져가니까 하는 수 없이 간판만은 철거하고 없었지만 못은 그대로 박아둔 채로였다. 약간 돌출해 있는 못은 즉석에서 대충 뽑아줄 수 있었으나 나무 속에까지 깊이 박힌 쇠못들은 홈을 파서 빼낼 수밖에 없었다.

이 은행이 어떤 나무인가? 은행알은 물론 그 잎까지 전부 약재로 쓰이다가 30년쯤 자라고부터는 최고의 목재로 천년장수하는, 손자대에 결실을 보아 손자를 위한다는 이른바 공손수(恭孫樹)다. 중생대에서 현생대로 넘어오는 생태계 절멸의 천지개벽 속에서도 용케도 살아남은 이 지구의 산증인이다. 이 은행의 전천후적 용도와 천지개벽을 건너뛴 그 강인한 생명력에 반해, 내 젊은 날의 주체할 수 없는 파토스와 허약한 영혼과 육체를 천년 공손수에 의탁하고자 내가 손수 씨를 받아 심고 기른 나무들이었다.

내가 지녔던 농장의 토질이 은행에 적당치 않은 배수불량의 점질토라서 묘목을 정식했다가 다시 옮기고 다시 옮기는 그 반생명의 이식으로 이 은행만큼 나도 힘들어했던, 내 동고동락의 동반자가 아닌가. 기를 땅이 없어 일부는 팔아먹고 일부는 남의 땅을 빌려 심어두고도 땅이 모자라, 그대로 농장에서 자라던 많은 나무들은 자라지 못하고 곯아가기만 했다. 그래서 눈물을 머금고 뽑아 쟁여야 했던 그 나무 중에서 지금까지 살아남은 나무들이 아닌가. 그렇게 뽑아 쌓아두었는데도 한 해 이상 죽지 않고 옆으로 쌓인 채로 이듬해 봄에 잎을 틔움으로써 내 가슴을 서늘하게 가라앉게 했던 그 나무들의 형제가 아닌가?

적지 아닌 그 땅에서 죽을고생을 하다 마침내 배수 잘되는 자갈 마사 땅의 이곳 청도농장에 제자리를 잡아주어 그나마 안심했는데 이 무슨 자동차 횡포에 쇠대못질의 날벼락인가?

식물도 좋은 소리에는 몸을 기울여 신나게 자라고, 나쁜 음악에는 반대로 피해서 넘어지며, 자기를 잘 가꿔주는 주인 발소리를 듣고 반기며 자라주는 영물이다. 사람처럼 싸돌아다녀서 세계 다 망치지 않고, 사람처럼 남 속여먹는 거짓말 대신, 음파와 색조와 호흡으로 다른 생명과 교통하는, 사람보다 주변 생태계나 환경에 훨씬 더 민감한 영물이 바로 식물이라 하지 않는가? 이런 민감한 생명 한가운데다 쇠대못을 두들겨박다니!

내 분신과도 같은 은행나무에 박힌 그 쇠못이 지금도 내 온몸을 전율시킨다. 참을 수 없는 분노로 나는 못을 박은 범죄 사실을 확인시키고 못을 빼내고자, 상종도 하기 싫은 문제의 집 주인을 찾아다녔다. 그러나 역시 집집마다 부재중이라거나 있어도 서로 자기는 아니라고 부인했다. 현장을 못 잡았으니 어쩌겠는가. 상주하며 나무를 지켜내지 못한 내 죄업이고 내 탓인 것을.

하지만 이럴 수는 없다. 신문방송에까지 그 집 주변의 자연경관을 선전하고 그 선전된 신문기사까지 현수막에 적어 자랑하며 결국 산의 생명을 팔아 장사해 먹고사는 인간들이, 바로 그 산 생명의 가슴 한복판에다 온갖 잡쓰레기 버리고 쇠못질 하는 그 생태이용 상업주의에 나는 다시 절망을 했다.

이런 생명파괴 시설들과 그 구제불능의 심성을 다 갖춰 두고 매스컴을 통해 숲과 나무와 산과 물을 선전하며 그것을 파괴해 팔아먹는 생태상업주의적 기득권자들이 다시 국립공원제도를 이용하려고 한다. 다른 사람들의 같은 업종 확대 진입과 경쟁을 원천적으로 막아 독점하고자 비슬산 국립공원에 목숨을 걸고 찬성하고 있다. 바로 이런 파렴치한 상업주의가 이 나라 정치권의 이해와 신통하게도 일치한다.

박정희 군사독재 정권조차도 차라리 직설적으로 그린벨트를 묶었을지언정 한쪽은 풀어주는 척하며 다른 쪽을 더 크게 묶어 가는 양다리 술수로 치사하게 민심을 속이려고는 하지 않았다. 이것이 과거와는 다른 '국민의 정부'란 말인가?

하긴 김영삼 정권이 힘들게 정리해 준 군부 대신 목소리 큰 시민단체, 경제인단체, 상인단체, 심지어 재야단체와 아직도 커다란 기득권을 가진 과거의 군부까지 고개만 숙이고 들어가면 다 끌어안는 정부라는 뜻에서 '그들' 국민의 정부이긴 하다.

꿈의 실현을 위한 공생농두레농장

생태적 지속이나 자원면에서 이미 한계에 달한 오늘의 세계시장체제를 극복할 수 있는 대안운동으로서 신사회운동(생태운동, 환경운동, 반핵평화운동, 여성운동, 지역공동체운동 등)은 철학적, 사회사상적 배경을 흔히 프랑스 파리에서 시동된 1968년 5월혁명에서 찾는다.

5월혁명은 제1세계와 제2세계의 적대적 공존체제도, 이 세계로부터 요즘말로 왕따를 당하거나 아니면 그 지배영향 아래 있는 전근대국가라 해도 본질적으로는 개발성장 지향적인 제3세계 체제도 아닌, 제4세계 운동의 시발점이라 불린다. 그럴지도 모른다.

하지만 내 개인적으로는 지금 제4세계 운동으로 부르기도 하는 새 두레 지역공동체에 대한 영감(靈感)을, 실패는 했지만 희망도 컸던 4·19와 6·3에서 얻었다.

4·19를 겪으며 좀 막연하게 싹튼 새 두레 세상에 대한 영감은 1964년 6·3의 참담한 좌절을 통해 보다 긴 호흡의 준비를 요구했고, 그것이 구체적으로는 지역에서 자립자치적으로 살 수 있는 귀농으로 나를 결단시켰다. 그래서 68년 5월혁명이 시작되기 이전 나는 이미 65년 대학졸업과 동시에 바로 귀농해서 농민운동에 참여하고 있었다.

되돌아보면 결과는 서글프고 허망하다 해도 그 가슴 졸인 농민운동이 다른 사람들은 몰라도 나로서는 이 새 두레 세상으로 가기 위한 첫 출발이자 그 기나긴 여정이었다. 나의 새 두레 세상은 땅 위에서 농사짓는 사람들과 함께 펼쳐갈 지역자립자치두레다. 그런데 앞에서 보아왔듯이 첫번째 고향농토는 나 홀로 감당 못해 팔아버렸고, 두번째의 고향농장과 세번째의 청도 땅은 투기로 좌절당해, 지역두레는 고사하고 나 혼자 땅에 뿌리를 내리는 것조차도 지속하지 못했다.

이 뼈저린 경험들을 교훈 삼아, 두레 근처라도 가보려면 출발부터가 달라져야 한다고 발상을 전환했다. 두레를 하자면 개인농장이 아니라 두레의 물질적 기초인 두레답을 먼저 만드는 것이 원칙이다. 그러나 농촌에는 이런 미래의 두레에 관심을 가지고 그것을 함께 엮어갈 젊은이는 다 떠나고 없다. 그렇다면 방법은 도농두레인데 어떻게 도시의 관심을 농촌으로 돌려 지역자립두레를 일으킬 수 있을까 하는 기나긴 고민의 결과가 바로 유기농산물의 직거래였다. 그러므로 적어도 나에게는 이 직거래가 지역 소농 중심의 자립자치두레로 가기 위한 과정이었지 유기농산물 장사가 그 목표일 수는 없었다.

  나는 장사도 잘 못하고 회비 모으는 능력도 젬병인 사람이다. 그 대신 능력 없으면 안 하고, 안 쓰고, 안 버리는, 전통두레 살림법을 철저히 존중하는 농민이다. 이런 능력 하나로 회원들의 고마운 회비는 축내지 않고 고스란히 모아 지역두레의 기초인 두레답을 '공생농두레농장'이란 이름과 함께 땅속 깊이 묻었다. 이 공생농두레농장은 그 영감의 새 두레를 짜가기 위해 평생에 내가 할 수 있는 마지막 실천일지 모른다.

  이 두레농장을 기필코 만들어야겠다고 생각한 또 하나의 사사로운 이유는, 딸들은 이미 다 자라 제 갈길로 갔지만 아직도 어린 아들놈 하나는 내 뜻을 이해하고 따라주기보다 내가 목숨 걸고(?) 일구어온 그 개인 땅마저 팔아먹을지 모른다는 불안감에서였다. 하지만 누구의 설득이나 강요도 없이 제 발로 걸어와 이 농장을 거쳐갔거나 정착중인 젊은이들마저도 이 땅을 지켜 두레를 살리는 일에 썩 믿음을 보여주지 않는다. 이 아비의 오랜 실천과 설득 탓인지 요즘에서야 겨우 내 뜻에 따라 농사를 지으며 살겠다는 내 아이보다 두레농장의 젊은이들이 더 두레적이라는 징후나 보장이 지금 현재로서는 엿보이지 않는다.

  새 지역두레에 대한 영감과 확신, 원칙과 철학에 대한 진지한 고민보다 개인적인 이해, 요즘의 손쉬운 관행적 삶에 길들어진 오늘의 젊은이들이 스스로 가난하고자 하는 이 좁고 먼 길을 끝까지 헤쳐가기가 어디 쉬운 일이겠나. 지역자립자치두레로 가기 위한 시작인 이 농장이 나마 끝까지 지키고 키워갈 수 있을지 걱정스런 눈으로 지켜볼 수밖에 없다. 따라서 이 두레농장에 모인 젊은이들에게 거는 기대는 크다. 그러나 환상은 없다.

  지역두레를 위한 내 나름의 거창한 구상이 내 머리 속에 입력되어 있긴 하지만 그것도 무슨 소용인가? 두레의 운명은 두레 구성원들의 집합된 뜻과 의지에 달렸다. 한 개인의 머리 속에 든 화려한 구상이 언제까지 살아 이것을 지켜낼 수 있겠나?

내 자식들에게 내 땅을 팔겠다

그러나 공동으로 만든 두레농장이 설사 지역두레로까지는 가기 어렵다 해도, 개인농장과는 달리 최소한 구성원 모두가 한 짝궁으로 미치고 환장하지 않는 한, 팔아 없애기는 쉽지 않을 것이다. 농사 아닌 다른 용도로의 전용도 마찬가지일 것이다.

이 두레농장을 통해 앞으로도 깨우쳐 갈 교훈들은, 투기바람으로 십년 간이나 중단했다 다시 만들기로 한 고향의 내 작은 개인농장 운용에도 적용될 것이다. 우선은 통상 농촌에서 아들이라고 무조건 땅을 물려주는 관행을 재고할 작정이다. 그렇다고 딸 아들 모두에게 똑같이 나눠주는 법률적 평등상속을 따르겠다는 말은 아니다. 이런 무상상속 관행은 내 뜻을 이어간다 해도 그 의미를 반감시키고 지속적인 자기구속력을 담보해 주지도 못할 것이다. 그래서 이 방법 말고 농장을 지속적으로 지켜갈 최선의 길을 생각중인데 가장 먼저 떠오른 구상은 이렇다.

내 뜻에 동조하는 아이들로부터 그들의 능력범위 안에서 가족두레농장 구입회비를 정해서 내가 거둔다. 회비를 낸 아이들은 이 가족두레농장의 정식구성원이 되고 회비 낼 능력이 안 되는 아이들은 형편이 될 때까지 준회원으로 가입한다. 회비를 안 내더라도 다른 일 대신 이 농장을 경작하고 지켜가는 농사꾼으로 살면 역시 정회원이 될 수 있다. 농장 소유는 돈의 납입액수에 따라 지분으로 나누지 않고, 또 정회원, 준회원으로도 가리지 않고 동등하게 공유시킨다. 회비를 낸 정회원이라 해도 이 농장에서 나는 농산물의 제 가족 소비량 이외의 어떤 대가나 권리를 요구할 수 없게 한다.

아이들로부터 내가 받은 회비는 퇴직금 없는 농민으로 한평생을 산 내 노후생활비로 쓰고, 여유가 있으면 농장운영과 농장 확장자금에 되돌릴 것이다. 내가 세상의 다른 부모들처럼 애들에게 해준 것은 없이 조금 남길 땅값마저 받아먹는 염치없는 부모 같아 조금은 미안하다. 그러나 땅을 물려주고 안 물려주고 간에 젊음 자체가 능력인 애들로부터 노후생활비를 받아쓰는 것이 떳떳하지는 못하지만, 이 또한 전통적인 관습이 아닌가. 더구나 그 돈을 낭비하지 않고 농장 운영과 확장, 그 지키기에 보태려고 한다면 오히려 아이들이 고마워할 일이고 나도 부끄러운 행위는 아니라고 생각한다.

이렇듯 좀 엉뚱한 발상을 하게 된 것은 단순히 내가 생애를 바쳐 만든 그 작은 농장에 대한 무조건적 집착 때문만은 아니다. 구제금융시대 이후 조금 달라졌다지만, 걸핏하면 땅 팔아 이른바 출세 위한 공부시키고, 무슨 사업한다거나 도시집 산다거나 하며 고향땅 팔아 도시생활에 목매다는 주객전도의 현재 관행을 제자리로 바꾸기 위해서다. 맨몸으로 객지 나가 고생고생해서 돈 좀 생기면 무엇보다 제일 먼저 고향의 땅에다 꽁꽁 묻어두던 아름다운 그 전통관행으로 내 자식들부터 먼저 되돌아오게 하기 위해서다.

자기 하기 싫어 농사 대신 도시에 나가 자력으로 잘살아 가는 것까지야 못 말리겠지만, 땅 팔아 도시에서 편하게 살겠다는 허황된 생각들이 자신도 폐가망신시키고 세상도 망친다는 것을 깨우치게 하고 싶은 것이다. 그리고 혹시 도시에 나갔다가 언젠가는 실패하고 다시 돌아올 아이들의 장래에 대한 원려에서다. 만일 성실하고, 부지런히 일하고, 노력하면 절대 속이지도 배반하지도 않는 땅으로 언제든지 돌아와 살 수 있게 십시일반으로 돕기 위해서다. 가족이라면 마땅히 서로 걱정하고 도왔던 전통적 가족애를 구체적, 영구지속적으로 되살려서 일종의 현대적 가족두레 복지로 제도화하는 새로운 가통을 세우고 싶은 원려도 있다.

설사 도시에서 잘 적응하여 성공하고 출세한 형제일지라도 언젠가는 돌아가 기댈 고향땅이 있다는 것은 얼마나 든든한 일인가? 고향이 있다는 것은 삶의 근원이 있고 돌아가 안길 어머니품이 있다는 것과 같은 것이다. 아주 돌아가 살지는 않아도 형제가 지키는 고향땅에 초막이라도 남겨두고 여기서 명절이나 휴가를 쉬다 가는 것만으로도 얼마나 값진 일인가?

세상에는 사람이 사람답게 사는 도(道)에 관한 성인들의 귀한 말씀이 많다. 땅속에서 나는 생명을 먹고, 싸고, 결국 땅속으로 돌아가는 것이 사람의 이치이므로, 아무리 성인군자의 말씀이라 해도 땅의 진리를 토대로 할 때 진실하지, 땅의 진리를 무시한 말일 때는 공허해질 수밖에 없다.

따라서 나는 만도(萬道)의 근본을 땅이라고 믿는다. 땅의 질서가 사람의 질서요, 우주의 질서이고, 뭇생명의 질서라면 땅의 질서에 따라 농사짓고 사는 일이야말로 도에 가장 가까운 삶이라 본다. 실지로 사람이 땅과 멀어진 도시 고층빌딩에 살게 되는 날부터 쓰잘데없이 공허한 말잔치만 벌이다가 마침내 그 기득권에 안주하기 위해 이데올로기나 생산해 내는 거짓말쟁이, 사기꾼이 되기 십상이다.

요즘은 농촌과 도시가 사는 꼴이 너무나 닮은꼴이고 농민과 도시인의 의식구조에 크게 다른 것도 없다. 그래도 정직한 땅 위에서 땀흘려

일해서 사는 땅사랑 삶만이 이 미친 광기의 첨단정보시대에서 그나마 이웃과 더불어 지속적으로 영생할 수 있다는 너무도 당연한 진리를 잊지 않고 사는 유일한 길이다.

어떤 기자가 나와의 인터뷰 마지막에 혹시 인생의 좌우명이든지 가훈 같은 게 있느냐고 물은 적이 있다. 나 같은 땅바닥 인생에 무슨 거창한 좌우명 같은 게 있을 리가 없다. 한미하고 가난한 집안에서 태어나 너무 팍팍하게 먹고사느라 정신이 없다 보니 자식들에게 모범될 만한 무슨 가훈 같은 것을 세워둘 여유도 없었다. 그렇다고 내가 어려울 때나 좋은 일이 있을 때 내 머리 속에 수시로 떠오르는 한두 마디의 경구 같은 것은 없지 않았기에 그것을 대신 말해 주었다.

"욕심을 버려라. 그래야만 보다 큰 덕이 온다."

욕심은 버려도 또 눌러도 자꾸 되살아나는, 그야말로의 욕심일 뿐이다. 그래서 이 말을 아무리 되풀이 다짐해도 내 경우는 그 욕심은 별로 없어지지 않았지만, 살아가는데 욕심을 버려 불이익 당한 적은 한 번도 없다. 불이익은커녕 욕심 버리는 흉내라도 하고 사니까 주변에서 오히려 보아주고 도와줘서 결국은 덕을 보고 산다고 믿는다. 그렇다면 이 말을 지금이라도 내 좌우명으로 삼아볼까?

사실은 그때 하려다 그만둔 말이 또 하나 있다.

"땅에서 배워라. 땅은 배반하지 않는다. 땅을 상품화하는 땅투기는 반드시 실패해도 땅을 어머니로 모시는 참농사에 실패는 절대 없다. 따라서 죄질 일도 절대 없다. 길은 땅에 있다."

이런 내 뜻을 대대로 이어 키우기 위한 나의 농장 지속 구상을 내 아이들이 수용하지 않을지도 모른다. 그때는 나와 뜻을 같이하는 다른 젊은이들에게 같은 방법으로 인계하는 따위의 보다 마땅하고 좋은 길을 계속 생각해 볼 작정이다.

아버지의 유산

어느 잡지사의 기자가 어머니 얘기를 써달라고 했을 때, 나는 무심결에 아버지 얘기를 쓰면 안 되느냐고 했다. 자식들에겐 엄부자모라는 옛말처럼 아버지보다 어머니에게 더 따스한 정감을 느끼고 할 말도 많을 터인데 왜 그랬을까? 부모의 내리사랑을 받는 것밖에 몰랐던 내 나이 열여섯에 마흔세 살 한창 나이로 돌아가신 내 어머니보다, 나와 함께 산 세월이 열여섯 해나 더 긴 아버지와 미운 정이라도 더 깊었기 때문일까?

그러고 보니 나도 부모복을 어지간히 못 타고난 팔자다. 남들처럼 부모덕으로 하고 싶은 것들을 편하게 다 하지 못 하고 많은 유산을 물려받지 못해서 복 없다는 말이 아니라 당신들과 함께 산 세월이 도대체 너무 짧기 때문이다. 열여섯에 어머니를, 서른두 살에 아버지를 잃은 나를 고아라고야 할 수는 없다 해도 내가 당신들을 위해 무언가 하고 보여 드리기에는 너무 철없던 시절에 당신들은 떠나셨다.

그래서 나는 우리 동네에서나 길에서나 버스 안에서나 어머니 비슷한 연세의 아낙들을 볼 때마다 흐릿한 기억 속의 어머니 얼굴을 떠올리며 그리워했고, 오래 사시는 남의 어머니들에게 왠지 부러움과 시기심 같은 것도 느끼곤 했다. 아버지가 돌아가시자 다시 아버지 연세의 정정한 노인들을 볼 때도 같은 감정을 느껴야만 했다.

내 아버지는 1906년에 나서 1969년에 예순세 살로 돌아가셨다. 환갑을 잔치로 축복할 만큼 평균수명이 짧았던 그 세대에 그래도 환갑은 넘기고 가셨으니 그렇게 억울한 별세는 아닐 수도 있다. 그러나 나는 아버지 살아생전 청개구리처럼 굴면서 당신의 기대와 뜻에 실망만을 드렸기 때문에 아버님 별세에 한이 많았고 그래서 많이도 울었다.

아버지는 이 세상을 호령하며 할퀴고 간 소수의 잘난 삶과는 인연이 멀었다. 이 땅의 보통 농민들처럼 그렇게 살다 가셨다. 하지만 그 평범이 곧 편안한 삶을 뜻하지는 않는다.

이른바 한일합방 무렵에 태어나신 아버지가 당신의 어린 시절과 청년 시절에 어떤 꿈을 가지고 그 시대의 고통을 견디며 살아오셨는지는 내가 여쭈어 보지 못했고 또 당신 스스로가 들려주신 바가 없기 때문에 나의 이해도 우리 역사나 소설 속의 전형적 민중의 삶을 통한 간접체험 수준을 넘을 수가 없다. 그러나 일제말 38년에 태어난 나도 긴 칼 찬 왜순사들로부터 식량이나 가마니들의 공출 독려나 협박에 시달리고 징용을 피해 오랫동안 집을 비우시곤 하던 아버지를 아프게 기억할 수 있을 만큼, 아버지의 한평생도 아들의 삶 못지 않게 부대끼고 쫓기며 산 것임은 분명하다. 이 땅의 모든 다른 가족들의 가장처럼 당신도 우리 집을 버티는 큰 기둥이었지만 그러나 그도 어쩔 수 없이 흔들리는 기둥일 수밖에 없었다.

그래도 아버님은 식구들 끼니걱정시킬 만큼 가장으로서 무능한 편은 아니었다. 그러나 집안에서는 자상하거나 따사로운 분이었다고는 할 수 없었다. 내가 초등학교 입학하기 전이었는데도 장난감 같은 지게를 만들어 들일을 거들거나 땔나무를 해오게 하셨고, 형제들끼리 다투다 서로 욕설이라도 하게 되면 장남인 내게 책임을 물어 사정없는 회초리로 종아리에 피멍을 들이는 일도 여러 번 있었다. 한마디로 전형적인 엄부셨다.

　어머니와의 관계도 우리와 비슷했다. 그래서 아버지가 안 계실 때 우리 집에 마실 온 이웃 아낙네들에게 어머니는 '범 같은 남편'과 사는 당신의 어려움을 종종 하소연하셨다. 어머니의 하소연을 듣고 있던 이웃 아낙들은 '새올 양반'(아버님의 택호)이 남들한테는 참 좋은데 집안에서는 안 그런가 하는 반응들이었다.

　어머님 말씀처럼 집안에서는 범같이 무서운 아버지였지만, 밖에서의 대인관계는 좋은 듯했고 실제로 인기도 있었다. 우리 집 사랑방에는 사람들의 발길이 거의 끊어질 날이 없었다. 특히 농한기인 겨울밤에는 변두리 작은 마을에 있는 우리 집과 많이 떨어진 본마을에서도 사람들이 연이어 몰려와 사랑방을 가득 메웠다. 마을일 얘기, 세상사 얘기로 밤이 깊어가면 어머니는 밤참을 준비해야 했다. 아버지 자신은 술을 못하셨지만 우리 집에도 여느 다른 농가들처럼 농주독이 안방 구들목을 떠날 날이 없었는데, 그것은 농사 일꾼 몫이기도 했지만 이 사랑 두레꾼들의 몫이기도 했다. 농주가 없을 때는 아버지가 좋아하셔서 자주 해먹던 감주와 떡이 대신 나갔고 그것도 없을 때는 찐 고구마, 홍시, 그도 모자라면 움 속의 생고구마나 무가 등장하기도 했다.

　아버지의 사랑방에 가끔은 한 사람도 안 오거나, 한두 사람이 올 때도 있었다. 아무도 안 올 때는 당신께서 몸소 다른 사랑을 찾아 나가셨고 기동이 내키지 않는 날 궂은 밤에는 혼자서 이야기책을 목청 돋워 읽으시기도 하셨다(아버지는 제도 학력은 없었지만 야학당과 서당을 기웃거려 까막눈은 면하셨다). 한두 사람이 방문했을 때에는 아무래도 각자의 이야기 소재가 긴 밤을 채우기엔 부족했던지, 초저녁의 두런두런하는 얘기 소리나 간간이 들리는 웃음소리 사이로 이야기책 읽는 소리가 깊은 밤의 고요 속으로 낭랑하게 퍼지곤 했다.

그 이야기책들이란 오래 두고 거듭 만지작거려 거의가 겉장이나 본문까지 뜯겨나간 색 바랜 똥종이의 「삼국지연의」, 「수호지」, 「홍루몽」, 「서유기」 등이었다. 옛날식 표기법에 띄어쓰기도 전혀 안 돼 그냥 읽는 것조차 거북한 상태인데도, 글에 고저장단을 넣어 듣기 좋은 곡조로 만들어 책 속의 옛날 이야기를 독창적인 자기 이야기 세계로 형상화시켜내는 것이 신기했다. 여느 때는 무섭게만 느껴지던 아버지가 가장 푸근하게 느껴지는 순간이었다.

그 이야기책도 혼자서 마냥 읊어 가시는 게 아니라 한 단락쯤을 읽고는 중단한 뒤에, 듣고 있는 사람들과 그것을 소재로 각자의 느낌을 주고받음으로써 요즘식 독서토론 비슷한 것을 되풀이하셨다. 그것은 객체화 되기 쉬운 청중을 이야기하는 주체로 끌어들이는 사랑방 이야기두레의 특징으로서 마을두레를 더 창조적으로 연장하고 확대하는 구실을 했을 것이다. 각자의 안방이나 거실에서 돈 주고 보기만 하는 오늘의 광대놀이 상업문화보다 스스로 광대와 시청자가 되는 이 사랑방문화가 얼마나 두레적이고 인간적인가?

이처럼 아버지가 동네 사람들과 사랑방에 어울려 두런두런 이야기 소리를 내거나 그 이야기책을 구연하실 때 우리 가족들도 편안했지만 당신 자신도 가장 신명을 내시는 것으로 보아, 당신은 아무래도 한 가정 속의 가장으로 만족하기보다는 다른 이웃사람들과 함께 어울림으로써 살맛을 내는 공동체적(사회적) 기질이 강했던 분 같다. 비록 공출이나 징용 협박에 시달렸던 일제와 좌우익으로 갈린 형제들이 갈등하던 8·15 해방공간을 살아가셨지만, 동네에서 들판에서 그리고 사랑방에서 마을굿, 일두레, 이야기굿도 함께 펼치던 아버지의 청년 시절이 역시 당신의 전성시대였다. 그 다음 6·25와 특히 그 세 해 뒤 어머님과의 사별은 가정적이기보다 두레적이었던 아버지에게도 그 전성기를 마감하고 쇠퇴와 몰락으로 가는 인생의 분기점이라 하겠다.

　어머니가 돌아가시자 그렇게 당당했던 아버지도 초라한 홀아비 모습에서 예외가 아니었고, 우리 남매들 또한 비 맞은 날짐승처럼 축 처질 수밖에 없었다. 먹고살 만큼은 가졌던 농토도 점점 줄어들어 살림살이도 어려워졌다. 해마다 하던 우리 집 추수감사굿인 '안택굿'도 어머니 별세 뒤부터는 중단해야 했다. 하기야 우리 집 살림의 어려움은 어머니의 부재 탓만은 아니고 전통적인 자급자족의 농촌마을공동체경제에서 모든 것을 돈으로 해결해야 하는 시장경제로의 편입에 따른 초과지출 탓이었을 것이다.

　일제의 지배를 거쳐 해방공간, 6·25, 근대화 열전을 거치는 동안 농촌공동체는 그 밑뿌리까지 흔들린 것이다. 근대화는(그리고 오늘의 이른바 세계화도 마찬가지지만) 알다시피 마을공동체는 말할 것도 없고 가족공동체까지 분해하는 인간 이별과 자연 상실의 시대로 특징 된다. 자급자족의 지역적 삶을 흔들어 사람과 자연을 도시의 공장과 시장으로 내몰지 않고는 이 체제는 한순간도 존속할 수 없기 때문이다.

　삼신할매가 점지하는 대로 아이들을 낳고 누구나 제 먹을 것은 타고난다는 자연경제시대에는 자식 많은 것도 다 복일 수 있었겠지만, 이별과 경쟁의 산업화 시대에는 오히려 화근이 될 수도 있다. 이런 난장 가운데서 더구나 어머니 잃은 결손가정의 우리 남매들은 더 큰 상처를 입을 수밖에 없었다.

　위로 누님 두 분을 두고 있는 일곱 남매의 장남인 나는 고등학교만 마치고 지방 공무원이나 되길 바랐던 아버지의 뜻을 거슬러 더 큰 공부를 한답시고 무작정 집을 떠났고, 동생들도 시장 문화의 유혹과 군 입대 등으로 심하게 흔들리며 집 밖으로 나돌았다.

　전통적인 아버지의 권위가 가족과 마을공동체의 해체로 흔들리다가 이제는 완전히 땅에 떨어진 것이 어찌 우리 집뿐이었겠나?

그러나 품속의 자식들이야 때가 되면 다 떠난다 해도, 다른 집들과 달리 어머니를 너무 일찍이 보낸 아버지의 외로움이 어떠했을지 나는 아버지가 살아 계실 때는 전혀 이해하지 못했다. 그래서 나는 대학 주변에서 단편적으로 주워들은 어설픈 지식으로 아버지 시대의 모든 삶과 가치들을 한마디로 거부하고, 돼먹지 못한 이 세상을 뒤집어엎는 것이 아버지의 행복도 보장하는 것이라 생각했다.

결과적으로는 농촌두레의 미덕과 아버지의 권위마저 깡그리 부정하며 철없이 미쳐 날뛰는 이 자식의 배반 앞에서 아버지의 고독이 어떠했을까? 또 그렇게 펄펄 날뛰던 자식이 무슨 출세는커녕 몸까지 상해 반쪽이 된 뒤에 농사를 짓겠다고 집에 돌아왔을 때 얼마나 놀라고 실망하셨을까?

아버지의 전통 농사방식을 두고도 나는 부정적이거나 비판적이었다. 아버지를 부정하는 내 농사법이라야 그때로서는 화학비료와 농약의 다량 사용에 기대는 이른바 특수작물을 대량으로 생산하는 '규모의 상업농'이 고작이었을 텐데, 왠지 그때는 아버지 대신 내가 농사를 주도하면 훨씬 잘 지을 것이라고 생각했었다. 그러나 어릴 때부터 보고 배워서 그렇게 자신있던 농사였건만 막상 아버지가 돌아가시자 막막하기 이를 데 없었다. 도대체 내 집에 어떤 씨앗이 준비가 되어 있고, 그것을 정확히 언제 파종해야 하는지조차 나는 모르고 있었던 것이다. 아내가 그 점에서는 나보다 훨씬 더 윗길이어서 나를 일깨워주었고, 이웃들이 하는 것을 보아 재빠르게 뒤따라 한 결과 실농까지야 안 했지만 뜻대로는 안 되었다.

몇 해 동안의 시행착오를 거친 뒤에 내가 아버지보다 농사 수입을 많이 올린 것은 사실이지만, 그것은 어디까지나 시장의 부추김에 따라 남들이 하고 있는 상업농으로 수입만 올렸다 뿐이지 올바른 뜻의 농사를 아버지보다 더 잘 지은 것은 아니었다. 비록 오랜 기간은 아니라 하더라도 특정작목에 한해서지만 한때나마 농약과 화학비료에 의존했던 나의 상업농은 살리고 기른다는 뜻의 올바른 공생농업의 측면에서 보자면 농사 수입을 올린 만큼 농사 자체는 망친 셈이었다.

체구에 견주어 힘이 보통을 넘었던 아버지는 못하는 농사일이 없었다. 눈썰미와 솜씨도 있어서 모든 농기구들을 손수 만들어 쓰셨고, 이웃집 농기구들도 만들어주셨다. 농사일과 이웃 가운데서 신명을 내시던 당신이 대장암으로 돌아가시기 두 주일 전까지도 가족들의 만류를 뿌리치고, 나의 주도로 심은 양파밭의 김을 매며 그 고통을 참으며 돌아가셨으니 농사꾼으로서는 후회 없는 삶을 살다 가셨는지 모르겠다.

그러나 내게 불치병중에 계신 당신의 병수발을 해드릴 수 있는 기간을 기껏 한 주일밖에 안 주셨다. 당신은 운명하시기 하루 앞엔가 "내 죽더라도 형제끼리 우애 있게 지내라", "나도 죽으면 문동골 밭뙈기에 끄다 버리겠제" 하셨는데 그 말씀은 이제까지도 내게 서운함과 죄책감으로 남아 있다.

형제끼리의 우애를 특별히 유언하셨던 것은 초등학교 졸업 뒤부터 유다른 방황으로 온가족의 피를 말리다시피 하던 셋째동생과 고등학교 재학중이었지만 역시 안착 못 하고 헤매던 막내동생과 나 사이의 갈등이 걱정되셨기 때문일 것이다. 그런 동생들도 서른이 넘어 장가를 들고 제 형수(나의 처)마저 잃은 뒤부터는 그 나름대로 자리를 잡고 앉아 이제는 형제끼리 잘 지내고 있으니 그 유언은 그런 대로 받든 셈이다.

하지만 산소가 문제였다. 아버지 자신도 선산을 마련 못해 어머니 산소를 그 문동골 양달 밭에 모셨는데 그 때문에 밭 접경의 산주와 경계 문제로 오랜 갈등을 빚고 있던 터였다. 그러니 그 터에 당신이 가고 싶지 않은 심정이야 이해하고 남지만, 졸지에 난들 어찌하랴. 뒷날을 기약하며 우선 아버님도 어머님과 함께 거기에 모실 수밖에 없었는데, 산 임자의 되풀이되는 이장협박에 견디지 못해 그 양달 밭마저 포기하고 내가 마련했던 과수원의 응달 밭가에 이장하여 다시 팔아버린 오늘까지 그대로 두고 있으니 이 불효를 어찌하랴.

이보다 더 큰 불효는 아버지를 끝내 홀아비로 살다 가시게 한 것이다. '열 효자가 악처보다 못하다'고 하는 동네 어른들의 아버님 재혼 권유를 제 코도 못 거두는 철부지 이십대인 내가 새겨들었을 턱이 없었다. 나 자신이 마흔한 살에 홀아비가 되고서 그것도 사십대를 건너 오십대의 막바지에 이르러 딸들의 혼인을 다 시키고 나서야 그 말뜻이 비로소 뼛속까지 스며들었지만, 무슨 소용일까. 오래 전에 가신 아버지는 고사하고 아직 살아 있는 나 자신에게도 때가 너무 늦은 것을······ 이 늙은 홀아비의 외로움이 아버지의 수명을 더 단축시켰는지 모른다.

'욕하면서 닮는다'더니 젊은 시절 아버지를 거역했던 나도 어느새 당신을 닮아가고 있다. 그 불뚝성미가, 가족들에게 엄격했음이, 한평생 농사꾼으로 사는 것이, 일찍 홀아비가 되고서도 그대로 늙어가는 것이 모두 그렇다. 미남이었던 아버지와 달리 못생긴 내 얼굴의 윤곽 위에도 나이가 들어 머리가 벗겨지고 살이 다 빠지니 언뜻 당신의 모습이 스친다. 심지어 지병까지 이어받았으니 죽음에 이를 병조차 당신을 닮아가는지 모르겠다.

자식 이기는 부모가 없다지만, 이제 생각하면 나는 아버지를 대책없이 부정만 했지 극복하거나 이긴 것은 아무것도 없다. 아버지 세대까지는 자식에게 물려주는 개인 유산은 비록 적어도, 아름다운 강산의 자연과 더불어 짓고 나누어 먹던 두레농사와 그 문화라는 진정한 유산을 남겼다. 그래서 당신세대들에게는 가난해도 더불어 사는 여유가 있었다.

그런데 내가 남길 수 있는 유산은 무엇일까? 무덤 같은 시멘트 집과 오염된 밥상과 파괴된 자연과 쓰레기 강산과 안방에서 세계와 통신하고 사무보는 개별화된 노동이 자랑스런 유산일까? 국정지표가 되어 있는 '무한경쟁의 세계화'와 '아시아 태평양 시대의 주역'이 미래의 꿈이 될 수 있을까? "좁은 우리 땅은 우리가 다 해먹고 끝났으니 넓은 세계시장으로 나가 너는 박터지고 남들은 만신창이로 만드는 무한경쟁을 통해서라도 전리품을 쟁취해 오라"―이것이 자식들에게 주는 유산과 희망이 될 수 있을까?

나는 아무리 발버둥쳐도 자식 세대들의 이 공동체 파괴적인 삶을 되돌릴 수 없다는 무력감 때문에 자식들에게 졌고, 말뿐인 나의 두레는 아버지의 실제 두레삶을 흉내조차 내기 어려우니 아버지에게도 졌다.

아버지를 이기기는커녕, 이 공동체를 위해 아버지만큼의 이바지도 할 수 없다는 사실을, 내 자식들로부터 내가 거부당하는 이 나이에 이르고서야 비로소 실감한다.

2 지속적인 삶의 길

소농두레

한살림 소식지에 공생농두레농장을 소개하기 위해 서울에서 온 네 사람의 여성회원과 함께 경남 창녕의 남지농장으로 가던 차 안에서의 일이다. 그 중 《한살림》 편집실무를 맡고 있는 한 명이 내게 "두레 농장에 몇 세대가 살 수 있느냐?"고 물었다.

"그건 내가 결정할 사항이 아니다. 관행농으로 하면 한 사람이 몇만 평, 몇십만 평도 농사짓는 세상인데, 우리 농장 면적 8천 평은 욕심부리면 한가족 몫도 안 된다. 그러나 욕심 없이 우리 식의 공생농으로 하면 3~4세대가 살 수 있을 것이다"고 했다. 그러자 그는 한 세대가 2천 평 정도로 어떻게 사느냐고 강하게 부인했고, 나머지 세 여성회원도 이에 동조하며 함께 약속이나 한 듯 키득키득 웃기까지 했다.

내가 다시 2천 평으로 왜 못 사느냐고 하자, 2천 평으로 밥이야 먹겠지만 밥만 먹고 사느냐? 교육·문화 등의 일상생활이 되느냐며 계속 강하게 부인했다.

그걸 내가 왜 모르겠는가. 물량 풍요시대의 도시에서 자라 관념적으로나 농촌을 이해하는 그들과는 달리 몸소 귀농하여 당시 자가소유라고는 1천 평이 채 안 되는 농지로 농사를 시작하여 이날까지 농사로 살아온 내가. 농지가 1천 평에서 1만 평을 넘었을 때도 농사만으로 요즘 젊은이들과 같은 시장의존적 생활과 풍요를 누리고 살 수 없었다.

경작 규모를 키워 농자재, 인력 등 외부의존이 큰 만큼 영농비가 더 들어가는 것은 당연하고 무슨 재산이 있다는 착각에 간덩이조차 부풀어 소비 규모도 커져 오히려 더 쪼들리게 되고 그래서 빚 규모만 커져 갔다. 실제로 요즘의 농촌빚 문제는 소농의 빚이 아니라(소농에게는 빚도 안 준다) 거의 대농이나 기업농의 빚이다.

2천 평의 농지가 좁다면 좁지만, 그 값을 돈으로 따지면 얼마인지 알기나 하는가? 두레농장이 있는 지역의 땅값도 계속 올라 지금은 평당 4~5만 원이라서 그 2천 평의 땅만 해도 약 1억 전후의 액수가 된다.

2천 평으로 못 산다?

내가 그들더러 억지로 귀농하여 2천 평만으로 먹고살라고 강요한 것도 아니고 '원하는 사람이 자발적'으로 라는 전제를 달았는데도 왜 그토록 하나같이 강하게 부정만 할까? 이렇게 되면 기사 취재차 온 것이 아니라 남의 농장원칙을 부인하거나 토론을 하자는 셈인데, 그러자니 서로 얘기가 길어질 수밖에 없고, 엔진 소음이 시끄러운 화물용 밴 자동차의 조수석에 앉은 내가 뒷좌석의 여성 네 사람을 향해 목을 뒤쪽으로 꼬고 목청을 높일 수밖에 없었다. 그러고 몇 마디 더 해봤으나 역시 완강한 부정이었다.

상대가 일반 방문객이라면 불편을 감수하고서라도 대화를 계속하거나 다음으로 미룰 수도 있었다. 그러나 상대는 유기농산물 직거래를 통해 도농이 지속적으로 더불어 살자는, 이른바 생명운동 하는 한살림의 핵심 회원이고 그것도 그 이념을 대표하는 기관지의 실무자가 아닌가? 게다가 내가 언제 2천 평으로 영원히 만족하고 땅을 더 가지면 안 된다고 했던가? 새파란 젊은이들이 우리 두레농장 2천 평을 기반으로 열심히 농사짓다 보면 자기 땅을 2천 평, 4천 평, 1만 평 규모로 능력에 따라 얼마든지 키워갈 수도 있지 않겠는가. 나도 1천 평으로 시작하여 1만 평으로 키운 사람 중 하나다. 내가 어릴 때는 우리 집 농경지가 2~3천 평밖에 안 되었는데도 손이 모자라 아버지가 머슴을 데리고 농사지을 만큼 동네에서는 부자 소리를 들었고, 나도 내 농지가 3천여 평을 넘어간 뒤부터 이른바 반머슴이란 격일제 상용인부를 데리고 농사를 지었다.

  그렇다면 그때 사람들의 생활은 문화생활이 아니고 미개·야만이란 말인가? 지금 우리가 누리는 이 도시 문화생활이 뭐 얼마나 대단한가? 석유자원 난방 덕에 내의 바람으로 사는 오늘의 주거생활과, 역시 석유자원 고갈과 지구온난화 등에 크게 한몫 하는 개인 승용차생활과, 모든 쓰레기 생산 생활, 상업주의 문화 향수가 뭐 그리 대단한가?

귀농—연민의 대상도 폼잡는 수단도 아니다

  내 원칙주의와 매일의 일에 지쳐 우리 두레농장 식구들이 '힘겨운 표정'이라고 보는 사람도 있지만 그것은 선입견이다. 그들은 농작물의 파종·이식기나 수확기를 뺀 많은 날들을 농사일은커녕, 거의 매일을 쉬거나 다른 일로 외출하는 경우가 훨씬 많다. 만일 그들이 정말 힘겨운 표정으로 보였다면 두레농장에 오기 전에 이미 지고 있는 빚이나 일 따위를 농장에까지 지고 와서 농사로 빚 갚고 먹고살 걱정을 하고 있기 때문일 것이다. 아니면 도시사람들처럼 세발이발하고 화장하는 대신 맨 얼굴에 햇볕 화장, 흙먼지 화장을 한 탓일 것이다.

나더러 '짝사랑은 이제 그만'하라고들 한다. 나도 짝사랑은 그만둔지 이미 오래다. '나름대로 큰(?) 뜻을 품고 이곳 농장에 들어왔다가 떠나간 사람들도 짝사랑의 상처는 마찬가지로 안고 갔을 것이다. 그러니 이후부터 찾아오는 사람들과는 서로 상처받는 짝사랑은 그만하고 많은 고민을 함께해서 사랑의 열매를 맺으라'고 충고를 하는 사람들도 있다. 이보다 더 많은 고민을 함께한다면 차라리 날더러 이 농장에서 사라지거나 죽으라는 말로 들린다. 구경꾼의 충고는 충고 아닌 조롱이나 저주로 들린다.

비록 좋은 땅은 아닐지라도 8천 평의 밥상까지 차려놓고, 오히려 그들의 경제적 도움을 위해 비료, 비닐피복, 심지어 비닐하우스 딸기재배, 모판에서의 농약살포까지 허용하며 농장의 공생농원칙을 유보하고 그 농산물을 적정값에 책임지고 팔아주는 내 원칙주의가 무거워 '힘겨운 표정'으로 떠난다면, 그는 애초부터 큰 뜻은커녕 어디 가서도 공생농두레 농사는 짓지 못할 관행농사꾼이 되거나 떠돌이 건달이 될 수밖에 다른 능력이 없는 사람이다.

농사가 뭐 엄청난 일이라고 '큰 뜻을 품고' 오다니? 사람이면 먹고살기 위해 마땅히 지어야 할 농사를 잘 지으면서 이웃과 더불어 살면 되는 것 아닌가. 무슨 대단한 큰 일을 한다는 듯이 으스대며 시작하는 귀농은 큰 뜻이 아니라 또 다른 허위의식이요 열등의식이다. 그런 자세로 실제 농사에 부딪히면 몇 달을 못 버티고 떠나는 뜨내기들을 누가 붙잡을 것이며 잡는다고 있기나 하겠는가?

도시 소비자들, 특히 생각 있는 소비자들일수록 농민을 연민의 대상으로 본다. 그러면서도 시장 농산물 가격변동에는 민감하게 반응하여 시장가격이 폭락할 때면 우리 직거래 농산물을 구입하지 않고 시장에서 구입하는 이중의식을 갖고 있다. 유기농운동이나 IMF 경제불황의 영향으로 요즘 귀농이 사회적 관심을 불러오고 있다. 그 관심도 역시 일회적이고 거품관심일 뿐인데, 그것이 귀농자들에게 무슨 대단한 결단인 듯이 착각하게 만든다. 시장경제 거품과 함께 귀농현상의 거품도 빠질 때가 됐다. 귀농도 소농도 무슨 뜻 있는 선택이 아니라 그것 말고 신통한 다른 출구가 없기 때문임을 솔직히 인정할 때가 되었다.

소농두레 말고 다른 길이 있는가?

우리의 농가인구를 전체인구의 10퍼센트 이하 수준으로 떨어뜨린 이농 때문에 지금의 농가당 평균 경지면적은 약 3천9백 평 — 농가 소유 농지가 아니라 부재지주의 임대농지까지 포함한 총농경지에다 농가호수를 나눈 단순한 평균치 면적임 — 으로 늘어났지만 30년 전까지만 해도 농가당 평균 농지는 0.3헥타르, 즉 1천 평 미만이었다. 예전에 비해 엄청나게 농가당 경지면적이 늘어난 지금의 국민당 경지면적은 얼마나 될까? 한 사람당은 고작 1백28평이고 가구당 평균 경지면적은 4백50평이다. 2천 평은 물론 요즘의 기준에서는 영세소농이지만, 그래도 국민 1인당 농지의 약 16배를, 총가구당 농경지 평균 면적의 4.5배를 가진 셈이 된다. 산술적으로 말하면 농가 한 집이 비농가 네 집의 먹거리를 생산하고 있는 셈이다. 그러고도 이 농민들이 겨우 입에 풀칠하는데 그치고 그 밖의 제도교육이나 상업문화로부터 소외당하고 있다면 그것은 체제의 수혜자인 도시인의 탓이지 농민의 탓은 아닐 것이다.

이 시장체제를 통한 농민의 노동가치랄까 부의 이전을 돌아보지 않고 농민의 어려운 처지를 개선한다고 경작규모를 늘리는 정책을 쓰다

보면, 결국 소농은 멸망하고 몇몇 농기업만 남을 것이다. 오늘의 농촌 갈등과 문제가 바로 여기에 있다.

이 진퇴양난의 농촌문제 해결을 위한 농민운동인들의 고뇌로운 대안이 유기농업이며, 그 직거래를 통한 도농공동체운동도 대안 중 하나이다. 소농이 꼭 좋아서 하는 것이 아니라 이른바 유기농, 진정한 공생농은 그만큼 일손 집약적이라서 2~3천 평을 넘으면 가족농으로 감당할 수 없는 기업농이 된다. 유기농은 기업농으로는 할 수 없고, 설사 한다 해도 그것은 가짜이거나 더불어 사는 공생농은 될 수 없다. 도대체 소농을 부인하고 무슨 공동체를 말하고 환경과 생태를 말하고, 독점 기업의 지배로부터 해방된 민주주의를 말할 수 있을까?

우리 농촌 인구가 전체 인구의 10퍼센트 수준으로 떨어지고 그래서 농가당 평균 경작면적(경지 소유면적이 아님)이 약 4천 평으로 늘어난 것은 최근의 일이지 오래 전부터 지속된 현상이 아님을 주목해야 한다. 과거 한때처럼 이른바 고도성장이 앞으로도 지속된다면 지난날처럼 농민과 농가수는 계속 줄고 농가당 경작규모는 지금보다 늘어날 수도 있다. 그러나 농민과 농가가 우주의 다른 행성으로 이사를 가거나 증발하지 않고 도시로 이사가는 한, 그로 인한 농지의 공장화, 포장화는 계속될 것이다. 요컨대 농촌의 도시화로 우리나라뿐 아니라 세계적으로도 농경지가 급격히 줄어들고 있다는 사실도 상기해야 한다.

더구나 그 고도성장이란 것이 어느 날 갑자기 IMF 신탁체제를 불러오는 거품성장이었음이 드러나고 또 그것이 앞으로 지속된다면 어찌 될 것인가? 우리의 삶의 질과는 오히려 역행하는 약육강식의 경쟁적 시장경제는 성장 아니면 쇠퇴라는 두 선택뿐이지, 자원고갈 없는 환경적 '지속 성장'이나 평행적 현상유지는 있을 수 없다. 빵을 부풀려 가는 성장기에는 저소득 도시근로자들이 그 부스러기로 도시에서 살아남겠지만, 자원의 한계로 이 성장이 중단된다면, 제한된 빵덩이를 놓고 경쟁은 더 살인적으로 변할 것이다. 그렇게 될 때 자본의 경쟁상대가 될 수 없는 도시근로자들은 어찌될 것인가? 지금처럼 우리 경제가 쇠퇴하고 또 그것이 오래 간다면, 과거의 이농이 귀농이 되는 역풍이 불 것이다. 아직은 미미하지만 지금 바로 그 역풍의 조짐인 귀농현상이 일어나고 있다. 이 조짐이 확대되어 현재의 10퍼센트 농촌인구와 농가가 다시 20퍼센트가 된다면 현재의 농가당 경지면적 약 4천 평이 그 절반인 2천 평으로 떨어질 것은 너무도 당연하지 않는가? 그런데도 2천 평으로 못 산다면, 그것도 없는 대다수 도시가구의 밥상은 어떻게 차릴 것인가? 영원히 지금처럼 전자제품이나 자동차 팔아 미국에서 계속 식량을 사먹을 수 있다고 생각하는 것인가? 아니면 우리에게 앞으로의 인류 95퍼센트를 실업자로 만들고도 그 사람들을 먹여살릴 첨단기술과 '티티테인먼트' 문화가 있어 그것으로 제3세계의 땅과 남은 숲과 노동을 수탈하는 제국주의 밥상을 차릴 수 있다는 것인가?

우리가 지지하고 있는 귀농운동이란 도시의 시장적 기득권을 그대로 가지고 농촌에 와서도 물량적으로 더 잘살기 위한 전업운동이 아니다. 지금까지 물량위주, 단기적 효율 경쟁위주의 미국식 기업농 정책을 흉내내고 그 장단에 놀다가 가랑이가 찢어져 기업농도 소농도 아닌 기형으로 파괴된 농촌을 가족소농두레 공동체 경제로 되살려서 이를 근거로 경쟁사회의 갈등과 한계를 지속적인 삶의 양식으로 바꾸자는 일종의 신문화 새사회 운동이다.

따라서 소농두레의 삶은 이 지구 행성 위에서 인간사회의 갈등을 최소화하고 미래까지 살아남기 위한 피할 수 없는 외통수 운명이지, 무슨 별난 고집쟁이나 큰(?) 뜻을 품은 도덕군자의 윤리적 당위나 선택이 아니다. 왜 그런지 지금부터 보다 객관적인 자료를 통해 이 이야기를 더 진전시켜 가자.

소농정책의 행방을 묻는다

산업의 근대화 정책 이후, 이 나라의 농정은 우리 전통의 자급자족적 가족소농 두레를 해체·파괴하고 상업농으로서의 기업농의 재편으로 일관했다.

그러던 어느 날, 오랜 세월 재야활동과 시민운동에 참여했던 농업경제학자 김성훈이 김대중 정부의 농림부장관으로 들어가자 환경농업과 가족소농정책을 자신의 중요 정책과제로 내세웠다. 그 실천 단위 주체로 이미 합법, 비합법 단체로 활동중인 소비자협동조합을 자유롭게 설립할 수 있도록 법제화하겠다고 했다. 이미 20여 년 전부터, 우리 선대들이 하다 버린 환경농업을 다시 외롭게 실천해 온 일부 농민들이나 그런 농산물로 소비자 직거래운동을 해온 도시의 임의소비자단체들에게는 이 소식이 기다리고 기다리던 메시아의 복음 같았을지도 모른다. 그가 장관에 취임하자 이런 일을 해온 서울의 소비자단체와 시민단체들에게 전에 없는 친야행보를 한다는 소문도 들렸다. 무엇을 하든 역시 서울에서 해야 해뜰 날이 오는구나 하는 서운한 감정의 시간이 지나자, 농림부장관의 그런 정책을 지지하는, '가족농의 강화 : 세계화 농정에 맞서는 길'이란 제목으로 쓴 정명채(농촌경제연구원 농어촌개발부장)의 — 아마 관변학자로서는 처음일 — 글을 《녹색평론》을 통해 만나는 기회도 주어졌다.

요란한 정책제시와 함께 어느덧 한 해가 지나갔다. 이 한 해 동안에 우리 농업과 농촌에 무엇이 달라졌는지 나는 아무것도 실감하지 못한다. 하긴 한 해 동안에 정책의 가시성을 기대하는 것 자체가 조갈증이다. 한 해가 아니라 저절로 강산이 변한다는 10년이 지난다 해도 정권이 바뀌고 장관이 바뀐 것만으로 무엇이 크게 달라지겠는가? 경쟁을 통한 승리가 목표인 세계시장의 분업구조 속에 강제편입된 이 변두리 농촌은 만신창이로 그 외양을 파괴당한 것 이상으로 그 분업구조의 수렁으로 오히려 더 깊이 가라앉고 있다.

해체 파괴중인 우리 농업과 농촌을 유기농과 그 직거래공동체운동으로 되살리겠다고 이미 20년 세월을 보냈는데도 애초의 기대와는 달리 오히려 더 망가지고 있는 우리 농업·농촌을 보고 깊은 좌절과 자괴감으로 이 운동의 한계를 깊이 반성하고 있는 나로서는 장관의 이 같은 정책제시가 새삼스럽기도 하고 당혹스럽기도 했다. 그렇지만 그것이 자발성에 근거한 민간운동이 아니고, 한 나라의 농정 원칙으로 제시된 이상, 이렇게 1년을 침묵할 것이 아니라 정책으로 제시되는 그 순간부터 그 타당성과 실현성을 따져보는 논의와 질정은 마땅히 있어야 했다. 그런데 장관의 전례 드문 친야행보 탓인지 아니면 지금까지 농업 귀족과 농촌 유지에게 쏟아부은 물량의 소농 분산을 우려한 탓인지 어떤 농업 관련학자도, 농민단체도, 시민단체도 이 정부의 농정에 관한 한 적막강산 속의 침묵으로 일관하고 있다.

비판은 고사하고 서울에 있는 경실련, 참여연대, 한겨레 21이 함께한 각부 장관 종합평가에서 농림부장관에게 1위를 줌으로써 다른 장관들의 분노를 사게 하는 지경이다. 학생의 등수화, 대학의 서열화를 강하게 나무라는 양식 있는 단체들이 필요한 부문을 정책화시키고 잘못을 비판이나 할 일이지 장관을 서열화시키다니?

김성훈 장관이 제시했던 소농정책의 행방과 그 평가 내역이 궁금하여 묶은 《한겨레 21》(1998년 12월 24일자)을 일부러 구해 봤다. 정책평가 부분이 농산물 유통구조 개혁(농안법 등), 농림부 산하기관 구조조정, 식량정책(농·수·임산물 개방정책 등), 산림정책 및 친환경농업 육성, 농촌구조 조정사업, 농가부채 경감 등의 여섯 가지였다. 업무능력 평가항목은 개혁성, 일관성 및 추진력, 전문성, 정책 효율성, 민주성 및 투명성 등이다. 평가단은 농업관련 교수 6인, 농민단체 임원 2인, 신문기자 1명으로 구성함으로써 다른 장관의 불만을 살 만한 농업관련인들의 집안잔치였다.

물론 그의 직거래 확대사업, 영산강 간척사업 백지화, 동아매립지(농경지)의 타용도 전용에 대한 일관된 반대 등은 이 글을 쓰는 사람도 갈채를 보내는 그의 개혁적 업적이다. 그러나 그 평가는, 평가단이 그의 친야행보와 가까운 사람들로 구성된 집안잔치에다 평가항목은 언론과 시민단체가 주목했던 가시적 쟁점들에 국한시킨 게 사실이다. 직거래사업, 간척사업 백지화, 대규모의 농경지의 타용도 전용불허 등도 따지고 보면 농림부장관이라면 마땅히 해야 할 일이고, 특히 그의 역점정책 중 하나인 환경농정책과의 연장선상의 일이지 특별히 개혁적이랄 수 없다. 그러나 환경농업의 전제조건이고 기초조건이기 때문에 필자가 큰 관심으로 주목했던 소농정책은 평가항목에서 아예 빠져 버렸다.

소농정책 없는 환경농정책은 앞 정권의 신농정이 국내외 경쟁력 제고를 위해 시작했던 유기농 지원정책의 단순한 연장일 뿐 전혀 새로운 정책이 아니다. 김성훈 농정의 속알과 그 차별성은 만일 그것이 시행되기만 한다면, 바로 소농정책에 있고, 다른 것은 역대정권도 해왔던 정책을 새로 분단장하고 개명한 것에 지나지 않는다.

물론 소농정책은 단기적 효과를 기대하기 어렵다. 소농 당사자들조차 그런 정책이 있는지 없는지 관심도 없고, 입은 있으되 말은 없다. 그래서 언론의 관심이나 여론을 주도할 만한 인기 있는 정책이 아니다. 그렇다고 우리 환경농업은 물론이고 지금 전지구적 과제로 떠오른, 지속적 삶을 위한 환경문제를 푸는 단초인 소농정책을 그 실천적 업적은 유보하더라도, 그 계획의 구체성과 시행방법 등을 따져보는 평가를 제외한 것은 도시에서 말과 글로 농사짓는 사람들의 한계인지 모른다.

환경농업이 역대농정의 기업농, 경쟁농, 수출농의 한계와 실패에서 불가피하게 나온 정책이라면, 소농정책의 뒷받침 없는 환경농도 이미 출발부터의 한계 때문에 한때의 유행으로 끝날 또 하나의 과시성 기술주의 농정에 지나지 않을 것이다.

농어촌 구조개선자금 42조 원의 행방

우리 농업의 세계시장 편입강요에 대응하기 위한 김영삼 정부 5년간의 이른바 세계화 농정—신농정은 물량투입면에서는 전례가 없었다. 협상이라기보다 사실상 강대국이 약소국의 농산물 수입 장벽 해체를 위해 1987년부터 시작된 UR에 대비해서 종전부터 예산, 기금 등으로 지원해 온 경지 정리, 저수지 개발, 농기계 보급 등의 농업기반투자들을 한틀 속에 묶은 것이 이른바 '농어촌 구조개선사업'이다. 이 일의 효율적 투자를 위해 1992년부터 1998년까지 지원된 42조 원과 앞으로 2004년까지 집행될 농특세자금 15조 원의 농어촌 구조개선자금은 당국의 해명대로 국가 전체예산증가율 연평균 13.2퍼센트보다 고작 1.8퍼센트 더 증가한 15퍼센트로, 국가생명산업으로서의 농업의 중요성에 비추어 보면 특별히 많은 투자라 할 수 없다.

농민을 희생제물로 한 1960년대부터의 산업화 정책이나 1990년대 초 당시의 물량시장규모에 비추어 보거나, 1993년에 타결된 UR협상으로 우리 농업을 세계 곡물 메이저와 국제 기업농에 내던질 수밖에 없이 실패한 이 나라 농정의 면죄부치고는 오히려 너무 초라하다.

문제는 투자액보다 그 돈을 어디다 어떻게 썼느냐에 있다. 이 자금의 농업투자 비효율성을 문제삼아 농업투자 무용론을 펼치고 있는 재경원과 이와는 다른 시각에서 그 낭비성을 문제삼는 농민단체로부터 농정당국은 양면협공을 받고 있다. 그래서인지 농정당국은 57조 원으로 알려진 이 자금 중에서 지방자치단체의 지방비와 농업인의 자부담을 뺀 정부의 예산·기금 등의 순수 국고 투융자규모는 50조 4천억 원밖에 안된다고 한다. 97년 현재로 지원된 자금은 42조 7천억 원이며 이 중 중앙정부 지원액은 31조 7천억 수준이란다. 대상별 투융자규모는 경지정리, 농업용수개발, 배수개선, 도매시장건설, 농어촌도로포장 등 농촌 SOC적 성격의 투자와 시험, 연구, 개발, 교육, 복지 등 정부에서 직접 시행하는 사업이 전체의 48퍼센트인 15조 1천억 원이고, 농·축협 등 생산자단체가 운영하는 유통·가공사업에 지원한 규모가 10퍼센트인 3조 2천억 원이라고 한다.

비효율과 낭비의 표적처럼 언론의 질타를 받은 실제농업인 또는 영농법인에게 직접 지원된 사업비는 13조 4천억 원으로 42퍼센트이며, 그 가운데 10조 9천억 원은 융자고, 순수보조지원액은 고작 2조 5천억 원밖에 안 된다고 한다.(≪농정의 길잡이≫ 1998년 11월 12일자 참조) 요컨대 지금까지 쓴 42조 7천억 원의 42퍼센트인 13조 4천억 원만 농업인과 영농법인에게 주고 나머지 58퍼센트는 정부나 그 산하기관이 다 제대로 썼다는 얘기다. 민간인이 안 쓰고 정부가 직접 쓰면 비효율이 효율이 되는 것인가?

대상별 투융자규모에서 경지정리, 농업용수개발, 배수개선까지는 분명히 농업관련 투자라 할 수 있다. 그러나 도매시장개설, 농어촌 도로

포장, 시험·연구·개발·교육·복지 등 정부나 산하단체에서 직접 시행한 사업들의 대부분이 농업·농촌 구조개선에 제대로 쓰였는지는 아직 객관적으로 검증된 바 없다. 농산물 도매시장 건설이 농업·농민과 무관한 것은 아니지만, 그것이 도시 소비자를 위해 더 필요한데 어째서 그것을 시장관련부처나 해당 지방정부가 안 하고 그 애처로운 농어업 예산으로 꼭 해야 하는가? 농어촌 도로 확포장은 농업투자라기보다 농지를 직접적으로 파괴하고, 농민보다 도시인들에게 더 편리하게 농지매점 투기화를 조장시켜 농산물 생산비를 엄청나게 높인다는 역기능에서 볼 때 건설교통부가 하면 모르되 왜 농업예산으로 해야 하는가?

농림 당국이 직접 시행한 시험·연구·개발·교육·복지란 또 무엇인가? 그 많은 돈으로 농업관련기구들이 시험·연구 개발한 결과로 우리 농촌이 어떤 모습으로 구조개선되었는가? 더구나 모든 국민의 교육과 복지와 도로 교통을 전담하는 교육부와 보건복지부, 건설교통부가 엄연히 따로 있는데도 농림부의 교육·복지·농어촌 도로확포장사업이란 도대체 무슨 뜻인가? 이 나라의 교육부, 보건복지부, 건설교통부는 농촌을 뺀 도시공화국만의 부서인가? 한마디로 42조 원이 투입된 농업구조개선사업은 농업관련기구만을 확대해가는 '농업귀족'들의 주머니만 불려준 그들만의 한판 잔치였지 결코 이 땅의 농업과 농민을 지키고 살리기 위한 것이라고 할 수 없다.

우리나라의 농업관련 기구의 종사자들은 1997년 현재 41만 4천여 명인데, 이는 1997년 농가수 1백47만 호, 농가인구 4백47만 명에 대해 농가 3.5호당 1명, 농민 10명당 1명 꼴이라고 한다. 여기에는 농업관련 학교 종사자는 포함되지 않았다. "한마디로 농업인이 불안정한 농산물 가격·수입농산물로 인한 가격폭락 등으로 빚에 쪼들리는 동안 농업

관련 정부기관, 연구소, 학계 등은 호황을 누린 것이다. 신농정 이후 각종 농업관련기구와 연구단체나 대학 등에서 이제야 살 만하다는 이야기가 나돌아다닌 것은 공공연한 비밀이다." 필자도 가까이 지내는 뜻 있는 농대교수들로부터 불필요한 연구비 지급을 개탄하고 걱정하는 소리를 수차례 들은 바 있다. 이래서 차라리 "42조 원의 돈을 1백47만 농가에 골고루 나누면 호당 약 3천만 원이 되는데, 그렇게 해서 경쟁력을 키우라는 것이 낫지 않겠나 하는 자조적 한탄이 쏟아지고 있다."(「농업귀족 있는 한 농업투자는 밑빠진 독에 물 붓기」, 황장수 《말》 1998년 6월호 참조)

바로 이 같은 불필요한 농업기구나 만들어서 가난한 농민을 팔아 나라 예산만 축내는 농업귀족을 대폭 축소하는 것이 농림부가 해야 할 진짜 구조조정일 것이다. 그런데 과식으로 비만한 제 몸 군살 뺄 생각은 하지 않고, 평소에 한 푼의 지원도 관심도 없던 산하 법인에 이것저것 사업 실적 보고를 요구하다 실적이 보잘것없다는 이유로 법인을 해산하라는 것이 무슨 구조조정인가?

우리 공생농두레는 지역자립두레운동을 위한 두레답의 법률적 귀속을 목적으로 문민정부 때 사단법인을 만든 적이 있다. 그러나 이 사단법인은 농업생산자 법인이 아니라서 다시 농업회사 법인을 만들어 출자형태로 농지를 귀속했다. 그런데 이 정부 들어 사단법인의 실적보고를 몇 차례 수정보고시키더니 마침내 사업은 제대로 하지 않고 정부 팔아 거짓말하는 것 아니냐 이럴바에 사단법인을 해산하라고 했다.

그렇지 않아도 도움은 없이 간섭만 받는 사단법인을 스스로 해산할 생각도 없지 않았는데, 정부 팔아먹는 사기꾼 취급까지 하다니? "내 한평생 몸과 마음 편안하게 의지해 본 정부를 한 번도 가져본 적이 없기에, 지역자립 두레운동을 위한 사단법인을 내 나라 내 정부 삼아 만들었지 사익을 위해 만든 것 아니오. 좋소. 하라면 해산하겠소." 그래서 사단법인 만들 때 이상으로 까다로운 해산절차를 밟으면서 나는 새삼 법인도 하나의 작은 나라라면, 그 나라와도 한평생 인연이 먼 자신이 쓸쓸하고 서글펐다. 나는 팔아먹거나 자랑할 나라를 절대적으로 신봉하는 국가주의자가 아니다. 나라란 없거나 있어도 작을수록 좋은 노자의 그 소국과민(小國寡民) 비슷한 자주인 자치두레나라(공동체)주의자다.

실패로 막내린 기업농정책

하지만, 여론의 집중비판을 받은 탓인지 당국이 애써 해명성으로 밝히고 있는 '순수보조지원액은 2조 5천억 원 수준'을 포함한 13조 4천억 원의 투융자 지원대상이었던 '실제 농업인 또는 영농법인'도 진정한 뜻의 농민이라고 할 수 있을까? 필자가 보기에 이들은 보조융자가 없어도 이미 가지고 있는 것이 상대적으로 많은 농촌 유지들이고, 그 여유로 농업관련기구나 행정기관과의 친분으로 오래 전부터 각종 농촌 투융자 지원금을 독점적으로 따먹는데 이골이 난 농촌건달, 농촌정치꾼인 것 같다.

그 지원을 소농에게는 주지 않고, 기업농(대농)이나 영농단체에 우선한다는 규모화지원 원칙은 이들로 하여금 다시 수많은 영농법인을 급조난립시켜 보조금을 독식하게 했고, 또 그들끼리의 지원금 따먹기 경쟁을 부추겼다. 그러나 농업생산자단체라 해도 이른바 관계기관을 상대로 '로비'는 하지 않고, 말없이 농사만 짓는데 그것을 줄 리 없다. 우리도 공생(유기)소농두레운동의 기초인 두레농지(지역공동답)의 합법적

귀속을 위해 전혀 내키지 않는 농업회사 법인을 설립했지만, 보조지원은커녕 군청 담당과에 법인설립신고라는 것을 할 때 "보조지원은 기대하지 말라"는 못을 박은 뒤에 신고를 접수했다. 영농법인도 농사만 짓거나 사회운동을 하면 지원자격이 없고 체제 안에서 이권로비 운동을 해야만 지원받을 자격이 있는 것이다.

농업관련기구가 쓴 막대한 투융자금은 그 많은 농업귀족들의 주머니라도 불리는 데 쓰였다 치더라도 이 같은 농촌건달이나 그들이 만든 영농법인에게 지원된 자금은 어떤 결과를 가져왔던가? 그것은 주로 기업축산, 컴퓨터로 농사짓는 유리온실, 대형 연동하우스, 농산물 가공공장, 마을 공동창고(농산물 집하장), 마을 공동 농기계 창고 등의 설치에 지원됐다.

덩그란 마을 공동창고는 채워 넣을 생산물이 없어 마을 앞 문전옥답만 깔고 앉은 채 텅텅 비어 있거나 간혹 사용한다 해도 마을 유지의 사용(私用)으로 쓰일 뿐이다. 유리온실을 짓는 데는 너무 많은 보조금과 저리 장기 융자금만으로 명목상의 자부담을 한 푼 안 쓰고도 오히려 돈이 남는 경우도 없지 않다고 한다. 그래서 그 나머지 돈을 둘러싼 잡음들로 유리온실 주변의 농촌 인심과 전통적 협동을 오히려 찢어놓는 경우도 없지 않았다. 설사 농촌 인심과 협동을 찢어발기는 출혈이 있었다 해도 생산적, 경제적, 합리성이라도 있었다면, 어차피 피투성이 경쟁에 이기기 위한 기업농 육성자금으로서의 제몫을 다했다고 할 수 있다.

그러나 대규모 공장규모의 유리온실이나 연동비닐하우스는 그 공간의 높이가 너무 높아 내부열을 꼭대기 천장 쪽으로 상승시켜 오이나 토마토 같은 키높은 작물 외에는 우리의 선호 작목 대부분에 부적합했다. 또 우리의 기후 풍토에도 맞지 않아 재래식 단동비닐하우스 재배보다 오히려 비효율적이라서 소기의 목적인 국제경쟁력은 고사하고 대부분의 작목에서 국내경쟁력 향상에도 실패했다. 재래식 단동비닐하우스만으로도 이미 과잉생산된 농산물 시장에 과잉투자의 연동유리온실에다 IMF까지 겹쳤다. 아니 덴마크의 기술진과 중요기자재의 수입에 의존한 과잉농업시설투자 자체도 IMF를 자초하는 데 일조했다.

　우리는, 토착 원주민이던 인디언을 무차별 살육 격리시키고 그 땅에 말뚝만 막아 독점한 대평원의 목축국이 아니라 사료의 백 퍼센트를 수입하는 좁은 나라다. 이런 수입사료로 축산의 국제경쟁력을 높여, 수출은 못 하더라도 고기 수입이라도 줄이고, 우리 국민에게 고기를 값싸게 먹이려는 당국의 충정은 이해하겠다. 하지만 그런 수입사료의 가격 폭등으로 기업적 축산 농가를 파산시키고 IMF 체제에 일조해도 좋을 만큼 고기가 우리 식생활에 가치 있는 식품인가?

　설사 보조가 많고 저리융자액은 적다 해도 빚은 빚이기 때문에 갚아야 한다. 처음부터 생산력도 국제경쟁력은 고사하고 국내경쟁력도 없는 기업축산과 시설영농의 과잉투자는 파산의 빚잔치나 야반도주밖에 얻을 것이 없다. 한때의 이 나라 신문과 방송은 과잉투자의 유리온실과 기업축산농가의 파산 기사로 도배질했고, 지금은 42조 원의 자금운용이 비리나 비효율의 정도를 넘어서 농민 아닌 지역유지들이 서로 짜고 제멋대로 낭비한 농협 비리의 온상이며, 쓰면 주인 되는 눈먼 돈의 표본이었음이 연일 기사화되고 있다. 전업농 중심의 영농규모화, 농업의 공업화, 농가 중의 20퍼센트 미만만을 중점지원하여 농업을 기업화하려던 세계시장 분업구조 농정은, 필자가 문민정부 초대 농림수산부 장관 허신행의 신농정 비판에서 예견한 대로, 국제경쟁력은커녕 그 정책에 추종한 농민만 파산시킨 참담한 실패로 막을 내렸다.

소농정책 말고 다른 길 없다

이 땅은 좁고, 그나마 국토의 80퍼센트가 산지인 산악지역에 자리한 전통적인 가족소농의 나라다. 인구는 날로 늘어나고 공업화, 도시화로 날로 축소되는 농경지는 도시 거품경제의 투기상품화로 그 가격이 세계에서 제일 높아 농산물 생산비 증가에 전가되고 있다. 토착 원주민을 무자비하게 몰아내고 공짜로 차지한 광활한 평원의 카우보이 농장에서 성장한 국제적 기업농을 이 땅에 모방할 수는 없고, 한다 해도 경쟁력이 있을 수 없다. 세계금융자본의 장단에 울고 웃는 우리 경제력으로 내수시장밖에 없는 유리온실작물로 국제경쟁력 어쩌고 하는 농정은 처음부터 농정이 아니다. 또 그런 농정을 계속 추진하고 지원할 수 있는 재정도 한계가 있다.

따라서 김성훈 장관이 취임초 내세운 소농정책은 개인적 선택이나 결단이라기보다 그것 말고 다른 대안농정이 없기 때문이다. 설사 다른 대안이 있다 해도 소농정책만이 국제적 대기업과 금융자본시장 독재로부터 개개인의 인권과 국민 국가의 주권을 지키는 길이요, 진정한 자립자치 민주주의를 토착화시키는 유일한 길이다. 또 그것은 환경과 자원고갈시대, 닥쳐오는 식량위기시대에 인류가 더불어 지속적으로 살아갈 수 있는 유일한 생존대안이기도 하다.

문제는 그 소농정책을 실현할 구체적 계획과 실천방법과 그것의 운동화와 제도화인데, 과문한 탓인지 필자는 장관취임 초기의 신문보도와 《녹색평론》에 게재된 정명채의 '가족농의 강화―세계화 농업에 맞서는 길'밖에 다른 자료를 접할 수가 없다. 이 글은 물론 농정당국의 직접 발표문은 아니지만, 그 산하연구기관의 견해이므로 농림당국의 입장을 대신한 것으로 본다.

'가족농의 강화'에 따르면 이미 실패했고 앞으로도 성공가능성이 없는 농가 20퍼센트 미만의 기업농 육성지원보다는 80퍼센트 이상을 차지하는 가족농을 환경농업화하고 이를 통해 품질 높은 농산물을 생산해 우리 농업의 경쟁력을 높이겠다는 것이다. 이것은 이미 오래 전에 제도권 밖의 농민운동권에서 주로 주장하고 실천해 온 것으로 결코 새로운 주장이 아니다. 소농들이 참여하는 "고품질 환경농업을 효율적으로 추진하자면 그 농산물이 소비자에게 직접 전달되는 체계와 구조가 필요"한데 그러자면 소비자가 자유롭게 협동조직을 만들 수 있는 협동조합법 제정이 필요하다는 것 역시 이미 임의조직이나 합법조직으로서의 협동조합이 수없이 활동중이므로 새로울 것이 없다.

그런데 정명채는 이러한 "소비 조직들의 요구에 생산자가 대응하기 위해서는 생산자도 조직화되어야 하고, 그러한 조직은 품목별로 조직화되는 것이 가장 합리적이다"고 했다. "독일과 프랑스를 중심으로 하는 유럽 농업은 이와 같이 가족소농들이 품목별 협동조합과 협동조합연합회 활동을 통해 그리고 더 나아가서는 국제적인 협동조합연합(유럽연합) 활동을 통해 국제 독과점기업들에 대해 강력한 대응력을 가지게 된 것이다. 이들 품목별 협동조합은 소규모의 지역조직을 기초로 하고 있으며 기초단위조합들의 생산과 가공품들을 도시 소비조합들과의 직거래형태를 취하고 있다"고 했다. 유럽연합에서 성공적으로 경험한 모델이기 때문에 우리도 그렇게 하자면, 이 또한 전혀 새로운 것이 아니다.

농업정책이 평지돌출로 반드시 새로워야 할 이유도 전혀 없지만, 미국식 기업농의 도입이 실패한 대안으로 유럽연합식 생산자 협동조합을 이 땅에 적용하는 데는 덴마크나 네델란드식의 유리온실 도입실패를 교훈삼아 매우 신중할 필요가 있다. 이 땅이 유럽연합과 전혀 다른 지정학적 지역에 있는 것도 그렇지만, 유럽연합식의 품목별 생산조직은 일반농산물이라면 매우 효율적, 합리적일 수 있어도 그것이 다름아닌 고품질의 환경농산물이라면 도저히 묵과할 수 없는 문제들이 있다.

상업농·수출농은 반환경농

이렇게 되면 이 정부의 요란한 환경농업정책은 소농을 위한 정책이 아니라 오로지 국제경쟁에 대응한다는 경쟁패러다임에서 한 치도 못 벗어난 구태의연한 과거정책의 연장 변형에 다름없다. 환경농업은 생태적으로 지속가능한 농업이라는 데 의미가 있고, 그것이 고품질이라도 우리가 자급자족하고도 남을 때 수출을 이야기할 것이지 처음부터 경쟁과 수출을 전제한 환경농업은 자기 모순일 뿐이다. 환경농업을 어떤 뜻으로 이해해서인지 모르지만 진정한 환경농 — 지속가능한 생태농산물은 국경은 물론 국내에서조차 생태지역을 넘을 때 이미 환경농업이나 고품질 농산물이 될 수 없다는 원칙을 전제해야 한다.

진정한 환경농은 단순히 농약과 비료 등 화학물질만을 덜 치거나 안 치고, 대신 유기물을 많이 넣은 고품질 농산물을 생산하는 데 있는 것이 아니다. 주어진 부존자원이나 에너지를 얼마나 절약해서 생태적, 지속적, 공생적으로 짓느냐에 있다. 그리고 아무리 자원절약형의 환경농산물을 생산했다 하더라도 그것이 국경은 물론 생태지역을 훨씬 넘는 장거리 유통이나 장기보존유통일 때 그것은 생산시의 환경자원 절약을 유통과 보관시의 그 많은 에너지 낭비로 그 생산의 환경성을 무화하는 자기 모순에 빠진다. 요컨대 환경농과 그 기초인 소농은 지역자립농이지 수출목적농이 아니다.

여기서 또다시 짚고 넘어가야 할 것은 우리가 말하는 무농약 유기농은 결코 진정한 환경농 — 지속가능한 공생농이 아니라는 것이다. 서울대 환경계획연구소 임경수의 박사논문 「쌀 경작체계의 환경친화성에 관한 연구」는 자원을 가장 효율적으로 이용한 논은 저투입논(관행농에 견주어 비료와 농약을 적게 넣음)이고, 가장 비효율적으로 이용한 논이 무농약논(이른바 유기농)이며 가장 환경친화적인 논이 우렁이 제초논임을 입증했다. 이 논문에도 우렁이 농법에 필요한 열대산 우렁이 관리비용 등을 일정 농민규모에서만 계량한 기술 공학적 한계가 명백히 있다. 여기에는 열대산 우렁이가 이 땅의 온 들판을 뒤덮고, 다음해의 농사를 위해 우렁이 씨를 월동시키는 데 일어날 수 있는 수량으로, 예측할 수 없는 생태적 이변과 환경파괴는 도외시된 것이다.

진정한 환경농은 외부의존을 전혀 안 하거나 가장 최소화함으로써 지속가능한 생태농 — 필자가 굳이 만들어 쓰고 있는 '공생농'밖에 없다. 바로 말하면 화학물질, 농기계 의존을 인간의 노동으로 대체하고, 퇴비도 수입사료 퇴비는 물론 설사 국내산이라도 외부의존 대신 자급퇴비로 하는 것밖에 어떤 왕도가 없다. 따라서 환경농업은 생산양식의 변화나 기술의 변화로만 이뤄지는 것이 아니다. 인간 각자의 사고와 행동의 변화, 인간관계의 변화로써만이 감히 전망할 수 있다. 흔히 말하는 삶의 양식(문명)의 전환과 함께하지 않는 '농정'만으로는 불가능한 과제이다. 환경농업으로의 전환은 곧 가치관의 동시전환을 의미한다. 생산자는 고소득을 올리고 소비자는 질 좋고 건강에 좋은 농산물을 직거래로 구매하기 위한 누이 좋고 매부 좋다는 식의 집단이기주의 환경농으로는 환경을 살리기는커녕 퇴비자원의 독점투입, 인력제초 대신 오리, 우렁이 투입을 위한 사료곡물 수입증가, 생태계 교란 등으로 오히려 환경을 악화시키는 꼴이 된다.

생태적이며 토착문화적인 지역을 넘어 삶의 영역을 확대할수록 환경은 더 파괴되고, 유기물이든 화학물이든 투입량이 외부의존적일수록 반환경적이 된다는 원칙에 설 때, 품목별 협동지역조직으로 세계농산물 시장에 맞선다는 환경농은 또 다른 방식의 경쟁농으로서 경쟁적으로 환경을 더 파괴하겠다는 것과 같은 말이다.

기술적인 측면에서도 이것은 불가능하다. 어떤 작목의 적지라고 해서 같은 지역에 같은 작목을 기계집약적으로 장기 연작하는 단작재배는 농약을 사용하는 관행농으로도 특정작물의 토양영양 지속섭취로 토양생태균형이 깨져서 병충해로 지속경작이 불가능한데 하물며 환경농이 이런 반환경을 스스로 조성하며 그 지속이 가능하겠는가?

진정한 환경농은 지역자립농

여기서 환경농 — 지속가능한 생태공생농의 조건을 다시 한 번 정리한다. 첫째, 화학자원은 물론 순환재생의 유기물도 바로 그것이 생산된 땅에서 나온 것을 되돌리는 저투입, 무투입으로 자족하고 외부의존이 없어야 한다. 둘째, 기술 기계도 외부의존은 최소화하고 재생가능한 생태 기술과 기계를 연구하여 만들 때까지 가능한 사람의 노동으로 지어야 한다. 셋째, 같은 지역에 여러 작목을 혼작하고 또 윤작해야 한다(다품목소량생산). 넷째, 기후 풍토에 맞는 제철 농사를 지어야 한다(적기적작). 다섯째, 유통소비도 생태지역 내에서 자급자족해야 한다.

이런 조건을 충족할 수 있는 농업생산 양식은 가족소농들의 두레생산양식밖에 없다. 따라서 소농정책은 하나뿐인 지구 위에서 살 수밖에 없는 사람들의 지속생존을 위한 환경농의 전제조건일 뿐만 아니라 세상에 나라가 굳이 있어야 한다면 그 모든 나라가 외면할 수 없는 전지구적인 정책과제다. 그런데도 장관취임 초기에 앞 정권의 기업 대농정책 실패의 대안으로 잠시 내세웠던 소농정책은 역시 요란한 경쟁력주의 환경농정책과 그 직거래정책에 묻혀 장관의 정책평가항목에서조차 빼어먹는 본말전도가 이 나라 농정과 여론의 현실이다.

소농정책은 환경농정책의 필수전제조건일 뿐만 아니라 정치, 경제, 문화 민주화의 초석이고 원천이다. 모든 생명활동의 기본인 땅이 옛날처럼 지주나 지금처럼 기업에 독점당하고서 무슨 사회의 민주화인가? 생존의 기본인 의식주의 생산과 가공·유통 등의 자급자족자립 없이 소수기업의 독점에 사육당하면서 무슨 경제민주주의인가? 자기 삶의 모든 문제에 직접 참여해서 스스로 결단하는 자치 없이 무슨 정치 민주주의인가? 스스로 주인 되어 함께 신명으로 창조하는 자주 없이 일방통행(유행)의 상품소비로 무슨 문화민주주의인가?

소농과 그 두레는 단순히 국제농산물 시장구조에 대응하기 위한 환경농업 — 고품질 농업을 생산수출하기 위한 경제단위가 아니다. 이처럼 전체적인 인간삶을 지탱하는 근본 토대다. 환경농, 수출농을 위해 소농이 필요한 것이 아니라 농민의 80퍼센트가 넘는 소농이 존재하기 때문에 그들을 위한 여러 정책 중에 하나로 환경농정책도 있을 수 있다. 비록 지금은 농민전체가 국민 중의 소수로 되었지만, 원래는 국민의 절대다수였던 소농을 존중하고 그들을 위한 정치, 사회, 경제 제도가 바로 민주주의 아니겠는가. 그런데 역대의 정권들이 개화니, 근대화니, 기업농이니, 수출농이니, 무한경쟁이니 닦달하면서 국가정책으로 소농을 해체, 파괴했기 때문에 개발독재정권이 된다.

그런데도 문화적(전인적) 두레 대신, 그가 재배하는 작물에 따라 사람을 묶어 생산품목별로 협동조직화한다는 것은 바로 이 삶의 전체성과 전인격성과 민주성을 무시하고 오로지 경제적 합리성만 맹종하는 또 다른 얼굴의 협동 아닌 경쟁체제일 뿐이다. 품목별 생산협동조직에는 물론 대기업이나 시장에 대응하는 나름대로의 합리성이 없지 않다. 그러나 바로 그 맹목적인 경제합리성과 효율성이 우리 환경과 삶을 이렇게 지속불가능하게 하는데 그 대안으로 내세운 환경농조차 경제성만 좇다보면, 그 또한 소농을 위한 환경농이 아니고 환경농을 위한 환경농, 경쟁에서 이기기 위한 환경농, 수출을 위한 환경농이 되고 말 것이다.

진정한 경제적 합리성은 생명의 합리성이고 경쟁에서 모두가 이기는 길은 경쟁체제를 버리는 길뿐이다. 그런데 지역의 생산품목별로 협동조합을 만들어서 그들끼리 품질경쟁을 시키고 또 그것을 연합하여 국제경쟁을 해서 무엇을 얻겠다는 것인가? 내게 필요한 것보다 돈이 되는 것을 생산해서 그 돈으로 내게 필요없는 유행을 수입해서 폐기하는 그 장단과 이 춤에 무슨 다른 점이 있다는 것인가?

협동조합이라면 농협도 품목별 조합은 아니지만, 명색은 지역의 생산자협동조합인데 그 농협이 지금의 우리 삶에 무슨 역할을 하고 있는가? 지금 속속 드러나고 있듯이 부정대출, 농어촌 구조개선자금 부정 집행의 원천이 농협 아닌가? 경제적 목적으로 만들어졌다고 반드시 삶의 경제가 되는가? 농협은 일제의 금융조합의 맥을 이은 신용사업 위주이기 때문에 제 역할을 못했다면, 유럽 전통 자본주의에 맞서 자생한 신용협동조합 운동의 우리 땅 도입 결과 역시 농협의 전철과 무엇이 다른가? 그러고도 유럽식의 품목별 생산자 협동조직이면 우리 농업 문제가 해결될 것인가? 굳이 품목별 지역생산자 조직이 제도적으로 필요하다면 지금의 농협에서 신용사업을 없애거나 분리시키고 그것을 품목별 지역협동조직으로 재조직하는 것이 합리적일 것이다.

지역, 생태, 문화, 사람의 협동으로

요즘은 인치(人治)를 악으로 규정하고 제도화를 지선으로 섬기는 풍토가 되었지만, 제도보다 사람의 자발성과 도덕성이 먼저이고 또 그 사람이 제도를 만들고 운영하는 것이다. 그러므로 사람 없는 제도화는 되면 될수록 또 다른 삶의 질곡이 되기 싶다. 장관의 직거래정책에 기존제도로서의 농협의 원칙 없는 직거래가 자생직거래조직에 심대한 혼란과 상처를 준 것도 그 한 가지 예다. 물론 자생직거래조직도 지금과 같은 물량경쟁밖에 다른 원칙이 없다면, 이미 거의 모든 것을 구비한 전국적인 규모의 제도권 농협에게 자기 역할을 넘기고 문을 닫아야 마땅하다. 농협의 직거래가 장관의 앞선 독려에 시늉이나 해보는 일회적 해프닝에 끝나지 않고 지속적인 운동이 되자면 어떤 원칙과 그에 따른 새로운 방법이 나와야 할 것이다. 직거래 자체가 선이고 목적이 아닌 이상 우리는 농협은 물론 자생직거래조직의 활동도 날카롭게 주시하고 가차없는 자기비판을 해야 할 것이다.

솔직히 말해 정책 제도적으로 지원육성한 조직이, 억압된 인간 삶에 숨통을 트게 하고 자유로운 생명성을 불어넣어준 예가 드물다. 가장 좋은 정책은 자생조직을 정책 제도적으로 간섭, 억압, 방해하지 않고 그 조직의 요구가 간절할 때 이를 간섭 없이 지원해 주는 것이다.

십 년이 훨씬 넘는 실천경험과 함께 그 과정에 쌓인 모순 때문에 새로운 방향전환 없이 지속 불필요한 환경농직거래를 지금에 와서 정치선전이나 전시효과적으로 채택한 이 정책으로 한계에 달한 직거래 협동운동이 거듭나기는 쉽지 않을 것이다. 장관의 이런 정책을 뒷받침해 주기 위한, 경쟁을 전제한 품목별 지역생산자협동조합의 설립도 진정한 협동의 방법이 될 수 없을 것이다.

물량과 경쟁이 아니라 우리 삶의 질을 근본적으로 바꾸기 위한 진정한 협동운동은 생태·문화·사람 중심의 지역협동이 아니면 안 될 것이다. 이것을 나는 협동조합이라 하지 않고 '지역자립두레'라고 부른다. 이 생태문화적 지역두레는 생태적인 공생농으로 그 지역에서 필요로 하는 모든 작목의 생산이 중심이 되겠지만, 그와 함께 현대적 인간 삶에 필요한 문화·교육·신용 등 모든 인문적이고 경제적, 기술적인 필요까지 지역에서 자급자족하는 지역자립공동체가 되어야 한다.

그런 것이 세계화시장 시대에 될 법이나 하냐고 웃어넘길 일이 아니다. 백 년 전에 아니 근대화 정책 이전 60년대까지의 우리 농촌이 이렇게 살았다. 그 가난한 시대로 되돌아가자는 잠꼬대냐고 화낼 일이 아니다. 우리가 기억하는 역사 속의 농촌의 가난은 농촌 자체의 가난이 아니다. 그것은 지배와 수탈의 가난이고, 시장지배로 인한 경쟁 속의 가난이다. 농촌의 농민이 먹을 것을 스스로 기르고, 입을 옷을 짜고, 살림집을 두레로 짓는데 왜 가난해야 했던가? 도시야말로 이 의식주 세 가지 중 어느 것 하나도 스스로 해결할 수 없이 농촌과 땅에 철저히 의존하는데 그치지 않고 그것을 수탈 파괴한다. 그런데도 도시가 잘산다면 이것은 뭔가 잘못된 것이지 정상은 아니다. 비정상은 정상으로 돌려놓지 않으면 모두가 공멸한다. 비정상을 정상으로 돌리자는 이 주장이 꿈꾸는 자의 잠꼬대라면, 그것이 한 사람의 꿈이기 때문에 꿈으로 끝날 수도 있지만, 모든 사람의 꿈이라면 현실이 된다는 진리는 여기라고 예외일 수 없다.

물론 지금은 인구도 옛날과 비교할 수 없을 만큼 늘어났고, 역사는 되풀이될 수 없기 때문에 옛날의 농촌생활로 되돌아가려야 갈 수도 없다. 그래서 지금의 두레는 복고적인 마을두레가 아니라 지금에 맞는 생태문화적으로 지속적이고 경제적으로도 자립적인 새로운 지역두레를 재창조하자는 것이다. 먼 남의 땅 협동조합을 이 땅에 이식하는 것보다야 비록 지나간 유물일지라도 토착문화적 자기 전통을 토대로 한 재창조가 보다 빠르고 합리적일 것이다.

지금은 나쁜 의미의 파괴적인 기술뿐만 아니라 좋은 의미의 생태기술과 지혜도 옛날과 비교할 수 없이 축적되었고, 갈 데까지 가버린 사람들의 깨달음도 날로 확대되고 있다. 모두가 바람직한 것은 아니라 해도 한때의 대세였던 이농이 오히려 역류를 일으키는 조짐 가운데 뜻있는 귀농도 적지 않다. 이 모든 긍정적인 희망들을 한데 모아 농촌지역을 거점으로 새로 만들어갈 두레는 농민만의 두레가 아닌 도농지역 두레가 될 것이다. 이 도농지역두레는 도시두레의 전폭적인 지원으로 도시두레와 함께하는 농촌지역두레이기 때문에 도시에 소비조직과 농촌에 생산자조직을 따로 만들 필요없이 농산물은 물론 자급자족할 수 있을 것이고, 하기에 따라서는 그 밖의 생활필수품도 자급자족할 수 있을 것이다.

그런데 만일 정명채의 주장대로 각 지역에 품목별 생산자협동조합을 만들고 이에 대응해서 도시에 수많은 소비자협동조합을 만든다면, 그것을 보다 큰 지역이나 품목별로 연합조직을 만든다 해도 이것은 또 하나의 거대한 관료조직과 유통시장을 만들어 경쟁사회를 부추길 것이다. 예컨대 한 도시지역의 소비자협동조합은 자기가 필요로 하는 농산물을 수집하기 위해서 전국에 흩어져 있는 품목별 생산자협동조합을 상대해야 할 것이다. 설사 개별(품목별) 생산자협동조합을 상대하지 않고 생산자협동조합연합회를 상대한다고 하더라도 그 연합회 자체가 수많은 품목별 지역생산조합을 상대해서 물품을 수집함에 따른 몇 단계의 에너지 낭비적 유통구조와 이 구조를 유지확대시키는 또 다른 수많은 '농업귀족'을 추가시킬 것이다. 이것은 생산자와 소비자가 얼굴을 맞대는 공동체적 직거래가 아니라 조합이나 그 연합이란 관료화된 조직이 만들어갈 또 하나의 익명성의 시장이 될 것이다. 기존의 농협이 이 품목별 생산자협동조합과 그 연합을 맡고, 앞으로 자유롭게 설립될 도시 소비자협동조합과 그 연합회가 서로 대응하는 이 새로운 거대시장과 지금의 기존시장의 차이는 과연 얼마만큼 있을 것인가?

그러나 내가 말하고 있는 도농지역두레는 도시 소비자도 이 도농지역두레의 같은 구성원이기 때문에 농산물은 외부두레에 의존할 필요 없이 당연히 자급자족할 수 있고, 자기 두레에서 생산할 수 없는 수산물은 어촌 지역두레 한두 군데와 연대하면 식생활 품목은 완전히 해결할 수 있을 것이다. 직거래는 조직외부든 내부든 1 : 1로 단순하고 직접적이어야 하고 누구나 볼 수 있도록 투명해야지 조직이 중층화하고 복잡하고 불투명하면 그거야 또 다른 관료조직이나 시장유통조직이지 이름을 갖다 붙인다고 협동조합 직거래가 되는 것이 아니다.

요즘 유행하는 조직이론에 대입시켜 봐도 정명채의 유럽식 품목별 협동조합 모방론은 40년대에 태어나서 이른바 선진국에서는 이미 용도폐기시킨 채 박물관에나 보관해 둔 한물간 '기능별 조직'에 해당된다. 기능별 조직이란 같은 기능의 사람들을 한곳에 모아놓은 일종의 전문 분야별 조직이다. 이런 조직은 하나의 과제를 수행하자면 수많은 기능조직의 협동을 통과해야 하는데 그러자면 이들 기능조직을 통할하기 위한 피라미드 조직과 그 관료화를 피할 수 없다. 여기다 기능조직간의 이해관계에 따라 업무회피와 관할 경쟁 등으로 세월만 허송하며 조직이기주의, 즉 도장값문화만 조장하게 된다.

이에 견주어 우리의 지역자립자치두레는 전인격조직, 조직이론적으로는 '핵심역량조직'에 해당된다. 핵심역량조직은 여러 종류의 기능자를 한 조직 속에 두루 포함시킴은 물론 한 사람의 능력 또한 여러 가지어서 그 자체만으로도 무엇이든 못할 게 없는 전방위 만능조직이다. 지역자립자치두레야말로 별의별 능력을 가진 두레 구성원들이 함께 섞여 서로가 가진 기능으로 서로를 북돋우고 보완함으로써 하나의 과제 수행에 가장 기능적 효율적이면서도 인간적인 조직이다.

모든 이론이 다 그렇듯이 조직이론이란 것도 이렇게 따지고 보면 이미 실천적으로 경험된 우리의 전통두레 같은 인간활동의 장단점을 추상적으로 재조직한 경험과 실천의 뒷북치기일 뿐 결코 어떤 특별한 전문가의 독점·특허 신안은 아니다. 기능적인 것, 효율적인 것, 전문적인 것 등을 삶으로부터 분리해 내서 그것만 맹목적으로 추구하다 보면 할수록 그와 반대되는 문제만을 더 만들어간다는 진실을 깨달을 때도 되었다.

모든 인간관계는 조직이라는 벽, 전문화라는 벽을 허물어내고 단순화, 직접화, 두레협동화되어야 한다. 모든 물량의 이동은 지역적으로 최소화되어야 한다. 이것만이 인간관계의 단절과 갈등, 시장조직 사회의 부패와 타락을 최소화할 것이고, 그것만이 가장 자원을 아껴서 비용을 적게 들일 수 있는 생명경제(개인의 이윤경제 아닌)이고, 생태적, 환경적으로 가장 지속적인 삶의 길이다.

두레 직거래식품 규제는 자율규제로

물론 이런 지역두레가 경제적 자립, 정치적 자치, 문화적 자주를 되찾기 위해서는 해나가야 할 일이 너무 많다. 우선 두레의 경제적 자립과 먹거리의 자기완결성과 안전성을 위해서도 지역두레는 1차 농산물의 직거래에 국한할 것이 아니라 농업과 관련된 모든 일을 농업을 팔아 먹고사는 농업귀족과 시장으로부터 되돌려 받아야 한다.

그러기 위해서는 정명채의 주장처럼 우선 "지금까지 농산물 가공을 공업으로 분류하여 기업에게 독점시킨 것과 농산물 저장유통을 상업으로 분류하여 상인들에게 독점시킨 것을 되찾아올 수 있도록 가공업법, 도소매업법, 직거래법 등을 개정하거나 새로 제정하는 것 등 제도적 뒷받침을 필요로" 할 것이다. 그 다음 단계로는 "예를 들면 쌀의 도정업법이나 농산식품 가공의 인허가 제도, 상표등록과 판매허가, 가공식품 규모와 식품위생법 등 여러 가지 규제 및 인허가 규정들을 단속차원에서 육성차원으로 변화시키기 위한 노력이 필요하다."

그러나 단속차원을 육성차원으로 변화시키는데 '노력'만으로 되겠는가? 이 정부 들어 농정으로 채택된 환경농과 직거래만도 긴 세월 동안의 재야농민운동과 시민운동의 노력 이상의 싸움의 결과물인데, 기득권자들의 엄청난 이해관계가 걸린 단속차원의 식품관련 인허가제도가 관계자들의 노력이나 선심만으로 육성차원으로 개선되겠는가? 그리고 "그러기 위해서는 농산물의 식품가공 인허가 제도의 대부분이 지방자치단체나 농림부로 이관되어야 한다"는 정명채의 주장도 그것이 물론 지금보다 훨씬 낫기야 하겠지만, 그것으로 문제가 해결될 수는 없다.

식품가공의 인허가제도를 보건복지부에서 그래도 농민이익을 대변한다는 농림부로의 이관은 규제를 완화시키는 일시적 개선일지는 몰라도 종국에는 밥그릇 영역의 타부서 이전에 그치고, 그 규제는 다시 새끼를 쳐서 그 밥그릇 영역을 확대해 갈 것이다. 규제 완화 철폐를 앵무새처럼 되뇌이는 방금 이 순간에도 국회에서 한 회기중이나 또는 한 국회 임기중에 수십 수백 개의 법령을 날치기 방망이로 두들겨 넘기는 모든 법령들은 자유로운 사람 삶에 억압기제로 작동하는 또 다른 규제가 아니고 무엇인가?

굳이 법제화까지 가기 전에도 장관의 정책 변경과 명령에 따라 아니 장관이 바뀌는 것만으로도 규제는 또 다른 규제로 되살아 새끼를 쳐간다. 농림부장관이 바뀌고 그 정책의 제1과가 환경농직거래가 되자 또 다른 규제가 생겨났다. 환경농산물 표시는 당국에 신고를 해야 하고, 그 유통을 위해서는 당국의 검사 또는 품질인증을 받아야 한다는 것이다.

결코 잘 해온 것은 아니지만, 그래도 소수 농민과 시민들이 남이 안 할 때 남의 비웃음을 사가며 어렵게 유기농을 살려 직거래의 길을 터 놓으니까 어느 날 갑자기 그것을 환경농 육성이라 이름을 바꾸고는 마치 농림부의 자기 업적인 양 요란한 정책으로 채택한 것은 좋다고 치자. 지금까지 경험해 본 결과 물량이나 품질에 문제가 없는 것은 아니지만, 유기농·환경농 직거래는 이를 통한 두레(공동체) 정신과 철학 —다시 말하면 경쟁 아닌 협동을 통한 생태적 상생과 공생사회의 실현—이 더 본질적인 문제인데, 그것을 단지 명령에 따르는 기술관료를 통해 기술화, 계량화, 경쟁시장화 하려는 것이다.

유기농·환경농이 단순히 농법상의 기술문제나 직거래시장 유통문제인가? 당국의 농산물검사와 품질인증은 과연 믿을 만했던가? 지방재정의 확대를 위해 고장마다 자기 특산물 판매 확대에 광분하고 있는 지방자치제가 남발하고 있는 그 품질인증을 믿어도 될 만큼 우리의 행정과 관료가 신뢰화, 민주화, 주체화, 자치화 되어 있는가?

다른 것은 몰라도 적어도 농정에 관한 한, 당국이 개입하면 그날로 뒤틀려져 온 것이 이 나라 역대 농정사라서, 오랫동안 재야활동을 해 온 장관은 그것을 잘 알 터인데 왜 그럴까? 역대 농정당국이 축산에 개입하면 축산 파동, 고추 농사에 개입하면 고추 파동, 양파 농사에 개입하면 양파 파동, 유리온실에 개입하면 유리온실 파동 등이 다 그랬다. 지금 또 그 유기농산물 직거리에 정책이 개입하면, 직거래 파동이 올지도 모르고, 실제로 정책개입 이전에도 직거래는 그 냄비가 끓을 만큼 다 끓고 김이 이미 빠져나가고 있는 중이었다.

그런데 이 모든 문제들이 땅이나 들에서(재야에서) 바라보면 너무도 뻔히 보이는데 그 높은 관료의 문턱만 들어서면 그날로 까막눈이 될 수밖에 없는가? 남이 장관할 땐 규제이고 내가 장관으로 하는 규제는 자율이 되는가? 하긴 장관은 스스로 했으니까 장관 자신에겐 자율임에 틀림없다. 하기야 장관의 자기 자율이나 정부의 모든 규제가 만인의 자율이 되는 진정한 자치민주사회가 되기만 한다면, 모든 재야 사회운동은 도덕적·당위적·현실적 근거를 잃고 모든 저항운동이 필요없는 태평성대가 될 것이다. 이런 태평성대의 그날까지 운동과 저항은 지속될 수밖에 없을 것이다.

그러므로 모든 규제는 부처이관이 아니고 깨끗이 철폐되어야 한다. 최근 국민 식생활의 안전을 위해 만들었다는 식품안전청의 청장과 차장이 그 인허가와 관련된 뇌물수수로 인한 연이은 구속에서 보듯이 모든 제도적 기구와 규제는 기득권자를 위한 소수의 것이지 만 사람을 위한 것이 아니다. 일제가 근대적 법률로 우리 전통농가의 자유로운 농주제조를 금지시키고 그 제조권을 '술도가'에게 독점시킨 전통 위에서 시작된 모든 법률에 의한 식품 규제란 기득권자들의 민중지배 수탈과 그 독점을 위해 있는 것이지 결코 민중을 위해 있는 것이 아니다. 진정 만 사람을 위한 규제는 자치자율 규제다. 그래서 자치자립두레에는 처음부터 외부의 규제란 있지도 않았고 있을 수도 없다. 민주주의란 특히 요즘 즐겨 쓰는 참여민주주의, 자치민주주의란 애초에 두레가 갖고 있던 고유 권한과 자율 규제를 원래의 주인에게 되돌려주는 바로 거기에 있는 것이다.

자치자율두레 구성원이 자기가 스스로 먹기 위해 만들어 자기 인체

실험을 거듭한 농산물과 가공품을 두레식구까지 좀 넓혀서 나누어 먹자는데 누가 무슨 인허가 규제를 할 수 있단 말인가? 만일 인허가 규제가 필요하다면 지금 우리가 하고 있듯이 먹는 당사자인 소비자두레가 그것을 평가해서 먹거나 안 먹는 규제보다 더 완벽한 규제는 없다. 소비자는 그 방면의 전문가가 아니므로 만약 그런 먹거리로 있을 수 있는 집단식중독이나 장기적 식용에 따른 인체유해 여부를 과학적으로 검정할 전문인이나 기구가 필요하다는 전문가론은 불신과 부정 투성이의 속임수 시장에는 필요할지 몰라도 탈시장 두레공동체 내부의 자급자족 직거래에는 오히려 부패와 부정을 조장하는 또 하나의 이데올로기로 작용한다. 바로 '전문가'야말로 특정한 자기전문분야를 통한 목전의 자기 이익밖에 아무것도 못 보는 맹목이고, 그래서 오늘의 이 모든 갈등과 경쟁적 생명파괴는 전문가들의 자기 전문영역 수성과 남의 영역 침범 때문에 증폭되고 가속되는 것이 아닌가? 진정한 참여민주주의 — 정치 구호와 제도로서의 민주주의 아닌 직접참여민주주의는 전문가가 필요없는 두레, 설사 있다 해도 자기전문영역도 이웃에 공개하고 나눠주는 사람들이 함께하는 자율자치두레에서 실현될 수 있다.

스스로 돕는 자를 지원하라

지난 정권 때 이른바 유기농가에게 지원된 유기농자금도 얼마나 우스꽝스럽게 낭비되었는지 그 자금을 받아 쓴 농민 자신이 더 잘 알고 있다. 기업농 육성지원자금처럼 이 자금 역시 당국과 이해관계가 있는 지역의 유력자에게 돌아갔다. 지역에서 힘깨나 쓰는 자들의 불평불만 무마용으로 지원된 자금이 제대로 쓰일 리 없다.

유기농가의 필요나 요구와 상관없이 퇴비사, 저온창고, 냉장차 등으로 당국이 탁상에서 미리 한 조로 짜서 주는 자금을 지원받은 한 농민이 자기에게 필요없는 냉장차를 혹시 우리 단체가 필요하면 양도해 가라는 부탁을 하기도 했다. '어떤 진보적인 이론도 현장에 뒤져 있'듯이 책상 위의 합리성이 실제 농사의 합리성을 넘어설 수 없다.

가장 좋은 지원은 스스로 돕는 자가 꼭 필요로 하는 부분을 그것이 무엇이든 원하는 대로 지원하는 것이다. 하지만 재정은 한정돼 있고, 이 또한 결과는 미지수다. 그렇다면 진정 스스로 돕는 자를 제대로 가려내어 지원하면서도 한정된 공공재정을 가장 효과적, 지속적으로 운용하는 방도는 과연 없을까? 내 오랜 현장경험의 고뇌로는 앞으로 2004년까지 지원될 국비 15조 원과 기타 투융자금 전액 45조 원을 이미 쓴 42조 원과 같은 용도로 쓰지 말고 순전히 환경농업을 하는 소농들의 지역자립두레를 조직 육성하기 위한 지역두레의 기초인 두레농지 구입자금에 돌리는 것이 가장 최선의 길이라는 결론에 도달했다.

이 자금으로 조성한 농지는 이미 스스로 환경농업을 하고 있는 지역 소농두레나 어느 정도 준비되고 있는 지역두레에다, 소유는 국가가 하고 이용은 지역두레에서 하도록 무상임대하는 방식으로 배분한다. 다음 단계로는 지역두레의 정착여부에 따라 이 국가소유 농지를 지역두레로 넘겨서 농지를 지역화함이 바람직하다. 이 농지의 경작은 무농지 두레귀농자에게 우선으로 주는 것이 좋겠고, 귀농자가 없는 지역두레라면 그 지역의 소농두레가 공동경작하여 지역두레의 자립 재정에 보태게 한다.

지금까지 당국이 직접 챙기고 있는 경지정리, 농업용수개발, 배수개선, 시험, 연구, 기술개발, 교육, 복지 등도 제대로 하는 두레의 필요와 요구가 있을 경우 객관적 평가를 통해 지역두레 스스로가 하게 자금으로 배분 지원한다. 당국은 실체도 없는 두레를 어찌 믿고 모든 자금을 지원할 것이냐고 이 제안에 코웃음칠지 모른다. 하지만 필자가 10년 전에 구상하고 5~6년 전에는 ≪녹색평론≫에 간단히 쓴 바 있는—죽어가는 상수원을 살리기 위해서는 그 지역의 농업을 모두 유기농화하고 그 생산물을 해당지역의 수돗물을 먹는 도시민들이 제값에 먹어주는 도농공조를 해야 한다는 내 황당한 주장은 이미 팔당지역에서는 현실 정책화되고 있지 않는가? (물론 현재의 그 유기농에도 문제는 많다).

그럼에도 내 제안이 황당하게 느껴진다면, 42조 원의 농어촌 구조개선 자금을 따내기 위해 급조한 영농조합법인, 농업회사법인, 각종 연구기관, 심지어 정부당국 자신은 결과적으로 믿을 만했는지 묻고 싶다. 문제는 받는 사람보다 주는 사람, 주는 당국의 확신과 철학이다. 신뢰 없는 당국, 민생과 내 후손을 진정으로 걱정하는 장기적이고도 지속적인 비전과 철학이 없는 정권유지 차원의 당국이 항상 문제다.

바로 그래서 목전의 표나 계산하는 정권차원의 전시효과적 선심성 지원, 낭비 파괴적 지원이 아닌 당국 스스로가 잘못하지 않는 한 영구히 보존될 국가소유의 두레농지를 통한 비전과 철학 있는 지원으로 당국부터 신뢰와 확신을 보이라는 것이다.

민주주의냐 시장주의냐

인류시작과 미래구원의 대안으로서의 이 같은 지역자립자치두레는 현실에 실패한 몽상가들의 한갓 잠꼬대로 영원히 이뤄지지 않은 채 지구사는 끝날 것인가? 경쟁과 독점에 대응한다는 협동운동마저 경쟁과 독점을 닮아가는 한 아마 그럴 것이다. 한 번 쥐면 스스로 내놓을 수 없는 권력의 속성을 조장하는 비자주적 인간들의 권력줄서기가 지속하는 한 그럴 것이다. 물질 풍요와 기득권 확장밖에 모르는 보통사람들의 인기투표로 권력을 계승하는 이런 선거로는 불가능할 것이다. 그렇다면 다시 한 번 정치 권력의 시혜에 기대해 볼 것인가?

이 정부의 대통령은 이미 대선후보 때부터 남달리 준비된 대통령후보라고 했었다. 설마 그 준비가 환란과 IMF 체제를 미리 예견하고 그것을 충실하게 수용하고 극복하는 것만은 아닐 것이다. 환란 위기로 인한 IMF 체제 등 오늘의 모든 정치·사회 문제를 시장원칙을 무시한 앞 정권의 무능과 정경유착에다 떠넘기는 것으로 한 해를 날샐 준비를 한 것은 아닐 것이다.

그렇다면 다른 무엇을 준비했는가? 1년 세월은 이미 준비된 것이라 해도 실현하기에는 짧은 세월이지만, 그것을 제시하기에는 너무 긴 세월이다. 그 사이에 처음의 '민주주의와 시장경제'의 병행발전에서 '민주적 시장경제'로 다시 수식어 없는 '시장경제'로 날이 갈수록 수식과 표현이 조금씩 달라지는 정책구호밖에 별다른 정책이 나오지 않는 것으로 보아 아마도 준비된 것이 이것밖에 없는 것 같다. 거의 한평생을 군사독재에 핍박받은 민주투사 출신 대통령이기에 당연히 그의 정책 제1과는 이 땅의 민주화일 줄 알았는데, 그게 아니고 민주적 시장경제다. 정치는 현실이고 민주주의는 이상인데 양자의 절충이랄까 중용이면 됐지 그 이상은 더 바라지 말아야 하는 것인가? 시장경제가 아니고 민주적 시장경제라니 그것이 어떤 것인지 다시 한 해를 더 기다려 보아야 하는가?

하지만 1997년에 나온 『김대중의 21세기 시민 경제 이야기』에서 "시장경제는 자유주의와 평화주의의 기본전제"이기 때문에 자신은 자유시장 기능을 신봉하는 '시장근본주의자'로 이미 대답을 하고 있다(송문홍, 「신자유주의에 기운 DJ노믹스」 《신동아》 1999년 3월호). 그리고 또 지난 2월 26일 「민주주의와 시장경제」 국제회의 정치지도자 심포지움에서는 민주주의가 시장경제 발전의 전제조건임을 강조함으로써 민주주의를 시장경제 발전의 수단화하는 뉘앙스를 풍기는 연설을 했다(≪영남일보≫ 1999년 2월 27일).

자유주의(소수 강자만의 것이겠지만)를 실현하기 위해 시장경제를 신봉한다는 것은 이해할 수 있지만, 그러나 경쟁과 갈등, 독점이 본질인 시장경제를 통해 평화주의를 실현한다는 것은 납득하기 어렵다. 인류사 이후 모든 침략 전쟁은 시장 획득전쟁이고 오늘의 세계 갈등도 다 시장을 둘러싼 갈등인데 시장을 통해 획득된 평화가 어떤 평화인가 궁금스럽다.

물론 시장경제의 전제조건인 민주주의는 시장의 공정한 경쟁과 기회를 보장하는 제도로서의 국민국가권력을 뜻하는 것이겠지만, 그러나 이 경우의 민주주의는 그 자체가 목적이라기보다 시장의 파탄을 막기 위한 수단으로서의 시장권력 민주주의다. 사실이 그래서 이 정부의 경제 브레인 이진순 한국개발원 원장도 "민주적 시장경제론에서 '민주적'이란 용어는 시장경제라는 쓴 약을 쉽게 먹이기 위한 당의정 같은 것"(신동아 99년 3월호)이라고 했고, 이 정부의 IMF 수용과 해법 과정을 통해 우리에게 보여준 '민주적 시장경제'란 다름아닌 시장경제를 근본으로 하는 신자유주의 정책임을 실증하고 있다. 게다가 김대중 정부의 신자유주의는 IMF, 세계은행 심지어 국제적 금융황제 조지 소로스 등 금융자본 주도의 "세계 체제의 위상과 관련해서 종속적 신자유주의가 될 수밖에 없고, 또 이것을 통한 구조조정에서 다시 한국적 특징인 정경유착, 연고주의와 결합함으로써 정경유착적 정실 신자유주의"화했다는 평가를 받고도 있다(손호철 「한국의 신자유주의와 민주주의」, ≪창작과비평≫, 99년 봄호).

아무나 자기 위주로 편리하게 끌어다 붙이는 민주주의는 어쩌면 본체는 없이 찬란한 수사로만 존재하는 허사일지 모른다. 물론 민주주의는 정치적 구호로 실현될 수는 없고, 권력의 시혜나 선물로 증여되는 것은 더욱 아니다. 한 번도 제대로 실현된 적이 없고 따라서 정확한 모형이 없이 저마다의 머리 속에 그려 가슴마다 품고 있는 이상으로서의 민주주의는 그 이상을 향해 독점권력에 끝없이 대항해 온 삶의 과정들 — 인류사 자체일 것이다. 돌이켜 보면 내 한평생도 스스로 주인 되어 살기 위한 고난과 기다림의 긴 과정이었지, 그 어느 것도 이루지 못한 허사라는 외로움으로 저문다. 경쟁이든, 투쟁이든, 나 같은 기다림이든 어차피 고난의 연속이었던 세월은 내 당대로서 끝나주길 이제는 기도로밖에 바랄 길이 없는 나이가 되고 말았다. 가질 만큼 가졌고, 누릴 만큼 누렸으면서도 있지도 않는 민주주의와 그 '당의정'만으로 이제는 지구 용량이 허용하지 않아 인류를 절멸의 벼랑으로 몰아가는 성장과 시장경쟁은 그만두고 이 지구 용량의 허용범위에서 자급자족하여 스스로 주인 되는 자립자치 참민주주의의 싹이라도 내 평생에 보고 갈 수 없을까? 하지만 개혁이 곧 시장경제적 구조조정이고 비효율로 낙인 찍히면 국영기업까지 민영화 또는 외국자본에 넘기는 신자유주의로, 국민 재산권 보호라는 표를 얻기 위해 그린벨트까지 풀어주겠다는 반환경주의로 나날이 기울어가는 이 정부로부터 이런 참민주주의를 기대하기는 다 틀린 것 같다.

광주항쟁의 참뜻은?

이 정부가 기나긴 영남기반 독재에 한맺힌 정부라서 그 한풀이의 1

단계로 자기 지역사람을 중용하는 것은 이해할 수 있다. 내 개인적으로는 자기들 갖고 싶은 자리 다 차지한다 해도 할말없다. 그러나 영남이라고 군사독재를 다 지지한 것도 아닌데 지역화합 명분으로 오히려 그 독재자들을 기득권을 가진 힘있는 자라는 이유로 포용·중용해 간다면 이 정권과 함께 그들을 반대했던 영남사람들은 닭 쫓던 개 지붕만 쳐다보란 것인가?

80년 5·18 광주항쟁은 전국 각지의 양식 있는 모든 이들에게도 광주 당사자들만큼은 아니겠지만 그 나름의 상처와 삶의 행로에 큰 영향을 끼친 사건이다. 광주항쟁을 공산주의자들의 조종을 받는 폭도들의 폭동으로 매도하는 극도로 통제된 언론의 보도로밖에 알 수 없는 다른 지역사람들이 광주에 대해 말 한마디 잘못하면 쥐도 새도 모르게 끌려가던 살얼음판이 내 고향인 경남 영산이라고 예외일 수 없었다.

호남지역 외의 전국민 대다수가 숨죽이고 엎드려 있던 광주항쟁 기간중의 어느 날에 나는 중학교 은사 한 분을 모시고 고향선배 한 분과 함께 무슨 일로 다방에 마주앉은 적이 있었다. 때마침 다방 TV에서 예의 광주항쟁보도가 나오자 지역의 다방유지라는 자들이 "광주놈들 다 때려죽여야 한다"며 큰소리로 신군부에 장단치던 살벌한 분위기가 벌어지고 있었다. 이를 견디지 못해 다방을 떨쳐 나오며 나는 그 다방유지들이 듣지 못할 만한 낮은 소리로 이렇게 말했다.

"공산분자 난동 좋아하네. 언제나 권력에 빌붙는 이 한심한 시골유지들아, 오늘의 광주항쟁은 폭동이 아니라 제2의 동학혁명운동으로 역사적 평가를 받을 날이 머지않아 올 것이다." 내 말에 은사님은 즉각 동의하셨고, 그 선배는 어림없는 소리라고 완강히 부정하며 신군부 주장에 동의했다.

이 광주항쟁을 계기로 이미 오래 전부터 농민운동을 하고 있던 은사님과 나는 농민운동과 이후의 민주화운동에 더 깊이 빠져들어갔고, 그 선배는 우리와는 거리를 두어 관청과 권력의 주변으로 기울어져 갔다. 그 선배는 관에서 주도하는 행사에 적극적일 뿐만 아니라 우리 주도의 행사를 봉쇄하는 데에 앞장서기까지 했다. 그 선배가 관주도 행사장의 연단이나 유지석에 말쑥한 정장 차림으로 앉아 있을 때 우리는 주로 재야주도의 집회마당에서 깃대를 흔들거나 함께 춤추는 민중생활로 갈라섰다. 생계 방식도 확연히 갈라졌다. 그 선배가 주로 관급공사의 자재나 그 생산물의 납품으로 관에 밀착하여 여유 있는 생활을 해갈 때 우리는 여전히 들에서 짓는 농사로 어렵게 살아왔다.

이래서 그 은사님과 고향선배는 정치사회문제는 물론 지역의 모든 사소한 일들에까지 보는 시선이 달라 갈등의 폭을 넓혀만 갔다. 그래도 나는 은사님 이후에 고향에서 고향을 지킬 중심적인 선배가 그 선배 말고 당시로서는 달리 있을 것 같지 않아, 이전만큼은 아니지만 그 선배집을 가끔 드나들며 은사님과의 화해를 중재하고자 나름대로 애썼다. 하지만 사는 방식과 이해관계와 무엇보다 삶의 철학과 역사관이 다른데 그게 될 법이나 한 일인가?

젊은이들은 모두 다 도시로 떠나고, 남은 사람조차 이렇게 망가져가는 고향에 무슨 재미가 있을 리 없다. 더구나 인근의 부곡온천 개발로 고향은 다른 농촌보다 발빠르게 훼손되어 갔다. 이것이 나를 고향으로부터 더 정떨어지게 했다. 여기다 내 개인사정까지 겹쳐 잠시 고향을 떠나기로 했다. 떠날 때는 곧 돌아온다는 기약이었는데, 그 기약을 이 날까지 못 이룰 줄이야!

떠나 있는 동안에도 농사를 완전히 포기하지 않아 농장에는 한 주에 한 번 이상 자주 가는 편이지만, 영산면 소재지에 있는 은사님과 그 선배댁에는 바쁘고 피곤하다는 핑계로 거의 발길을 끊게 되었다. 그러던

중 은사님은 그 선배와 끝내 화해 없이 세상을 떠나셨고 그 장례식장에 나타난 선배는 내가 자기집에 발길을 끊었다고 호통치는 것으로 내 인사에 답했다. 자기가 바로 이웃에 사는 은사집에 발길 끊고 끝내 화해 없이 가시게 한 것은 괜찮고 대구에서 고향농장까지 숨가쁘게 오가느라 비례(非禮)한 나만 의리 없는 놈이란 듯이.

이를 계기로 내가 대학을 다닐 때 때때로 그 선배 하숙밥 얻어먹었던 그 가난한 시절의 인연 때문에 결코 저버릴 수 없어 50년 이상 이어져 온 우정까지 완전히 포기하기에 이르렀다. 그런데 50년 만의 수평적 정권교체(?)라는 이 정권과 관청 주변에도, "전라도놈 다 죽여야 한다"던 그 광기에 장단치거나 동조했던 그 지역유지들이 여전히 큰소리치며 권력을 유지확대해 감으로써 우리를 심란하게 하고 있다.

이것뿐이라면 괜찮다. 같은 농민운동, 이른바 민주화운동을 함께하였건만 출신이 전라도이기 때문에 모당의 공천, 모인의 낙점으로 무조건 선출직에 당선되어 지금은 때를 만나 출세하고 큰소리치는 사람과, 반대로 경상도 정당의 공천은 고사하고 그 근방에 얼씬거릴 수도 없이 저들의 눈 밖으로 낙인이 찍힌 경상도 지역 재야들은 그야말로 오늘의 난장판을 '지붕 쳐다보는 개' 신세로 한평생을 조심할 판이다. 이거야 애당초 그런 능력도 그런 야욕도 없던 나로서는 상관없는 일이다.

하지만 같은 경상도 기반이라 해도 5·18에 관한 한 당사자는 아닌 김영삼 정권이 광주의 요구에 부응하여 단죄한 5·18 원흉을 그 피해 당사자가 풀어주는 것까지는 너그러운 포용력이라고 치자. 그런데 이것을 경상도에서 취약한 정치기반 확대로 십분 활용하고자 무슨 절간 순회 법회인가로 대통령의 고향까지 설치게 해두자 마침내 똥 묻은 개 겨 묻은 개 타박하는 '주막강아지' 운운의 폭언까지 허용했다. 명분이야 동서화합과 지역통합으로 포장되어 있지만, 이런 경상도 쓰레기 정치인의 분리수거는 결과적으로 경상도끼리의 갈등과 분열의 조장으로 취약지역을 분할 통치하기 위한 정치술수로밖에 보이지 않는다. 아무리 정치가 현실이고 권력이 아편이라 해도 개판 보기에도 부끄러운 이런 정치판에 헛구역질이 솟는다.

대통령병 치유 없이 지역통합 없다

도대체 판이 이래서는 지역감정을 치유하기는커녕 우리 같은 광주항쟁지지자조차 그로부터 소외시켜 오히려 지역주의자로 돌아서게 할 것이다. 진정한 지역화합 정책은, 언제나 권력 주변을 맴도는 그때 그 사람과 기득권을 가진 영남인사들만 골라 포섭하는 지역 구색 맞추기가 아니라, 현존하는 지역감정을 솔직히 인정하고 일단 존중하는 데서 출발해야 한다. 그 다음은 과거의 영남정권과 확실히 다른 참정치만 보여주면 된다.

날로 증대, 심화되고 있는 지역갈등을 발본적으로 해소하는 길은 참정치밖에 없다. 참정치란 한마디로 중앙집중권력, 특히 대통령 집중의 권력을 각 지역에 환원 분산하는 길이다. 지역생태와 토착문화 전통을 있는 그대로 존중하고 그 지역의 모든 문제는 그 지역 주민자치가 스스로 풀도록 하는 참민주주의 — 참여민주주의 — 직접민주주의의 지평적 연대와 갈등을 인정하는 갈등의 지양 통합, 지역적 다양성의 통일만이 진정한 지역통합의 길이다. 또 그것만이 대한민국 국민 모두가 대통령만 쳐다보며 대통령에게 목매다는 망국적 대통령병을 치유하여 망국적 지역 갈등을 통합하는 근본적인 도(道)다.

왕조시대의 군왕권력은 비교가 안 될 만큼 막강하게 조직적으로 집중화된 대통령 권력을 이대로 두고, 대통령만 되면 수백 수천 개의 좋은 벼슬자리를 좌지우지할 수 있는데 어느 누가 지역주의와 연고주의와 학맥주의에 따라 투표하지 않을 것이며, 그 좋은 대통령 자리에 목매달지 않을 사람이 누구겠는가? 권력 자체가 병이라면 집중된 대통령 권력은 중병이다. 참으로 부당하게 집중화해간 무소불위의 대통령 권력을 원래의 자리인 지역과 원래의 주인인 주민의 자치력에 되돌리는 대통령병의 치유 없이 어떤 정치구호나 인사정책만으로는 이 지역감정을 결코 치유할 수 없다.

지역감정, 연고주의, 학맥주의 자체가 왜 나쁜가? 타지 사람보다 낯익은 이웃이 반갑고, 생판 남보다 친인척이 그래도 좋고, 다른 학교보다 같은 학교 동창에 끌리는 것은 인지상정이고 어쩌면 계승되고 또 되어야 할 전통적 미풍양식은 아닌가? 그래서 향우회도 있고, 종친회도 있고, 동창회도 존중되는 게 아닌가? 이것을 어떤 경상도 정치꾼이 집권수단으로 악용함으로써 그 갈등을 표면화시켜 문제를 만들었다면 그것을 푸는 길은 그것을 이용할 수 없는 정치체제를 만드는 방법밖에 없지 않는가? 문제의 근본은 그대로 덮어둔 채 앞 정권과 똑같은 특정 지역연합으로 호남인이 대통령이 되어 소외지역 정치쓰레기들의 수거정책으로 국민화합을 외친다고 뿌리깊은 지역갈등이 봉합되겠는가? 영남정권에 한맺힌 호남인들의 진짜 한풀이는, 역대 영남 대통령과 똑같이 권력에 의한 정계 개편을 통한 정권재창출 도모나 이게 어려울 때는 역시 중앙집권제를 그대로 둔 채 지역연합이나 정치패거리들끼리 권력을 나누어 독점하는 의원 내각제 따위로 영구집권의 기회를 도모하는 대신 망국적인 대통령병(중앙집중권력)의 원인균을 찾아 박멸하는 것이다.

지역분권 자치없이 민주주의 없다

시장경제의 필연적 전개과정인 외환위기, 경기불황 등이 직전정권에서 심화됐기 때문에 그 정권에 책임이 큰 것은 사실이다. 그렇다고 그 정권과 함께 야당 총재를 한 책임이 없는 것도 아닌데 그 모든 책임을 직전정권에게 떠넘기고, 나는 이렇게 IMF의 구조조정을 적극적으로 수용, 외환위기를 잘 수습하여 시장을 안정시키고 있다. 유신본당이든, 5공, 6공이든 직전정권에서 박해받은 자, 해바라기 체질 정치인들은 모두 내 품으로 다 오라. 모두 힘을 합쳐 좋았던 지난날의 성장경제를 나는 신자유주의 시장 근본경제로 더욱 발전시켜 놓겠다는 식의 경상도 정권을 답습한 개발 성장 정치라면 이 정권이 역대 경상도 정권과 무엇이 다른 정권교체인지 나는 너무도 당혹스럽다. 만일 경상도 정권 때 독재를 하지 않고 환란위기도 없이 성장경제만 지속되어 IMF 지배체제가 필요없었다면 이 정권은 무엇으로 정치 쟁점을 만들고 무슨 명분으로 정권을 유지해 갈 것인지 실로 이 정권의 자기정체성이 의문스럽다.

50년 만의 정권교체를 자랑하기보다 정권교체의 참뜻과 그 요구가 무엇인지 먼저 겸허하게 반성해야 한다. 호랑이들의 왕국인 세계시장 체제에 내 땅의 토끼를 내놓는 신자유주의가 어찌 민주주의인가? 역대 정치 쓰레기들을 모두 수거 재활용하는 구태정치로 지역통합 이룰 수 없다. 그렇다고 역대 정권의 재야에서 어렵게 축적해 왔으나 그 성과 못지않게 이미 한계가 드러난 재야 사회운동을 제도나 정책으로 포용한다고 반드시 민주적이고 개혁적인 것은 아니다. 그 중의 하나가 환경농정책과 그 직거래의 제도화인 것 같다. 그것의 가시성과 전시효과성 때문에 이 정부의 농업정책으로 수렴된 것 같지만, 지속가능하고도 보편타당한 진짜 환경농의 필수전제조건인 가족소농두레, 세계 민주주의 부활의 초석인 소농두레 자치구에게 중앙집중화된 권력을 분산 환원시키는 자치민주주의 없는 중앙집권적 환경농과 그 직거래 정책은 조만간에 무너질 사상누각일 뿐이다. 이를 위한 권력의 지역분산과 환원을 통한 권력의 지역저축만이 신자유주의 세계시장 경제의 야만적 폭력에 민족국가 권력을 통째로 뺏기지 않고, 그것의 정체성과 존재이유를 주장할 수 있는 유일의 도(道)이기도 하다.

한때 언론보도로만 나타났다 종적을 감춘 소농정책의 행방은 지금 어디쯤인가? 하기사 소농정책을 한때의 정책구호 아닌 제도화된 정책으로 구현하자면 정치·정책 담당자 자신의 모든 기득권 포기와 그 기반의 엄청난 반발로부터 출발하지 않으면 안 된다. 어떤 정치인이 그 인기 없는 정치에 목숨을 내놓겠는가? 아무리 자문자답으로 고민해 봐도 자주자치 민주주의는 국가권력의 시혜로는 주어질 것 같지 않다.

그러나 미래의 우리 삶에 이것 말고 다른 길은 없다. 지금 시장이 세계를 지배한다고 그것이 영원한 권력으로 남을 수는 없다. 적대적 공존의 한 축이었던 사회주의가 무너지고 시장경제가 세계 체제화된 지금, 그것이 세계평화를 담보해 주기는커녕 갈등을 증폭시킨다. 시장경제의 동의어인 신자유주의는 소수 자본가들의 자유인지는 몰라도 절대다수의 인류가 노동시장 유연화, 구조조정, 무한경쟁 등의 미명으로 밀려나는 대량 실업과 5 : 95 시대의 절대 실업 공포에 떨며, 미증유의 시장권력 지배의 노예로 전락하고 있다.

민주주의의 동의어는 시장경제 자유주의가 아니라 지역자립자치두레다. 정말 민주적으로 살고 싶은 미래인들이라면 도시의 시장기득권 속에서 닮은꼴의 무슨 운동경쟁을 할 때가 아니다. 스스로 시장기득권을 포기하는 대신 구체적인 지역에 몸은 낮게 담고 지역 자립자치를 위한 권력분리 쟁취와 자급자족의 두레로 가는 길밖에 다른 선택은 없다.

3

바쁠수록 에둘러 가라

귀농, 왜 어떻게 해야 하나

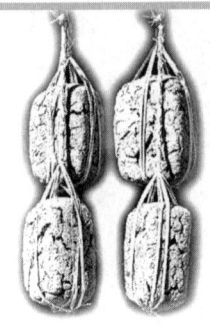

지금도 우리 농촌사회는 이농이 대세를 이루고 있다. 그런데 이런 대세의 맞은편 도시 한쪽에선 오히려 귀농이 관심사로 떠오르고 있다.

1980년대의 치열했던 반독재 민주화 사회운동과 농민·노동 운동이 형식상의 문민정권 출현과 동구 사회주의의 몰락으로 그 표적과 지향점을 잃고 표류하는 사이 그 대안운동으로 떠오른 것이 환경운동, 유기농 도농(都農)직거래운동 등 새로운 공동체운동들이다. 이런 관심을 반영하듯 최근에는 귀농학교까지 출현했다. 언론도 부쩍 관심을 보이고 있다.

하지만, 제정 러시아 말의 '브 나로드 운동'에서 촉발된 일제하의 귀농운동이나 80년대의 공장으로의 하방운동이 그랬던 것처럼 지금의 귀농운동은 그만한 역사적 파장조차 그리지 못한 채 사라질 잔물결이 아닐지, 그 예감이 결코 낙관적이지는 않다. 힘든 노동 대신 육체적, 정신적 안일을 추구하는 인간의 본능, 한 번 얻은 것은 결코 놓치기 싫어하는 기득권에 대한 집착, 신분과 생활 상승을 추구하는 인간의 욕망 따위로 미루어 육체노동과 물질적 가난과 신분하강을 스스로 선택하는 귀농이 시대적 대세를 이루리라고는 결코 전망할 수가 없다.

진보에 대한 의혹

　개발과 경제성장이 자기 생명이고 지상목표인 공업시장사회는 개발 성장의 밑바탕인 자연의 분명한 한계 때문에 그 파국도 다만 시간문제일 뿐이다. 그것을 모를 리 없는 공업시장사회의 기득권들은 지식 정보화 사회를 자기 한계의 대안으로 내놓고 그 기득권을 사수해 간다. 그러나 미래의 인류를 구원할 새로운 메시아인 듯이 현상을 조작하며 오늘의 젊은이들을 사로잡아 연착륙시키는 데 성공하는 듯이 보이는 이 정보화사회라는 것도 자원면에서나 환경면에서나 지속불가능한 기술시장체제의 연장이자 그 변종임에 다름없다.

　사람들은 빠른 변화의 가속력으로 유지되는 근대산업사회를 미래로 열린 진보사회로 보는 반면에, 정체사회로 규정되는 농업사회를 돌아갈 수 없는, 돌아가서도 안 되는 역사적 유물로 퇴장시켰다.

　이 고정관념을 되짚어보면 농업사회는 변화가 거의 없는 그 정체성 때문에 오히려 지속가능했던 사회고, 오로지 가속적인 변화로만 유지되고 있는 근대진보사회는 곧 종착역이 가까운 한계사회라는 뜻도 된다. 실제로 물량 진보가 미덕이던 좋은 시절(?)은 다 지나갔다.

　이 파괴적인 물량 진보의 종착역에 의문을 던지는 사람들이라면, 상대적으로 가난했던 농업사회의 정체성 가운데 오히려 지니고 가꿀 만한 영원한 가치, 예컨대 정신적, 공동체적 가치가 있었다는 점을 유의해 볼 때다. 역사는 과연 되풀이됨 없이 앞으로만 진보하는 것인가? 진보는 다 좋기만 한 것인가? 역사의 진보라는 것도 정신적 가치의 확대보다 물량의 확대를 뜻하는 것은 아닌가? 만일 왕정 복고나 반동도 물량의 확대만 충족되면 그 정당성과 지속성이 있는 것인가?

　지구가 쓰레기 문명에 파묻혀 끝장을 보아도 물량 진보는 피할 수 없는 욕망인가? 이 쓰레기 문명이 몰락한 뒤에도 역사는 되풀이됨 없이 그저 앞으로만 진보를 계속할 것인가? 이제 그 맹목적 진보 대신 우리 삶의 근원을 되돌아보고 그 본질을 물어볼 때가 되지 않았는가?

귀농이란 말에 담긴 뜻

농사지어 먹고살러 가는 일을 취농(就農)이나 영농(營農)이라 하지 않고 흔히 귀농(歸農)이라 한다. 귀농은 본디 농사짓던 사람이 다른 일을 하다가 여의치 않아 다시 예전의 자기 생업이었던 농사짓는 일로 돌아가는 사람에게나 해당되는 말이다. 그런데 왜 일찍이 농사 경험이 전혀 없는 도시인이나 지식인들의 취농이나 영농조차 귀농이라 하는가?

농사는 역시 진보의 관점에서 볼 때 전망 있는 미래의 업이 아니라 경쟁사회에서 패배한 무능한 인간들이나 돌아가 기댈 과거지향적인 일이기 때문인가? 그렇다면 결국에는 모두가 패배자가 될 수밖에 없는 경쟁사회에서 농사는 누구에게나 열린 가능성이자 희망이고, 유일한 귀의처라는 말이 된다. 누구에게나 열려진 것은 바로 보편성을 뜻하고 또 누구에게나 보편타당한 것이라면, 그거야말로 하나뿐인 진리 — 존재의 본질에 육박하는 것이 아닌가?

사실 돌아감은 근원과 본질을 전제한다. 태어난 고향에 돌아감을 귀향(歸鄉)이라 하고, 진리에 돌아감을 귀의(歸依)라고 한다. 귀농이란 말에는, 지금의 시장구조를 통해 농촌에 기생하는 도시 삶을 비본질적이고 일시적인 외도로 보고, 인간은 따라서 근원적이고 본질적인 농사의 삶으로 언젠가는 돌아갈 수밖에 없다는 근원회귀사상이 담겨져 있다.

농업 없는 세상은 상상할 수도 실재할 수도 없다. 그래서 지금의 기술공업시장도, 그 아류인 정보시장체제도, 농업을 부인하기보다 그 생산성과 효율성, 경쟁성을 더 큰 목소리로 외친다. 문제는 자본이 기술과 정보, 경쟁을 부추기면 부추길수록 본래의 농업은 그것에 예속되어 독자적 생명을 잃고 그 한계와 운명을 함께 할 수밖에 없게 된다는 것이다.

기술과 에너지, 자본에 예속된 지금의 농업은 그 내부에 도사리고 있는 한계 때문에 결코 지속적일 수가 없다. 자본기술이 만들어 파는 비료와 농약과 대형기계, 그리고 첨단시설에 땅이 죽고 주변 생명이 고갈되는 지금의 자본기술농업의 한계는 너무나 명확하다. 자본기술이 가지고 있는 또 하나의 무서움은 최근의 생명복제 기술이 끔찍하게 보여주듯이, 그 막강한 자본기술로 모든 생명을 독점해 간다는 것이다. 다시 말하면 인간의 생명조차 몇 개의 독점적 농기업과 다국적 곡물상들이 좌우하게 되었다는 것이다.

농업의 본질은 특정 사람이나 기구가 독점적으로 농산물을 대량생산하여 그것을 제 뜻대로 나누어주는 데 있지 않고, 누구나 그 생산에 직접 스스로 참여하여 그 생명을 균점하는 데 있다. 옛날에도 그랬으니 그래야 한다는 것이 아니고, 당연히 그렇게 하지 않으면 에너지의 한계로 농업생산을 지속할 수도 없고, 생명의 건강성도 지속시킬 수 없기 때문이다.

그런데도 무한경쟁의 시장세계화를 공언하고 있는 우리 농정과 기업들은, 농업의 생산성과 세계시장의 경쟁력을 높이기 위해서는 전체 인구의 4퍼센트 이하가 적정 농민인구라고 하여 이농을 더욱 부채질해 왔다. 더 많은 이농을 통해 농업생산을 소수기업농에 몰아 독점시키는 데 이해의 일치를 보이고 있는 것이다.

이렇게 본질이 전도된 어지러운 농업환경 가운데서, 도시 지식인사회 일각에서 나타내는 귀농에 대한 관심을 어떻게 받아들여야 할지 솔직히 당혹스럽다.

어떤 귀농인가

말은 귀농이지만 그 중에는 명예퇴직에 대비해서 농사로 돈 벌기 위한 독점적 기업취농도 있을 것이고 넓은 과수원이나 축사 따위를 사두고 땅값 오르기를 기다리는 투기영농도 있을 것이다. 또 이제 나이도 들어가고 먹고살 만하니까 물 좋고 공기 좋은 농촌에서 여생을 보내려는 전원형 귀농도 있을 것이다.

하지만 모든 도시적 기득권을 다 가지고 거기다 농촌의 장점까지 취하려는 이런 귀농은 지금의 농촌 파괴현상을 오히려 더 부추기는 파농(破農)이라 해야 옳을 것이다.

귀농다운 귀농은 지금의 농정이나 독점적 기업농에 대항하여 앞서 말한 바와 같이 농업의 본질과 근원을 찾아 돌아가는 고독한 귀향길이다. 돌아가는 데 그치지 않고 분해되고 파괴된 마을공동체를 새로 일으켜 세우는 고향 회복의 대장정이다. 그러므로 귀농 대장정의 구체적 첫걸음은 가족 자급 규모의 소농 귀농일 수밖에 없다. 물론 가족 규모의 전통 소농에는 문제도 많았다.

전통 소농에서는 낮은 수리시설과 지주와 관료의 농민수탈로 인한 가난의 문제가 제일 컸다. 시장경제의 농촌지배로 인해 농업도 상업화되면서, 소농은 소농끼리 서로 출혈경쟁을 하면서 농산물의 과잉생산이나 과소생산으로 시장파동을 일으키는 주역인 것처럼 보이기도 했다. 하지만 이 모든 것은 농업 자체의 문제가 아니라 농업의 큰 밥상에

군침 흘리는 외적 조건이 일으킨 문제다. 자급자족으로 문제없던 농촌에 예전에는 지주관료가, 근대사회에서는 시장권력이 농촌을 침략·공격함으로써 문제를 만들어왔을 뿐이다.

스스로 노동자와 사장을 겸한, 생산자인 동시에 소비자인 가족 소농이 관료와 시장지배 때문에 문제가 생겼다면 그 지배논리에 추종하여 상쟁(相爭)으로 함께 몰락하기보다 이제 서로 상생(相生)하는 길을 찾아봐야 하지 않겠는가? 이런 점에 비추어볼 때 모든 땅이 농촌이고, 모두가 농민이고, 농업이 주산업이던 전통 농촌사회는 그러한 상생의 모범사례를 보여주고 있다.

소농의 두레귀농

전통 두레는 당시에 농촌 지배체제인 양반관료나 지주의 수탈에 대응하는 정치조직은 아니었다. 일차적으로 그것은 노동집약적인 농업생산에 효율적으로 부응하기 위한 협동노동조직이었다. 그러나 전통 두레가 단순히 일손 많은 모내기나 김매기를 협동으로 하기 위해 만들어진 농업노동조직에 국한된 것은 아니었다.

그것은 나아가 마을공동체의 대소사나 규범을 결정하는 자생자치조직이었다. 또 힘든 농사일을 놀이화하는 탁월한 문화조직인 동시에, 열여섯 살 이상의 건강한 남성이면 누구나 정식 구성원으로 받아들여 당시로서는 전인격적이라 할 수 있는 한 사람의 완벽한 농사꾼을 길러내는 자치교육기관이기도 하였다.

더욱이 마을 구성원의 모든 경작지를 하나의 경작단위로 보고, 일의 우선 순위와 완급을 두레의 합리적 결정에 맡기고 존중한 것, 두레에 정식 구성원을 내놓을 수 없는 과부나 노약자들의 경지는 무상의 공공부조로 경작해 준 것 등은, 작은 이해관계에도 첨예하게 상쟁하는 요즘 사람들로서는 꿈도 꿀 수 없는 탁월한 공생사상이었다. 그리고 지주의 대농지에 대해서는 노동의 대가를 받고 경작지가 없거나 적은 구성원들에게 나누어주었는데 이것은 두레적 평등사상의 실천이었다.

이 좋은 전통이 일제침략과 시장의 농촌지배로 단절되지 않고 우리 농민들에 의해 창조적으로 계승되었더라면, 이 땅에도 참자치민주주의가 일찍이 정착했을 것이라는 생각이 든다. 그러나 그것은 부질없는 상상일 뿐이다.

가난하던 농촌공동체에서 일제든 국산이든 시장은 얼마나 매혹적이고 환상적이었던가. 실지로 빵(물량경제)을 크게 만드는데 시장을 넘어설 체제는 일찍이 없었고 영원히 없을지도 모른다. 반대로 시장은 빵의 원료를 낭비 파괴하고, 그것을 독점시키는 데도 어떤 다른 체제의 추종도 불허할 것이다.

굳이 긴 사설에 기대지 않더라도 소농에는 많은 문제가 있고, 시장에는 문제보다 한계가 분명함을 우리는 역사적 경험으로 배운다. 문제와 한계 중에서 어느 쪽을 택할 것인가는 물론 각자의 자유다. 그러나 만일 이 땅에서 자식 낳고 남과 함께 지속적으로 살아가기를 바라는 사람이라면, 무한경쟁으로 모두의 공멸을 자초하는, 한계가 분명한 시장보다는 문제가 많아도 더불어 풀 수도 있는 소농(小農)두레 귀농을 택할 수밖에 없을 것이다.

사람은 누구나 주인으로 살고 싶어한다. 농촌에서 가난한 주인으로 살기 싫어 도시로 간다면 혹시 배부른 머슴 되기는 몰라도 주인 되기는 더 어렵다. 노동자 자주관리니, 노동자 주식배분이니, 노조의 경영참여와 정치참여니 하는 것들이 다 머슴살이 대신 주인으로 살고 싶어서다. 그러나 주인은 스스로 책임질 수 있고 스스로 일어설 수 있고 스스로 다스릴 수 있고 스스로 자급자족할 수 있을 때만 될 수 있다. 무엇보다 내가 주인 되고 싶으면 남을 머슴으로 부려서는 안 된다. 모두가 주인 되는 세상에 머슴이 있을 수 있겠는가?

아무리 자주관리하는 주인이 되고자 해도 분업화한 도시에서는 자기가 하는 한 가지 일밖에 대부분의 일, 특히 먹는 것을 자급할 수는 없다. 그래서 도시의 삶은 상호의존이라기보다 오히려 기생적이다. 도시뿐 아니라 농촌에서조차 사람이 혼자서는 자급도, 자립도 할 수 없다. 남을 부리지 않고 모두가 주인이 되면서도 자급자립 할 수 있는 길은 오로지 지역공동체를 통해서이다. 자립적인 지역공동체의 주인으로 되돌아가는 소농 귀농은 따라서 두레 귀농이 되지 아니면 안 된다

두레 귀농은 소농에 대한 기업규모농의 포위 공격에 대응하기 위해서, 그리고 농사를 처음 시작하는 사람들의 제문제를 공동체적으로 극복하기 위해서도 반드시 필요하다. 이 땅에서는 농사가 수지맞지 않은 일인데도 농지값은 세계에서 제일 비싸다. 혼자서 감당하기 버거운 이 땅값을 두 사람 이상이 두레로 분담하면 그만큼 부담은 줄어든다. 그 밖에 농막, 농자재, 농기구, 농사 자본의 마련에도 마찬가지다.

무엇보다 공동구입한 두레답은 지역자립의 두레사회를 위한 중요한 중심 근거지가 될 것이다. 또 그것은 초보 농민들이 실제 농사에서 맞닥뜨릴 어려움 때문에 중도포기하는 가능성을 줄이는 물질적 기초이기도 하다. 생명을 기르고 생명과 공생해야 하는 농사는 예상을 초월하는 어려운 일들이 많다. 너무 힘드니까 다 때려치우고 도시로 다시 돌아가고 싶어도 같은 두레 구성원의 눈치나 격려 때문에, 그리고 무엇보다 공동소유한 두레농지에 대한 미련 때문에 중도포기를 억제할 것이다. 그래서 두레농지는 소유를 공동으로 하여 개인지분을 없앰으

로써 되팔아 봤자 제 몫을 가져갈 수 없는 내용으로 그 성격을 처음부터 엄격히 합의 규정할 필요가 있다.

공생농두레

우리의 밥상이자 생명의 원천이고 영혼의 고향인 농토를 지역자립화로 지키려는 소농 중심의 두레 귀농은 반드시 공생농 귀농이어야 한다. 설사 소농 두레일지라도 수입된 씨앗을 심고 농약과 비료를 치고, 대형 농기계와 시설에 의존하는 단일 특용작물 재배는 그 생산과 소비를 전적으로 외부에 의존함으로써 지속적 생명 생산과 지역자립화라는 농업 본질에 역행하는 시장상업농이 될 수밖에 없기 때문이다.

공생농이란 에너지 집약 대신 노동 집약적인 전통농법을 그 모범으로 삼는다. 농업생산 자재나 자금, 노동 따위는 물론 그 생산물과 소비까지 일체 외부에 의존하지 않고 지역두레가 자급자족하는 순환농업체제다. 그 주요 농법은 혼작, 윤작, 휴경 등을 적절히 배합하여 지역두레의 자급에 필요한 다품목 소량 생산을 내용으로 한다.

따라서 퇴비도 지금의 상업적 유기농처럼 외부 퇴비의 독점적 구입을 거부하고 자급 퇴비로 자족해야 한다. 인분뇨 따위의 순환유기물은 모든 변소들의 수세식화로 이제 쉽게 구할 수 없는 상황이므로 외부 퇴비를 사들이는데 이것 역시 문제의 본질은 그대로 남겨두고 있다. 유기물을 독점적으로 구입하는 것은 남의 땅의 유기물을 내 땅에다 착취하는 꼴이므로, 차라리 약간의 화학비료에 의존하더라도 제 땅의 유기물만 제 땅에 되돌려주는 자급순환이 오히려 공생적인 관점이라고 본다.

오리나 우렁이를 이용하는 제초도 반(反)공생농으로 본다. 그것을 지금처럼 특정 소수농민들이 할 때는 별문제가 없는 것처럼 보인다. 그러나 이 땅의 온 농민들이 모든 논에다 그것을 다 풀어놓았다고 할 때 그 오리와 우렁이 사료는 무엇으로 할 것이며, 벼 성숙기에 잡아낼 오리, 우렁이 시체들은 어찌할 것이며, 또 그로 인한 생태계 혼란은 어찌할 것인가. 보편성 없이 특정사실에 해당하는 합리성은 진리 아닌 이데올로기다. 원자력의 에너지화는 그와 관련된 사람들에게는 양보할 수 없는 이데올로기겠지만, 그 폐기물로 희생될 생명에게는 용서 못할 죄악이듯이 모든 생명에 보편타당성이 없는 것은 진리 아닌 거짓이다.

공생농 귀농에는 수많은 어려움과 갈등이 따를 것이다. 제한된 자급퇴비는 농업생산량의 제한 내지 격감을 가져올 것이다. 그리고 자가소비하고 남는 농산물의 소비문제도 있을 것이다.

공생농은 자급농이라고 했다. 소비자가 곧 생산자인 것이다. 김매기도 소비자두레가 함께해야 한다. 소비자의 참여 없는 생산은 원칙적으로 안해야 한다. 공생농으로 인한 생산량의 감소는 그 생산물의 고품질성으로 보상받을 수 있겠으나 그것은 어디까지나 소비자두레의 자발성에 맡길 수밖에 없다. 그리고 궁극적으로는 생산자 자신의 소비축소, 욕망축소, 시장의존 축소로 대응할 수밖에 없다.

자기두레에서 소비하고 남는 농산물의 소비문제 역시 다른 두레 소비로 해결해야 한다. 그러기 위해 두레 귀농은 생산자들만의 두레가 아니라 도시 거주의 소비자까지 포함하는 두레여야 한다. 귀농 전에 소비두레를 함께 만들지 못했다면 귀농 뒤에라도 그것을 만들어서 그만큼 생산량을 조절할 일이다.

귀농의 첫째 관건은 두레다. 그 다음은 도시의 기득권을 포기하고 시장종속에서 독립을 선언하는 일이다. 머슴을 부리고서는 참주인이 될 수 없지만 동시에 혼자서도 주인이 못 된다. 대동(大同)두레 가운데서 소이(小異)하는 사람만이 머슴을 부리지 않는 대동의 참주인이 되는 것이다.

　도시의 기득권을 다 가지고 하는 귀농은 참주인이 되는 귀농일 수 없다. 자식의 제도교육을 걱정하거나 시장의 편리성과 안일에 미련이 남았다면 차라리 귀농을 포기하는 게 좋다. 귀농이 옳은 길이라고 생각한다면 자식도 훌륭한 두레농사꾼으로 키우면 되지, 제도교육을 걱정한다는 것은 자기모순이다. 두레 가운데서 두레인간으로 기르는 것보다 더 좋은 교육은 없다.

　욕망에 따라 소득을 높이는 대신 주어지는 소득에 욕망을 맞추는 축소 생활, 이것이 지역자립적 두레 삶의 시작이고 끝이다. 물질생활의 하향평준화와 대동 속의 소이의 주인이 될 수 없는 잘난 사람은 귀농을 말고 공동체를 꿈꾸지도 말아야 한다. 귀농이야말로 모든 기득권을 버림으로써 지속가능한 지역자립적 큰 두레에서 모두가 주인으로 거듭나는 유일한 길이기 때문이다.

지역자립의 두레농업으로

사람들은 농사에 퇴비만 들어가면 유기농이라 한다. 농약과 비료를 안 쓰면 진짜 유기농이라고 한다. 틀린 말은 아니지만, 오늘의 퇴비라는 것의 족보를 한 번 따져보자.

오늘날 퇴비의 원료는 소나 돼지, 닭 등 오로지 길러서 잡아먹기 위한 나두사육 가축의 똥이 주류를 이루고 있다. 거기다 톱밥이나 왕겨, 짚 등을 섞어 발효시킨 것들을 이른바 유기물 퇴비라고 한다. 그런데 그 가축들의 똥은 무엇이, 어떻게 되어 나오는 것인가. 그것은 사람이 먹고 사는 곡식을 동물이 내장에서 소화 흡수하고 남은 찌꺼기다. 사람이 먹을 수도 있는 그 사료 곡물은 우리나라의 경우 백 퍼센트 수입에 의존한다.

그렇다면 퇴비를 쓰는 유기농의 토대는 백 퍼센트 수입한 외국농산물에 있다. 이렇게 되면 외국농산물 수입을 반대하는 대안으로 우리 몸에 맞는 우리 농산물을 먹자는 유기농산물 직거래운동은 자기모순에 빠지고 만다. 따라서 지금의 유기농산물 생산과 직거래 중심의 생명운동이란 것은 결국 곡물의 항구적인 수입과 그 확대라는 모순에 근거하여 진행되고 있는 꼴이다.

이보다 더 모순적인 것은 그런 유기농 운동을 땅 살리기, 물 살리기, 농업 살리기 등 모든 생명을 함께 살리는 운동이라 주장하는 것이다.

곡물을 사다가 가축의 내장을 통해 썩혀서 자기 땅에 독점적으로 집어넣어버린다면, 그 곡물을 팔아버린 땅에는 무엇을 넣고 농사를 지으라는 것인가? 그것은 내 땅도 내 일도 아니니 저 알아서 하란 말인가? 그것을 팔아버린 땅에는 유기물 대신 더 많은 비료와 농약을 넣어 땅을 황폐화시키고 죽여도 좋다는 말인가?

퇴비 독점적 유기농은 또 이런 모순에만 그치지 않는다. 지금 지구상에는 사람이 먹을 것도 모자라, 멀리 아프리카까지 갈 것도 없이 지척의 북녘땅 우리 동포까지 굶어죽고 있다. 곡물 그대로를 사람이 섭취하면 평균 일곱 명이 먹고 살 수 있는 식량을, 가축사육을 통해 고단백질 상태로 섭취하면 일인분의 열량밖에 안 된다. 다두사육 축산업은 결과적으로 일곱 사람 몫의 곡식을 한 사람 몫의 미식으로 독점하는 반(反)공생, 반(反)생태 산업이다. 이런 반공생적 축산업의 지속과 확대 위에서, 오히려 그것을 더 부추기는 퇴비 독점 유기농은 당연히 반공생, 반생태, 반인류적인 농법이 될 수밖에 없지 않은가?

그 퇴비의 원료가 다두사육 가축의 똥 대신 톱밥으로 대체된다고 해도 사정이 하나도 달라질 것은 없다. 열대우림을 포함한 지구상의 쓸만한 나무의 끝없는 파괴를 거쳐 수입되는 원목과 그것을 이용해 만든, 가구 그리고 부산물인 톱밥과 피죽이 다시 돌아가야 할 곳은 바로 그 나무가 자란 땅이지 우리나라 유기농 농가의 땅은 아니다. 설사 그것이 우리 유기농 땅이 아닌 그 나무가 자란 땅에 되돌아간다 해도 지금과 같은 파괴적인 상업주의 벌목은 지구의 허파, 곧 나 자신의 허파를 스스로 도륙하는 자살행위인 것이다.

이 땅의 유기농 대부처럼 행세하는 어떤 사람은 이런 모순에 대한 대안이랍시고 사람이 배설하는 똥의 환원·순환과 미생물효소, 초목회, 막걸리, 식초, 마늘즙, 생선엑기스, 목초액, 흑설탕발효액 등의 활용을 내놓고 있다. 갈수록 태산이고 점입가경이다.

동네의 뒷간을 몽땅 몰아다 제 땅에 다 넣지 않고, 제 똥오줌만을 제 땅에 되돌리는 환원·순환 농법은 두말할 필요없는 천고의 진리다. 그러나 미생물효소라는 것이 야채를 설탕에 절인 설탕김치국물이라면, 그 설탕은 어디서 온 것인가? 그것은 저 남미나 중미의 이른바 저개발국에서, 오로지 돈이 조국인 초국적기업의 개발과 수출전략에 따라 재배농민 스스로는 굶주리면서도 환금작물로, 역시 가장 전형적인 화학·기계 농법으로 재배한 사탕무나 수수의 추출물이 아니던가? 그런데 올바른 유기농 퇴비원료에 수입곡물과 톱밥퇴비는 안 된다는 사람이 수입설탕은 된다는 것은 어떻게 된 논리인가?

우리 농촌에 무연탄과 석유와 가스가 난방에너지로 대체되기 전에 비만 오면 황톳물을 쏟아내던 그 뻘건 민둥산을 기억하는 나이라면, 더구나 남의 땅 열대림의 파괴를 그처럼 강도 높게 걱정하는 사람이라면, 자기 혼자 온돌에 나무를 때고 그 재를 농사에 쓰는 고집이야 어쩔 수 없다 하더라도 그것을 세상에 내놓고 모두 그렇게 하라고 자랑할 수는 없을 것이다. 더구나 그 온돌 굴뚝에서 떨어지는 연기물(목초액)을, 사람의 생존에 없어서 안 될 주곡생산도 아닌, 없을 때 안 먹고도 잘만 살았던 사과 따위의 과일 재배에 쓰면서, 그것을 마치 보편타당한 공생의 진리인 것처럼 감히 말할 수는 없을 것이다.

혹자는 지금 막 우거지기 시작한 우리 산림을 육성하기 위한 간벌로 목탄과 그 부산물인 목회액을 만들어 육림의 부가가치를 높이고, 그것을 농업과 환경정화에 쓰는 일거양득을 주장하고 있지만 그것도 분명한 한계가 있다. 인간의 눈에 잡목이나 밀식으로 보이는 산림도 땅 생명의 자기표현이지 땅 위에 불필요한 잉여는 결코 아니기 때문이다.

사람이 먹고자 만든 막걸리, 식초, 마늘즙, 생선엑기스, 흑설탕 발효액 등이 식물에도 좋은 줄은 누가 모르겠는가만은 문제는 사람이 먹을 것도 모자라는데 그것을 식물재배에다, 그것도 기초 식량곡물 증산재배도 아니고 오로지 배부른 사람들의 미각을 위한 과일재배 따위에 쓰는 것을 어찌 감히 순환유기농법이라고 말할 수 있겠는가?

그런 농법을 도입하면 할수록 제 땅, 제 농사는 살아날지 몰라도 그것의 원료를 빼앗긴 땅이나 사람은 그만큼 황폐해진다는 사실을 직시해야 할 것이다. 요컨대 현재의 상업적 유기농은 개인 중심적인 퇴비 독점 농업이지, 사람이 더불어 공유할 진정한 생태 공생농이 될 수는 없다.

그래서 우리 '공생농두레' 농장이 아직은 일손부족으로 땅을 살려내지 못한 탓에 어느 정도 외부퇴비에 의존하지만 앞으로는 비료, 농약은 물론 퇴비도 우리 농장의 농업 부산물과 식구들의 똥오줌 그리고 인근 산야의 잡초 정도로 만든 자급퇴비만 쓰려고 한다. 실험을 하여, 수확량이 너무 감소한다면 퇴비를 돈주고 사는 대신 차라리 비료 쪽을 택할 것이다. 지상의 생명으로 만든 유기물 퇴비를 독점적으로 사용하는 것보다는 공기와 지하자원 에너지로 만든 화학비료를 최소한으로 사용하는 것이 오히려 보다 공생적일 수 있기 때문이다.

이런 공생의 원리로 짓는 주곡농사나 사람살이에 꼭 필요한 채소농사는 지속·확대하되, 자연과 사람의 공생에 적이 되는 다두사육 축산 —자급농업 부산물로 사육하는 한두 마리 농우는 여기서 제외된다— 이나 자연재일지라도 남의 땅의 것을 독점하는 영양재나 퇴비를 써야 하는 과일농사는 마땅히 사양해야 할 것이다.

공생두레문화의 창조적 부활

공업문명은 생명자원을 대량파괴하여 그 중 일부를 사람에게 필요한 물건으로 만들고, 그 나머지는 쓰레기로 만들어 그 쓰레기로 다시 생명을 파괴하는 악순환의 문명이다. 한때 유용했던 가공품의 운명 역시 마찬가지이다. 말하자면, 입은 있는데 똥구멍은 없어 결국에는 배터져 죽는 '진드기' 같은 문명이다. 이 종말이 뻔한 공업문명의 대안을 사람들은 무슨 정보화니 첨단기술이니 하는 것에서 찾으려 한다.

주체 못할 물량문명과 그 매체들에 의한 지식의 대중화는 또 주체 못할 문화담론을 쏟아내고 있다. 이 갈 데까지 가버린 산업문명의 위기에 대한 양심적 지식인들의 대응담론이 다름아닌 생명문화론일 것이다. 그런데 이런 생명문화론들까지 종말로 가는 산업문명의 대안을 정보화에서 구하는 것 같다. 그러나 땅과 농사에서 너무 멀리 떨어진 도시에서 기득권을 다 누리면서 내놓는 그런 생명문화론들은 어쩐지 공허하게만 들린다. 독점이 본질인 자본이 자기생명을 연장하기 위해 내세우는 또 다른 출구요 자기표현인 정보화와 세계화가, 공생을 본질로 하는 생명을 살리고 해방하리라고 생각하면 오산이다.

모든 생명들이 생명질서를 존중하고 생명계의 일원으로 순응하면서 다른 생명들과 공생하는 것이 생태계의 본질이다. 그런데 생태계 내에서 먹이사슬의 최고봉을 지향해 온 우리 인간은 생명질서에 순응하기보다는 너무 많은 욕심과 종의 번식으로 긴 세월 동안 다른 생명들을 희생 제물로 삼아 살아올 수밖에 없었다. 그러나 인간은 다른 생명을 파괴하면서도 더 많은 인간생명을 기르기 위한 농업문화를 1만 년 동안 지켜왔다. 화학물질과 기계에 의존하는 근대농업은 말할 것도 없고, 생명농업도 인간의 필요에 따라 자연을 파괴하는 행위임이 틀림없지만, 그래도 농업생산은 다른 산업에 견주면 생명의 본성에 가장 가까이 있는 유일하게 지속가능한 생산방식이다. 그래서 우리는 산업문명의 대안을, 믿지 못할 자본의 정보화·기술문명 대신 다른 생명의 파괴를 최소화하면서 생명을 기를 수 있는 공생농업, 즉 두레농업문화의 창조적인 부활에서 찾고자 하는 것이다.

지금의 상업농은 화학비료와 농약, 비닐하우스와 비닐피복, 기계화, 심지어 컴퓨터로 조종하는 유리온실 속 식물공장 등의 공업생산물에 지나치게 종속되고 경쟁적 이윤추구로 개별화됨으로써 농업조차 반생명, 반두레, 생태파괴의 벼랑으로 달려가고 있다.

새로운 두레문화는 전통마을두레의 상호부조와 공공부조적인 협동노동, 일과 놀이를 통일시킨 두레굿과 마을굿의 창조적 부활에 그치지 않고, 오늘에 맞는 지역자치적 대동굿과 상징의 새로운 창조로 이 파괴적인 상업문화에 대응하고 그것을 극복해 갈 것을 목표로 한다. 어느 정도 지역역량이 축적되고 합의가 이루어지면, 상업성이 없기 때문에 과학기술이 아예 외면해 온 자연에너지 — 풍력, 태양열 등 — 를 이용한 생태농업기술의 연구개발도 결코 소홀히 할 수 없을 것이다.

귀농의 징검다리

이 나라의 경제인들은 농민을 전체인구의 5퍼센트 이하로 줄여, 주곡은 수입해 먹고 채소작물은 컴퓨터가 조종하는 유리온실 수경재배 방식의 식물공장에서 대량 생산해야 한다고 주장한다. 그래서 먹을 만큼의 농지만 남기고 나머지 농지는 모두 공장을 지어야 잘살 수 있다고 한다. 하기야 다른 나라 사람들이 두 손 묶어놓고 우리만 그렇게 하면 한시적이나마 물량적으로 잘살게 될지 모르지만, 온 세계가 다 그렇게 된다면 그날이 바로 과잉생산으로 세상 종치는 날이 될 것이다.

바로 이래서 첨단기술의 21세기는 식량위기의 시대가 되고, '20 : 80의 사회'가 되리라고 한다. '20 : 80의 사회'란 산업노동력이 정보화·자동화된 첨단기술로 대체됨으로써 경쟁에서 이긴 20퍼센트의 사람만이 일자리가 있고, 무능한 80퍼센트의 사람은 패배자, 즉 실업자가 되는 세상이라는 뜻이다. 20퍼센트의 생산인구가 첨단기술에 의한 잉여생산으로 80퍼센트의 사람을 먹여살리는 사회가 되리라는 전망이다. 오늘날의 세계를 지배하는 거대자본과, 그 이익을 대변하고 있는 IMF의 신탁통치를 우리도 불러들이지 않으면 안 되었던 것도 정보화에 따른 시장의 세계화, 첨단기술이 뒷받침된 자원파괴적인 과잉생산에 따른 당연한 결과다.

이런 흉칙한 전망을 사전에 방지하기 위해 우리는 생명의 어머니인 땅을 지켜야 하고, 그러자면 이농이 거꾸로 귀농이 되지 않으면 안 된다고 믿고 나는 진작부터 귀농을 주장해 왔다. 사실 공생농이란 제 먹을 것은 제가 짓는 자급자족 정도의 소농이지 결코 대량생산의 상업농이 될 수는 없다.

지속가능한 삶을 위해서는 지속가능한 공생농이 삶의 중심이 되어야 하고, 그러자면 농업생산 인구가 앞으로 경쟁에서 패배할 80퍼센트는 아니더라도 최소한 50퍼센트는 넘어야 된다고 믿는다.

하지만 설사 뜻있는 젊은이들이 귀농을 하고자 한들 어디 그게 쉬운 일인가? 귀농을 하자면 우선 농지가 있어야 하고, 살림집이 있어야 하고, 영농자금이 있어야 한다. 귀농의 기본인 농지만 해도 그렇다. 끝없는 도로확장과 신설, 공장과 택지전용 등으로 농지가 줄어든 데다, 최근에는 농지매점을 위해 도시의 투기성 자금이 유입되어 평당 1만 5천

원 하던 농림지 안의 논값도 5만 원 이상 심지어 10만 원 선을 넘고 있다. 벌어놓은 돈이 없는 젊은이들이 어떻게 귀농을 꿈꾸겠는가?

일찍이 이것을 예견한 우리는 이른바 '한살림 운동'이라는 유기농 직거래단체를 만들고 그 회원들을 대상으로 두레농지 구입 회원모금 운동을 전개했다. 몸소 귀농을 하지 못하는 회원들이 뜻을 가진 젊은이들을 돕자는 것이었다. 그래서 1995년 말에 8천여 평의 두레농장을 겨우 마련할 수 있었다. 돈 많은 사람이나 땅 많은 개인들이 보기에는 보잘것없는 땅조각에 지나지 않을지도 모른다.

그러나 사라진 두레와 그 물질적 상징인 두레농지를 복원하여 오늘에 맞는 지역두레를 실현하고자 하는 우리는 그것을 특정개인이나 단체의 무상기증이 아니라 2백여 명의 두레 회원의 힘으로 만들어냈다는 것을 하나의 기적으로 받아들인다.

이 농장은 비록 규모는 작지만 이미 두 세대를 귀농시켜 인근마을에 정착시켰고, 앞으로도 2~3세대를 더 받아들여 정착할 때까지 그들의 귀농 징검다리 구실을 계속할 것이다. 우리는 이 두레농장을 통해 뜻 있는 젊은이들을 계속 귀농시키고 일정기간 적응훈련 후 인근지역에 정착, 자립하는 것을 도와 두레의 그물망을 점차 확장해 가려는 희망을 가지고 있다.

도농두레에서 지역자립두레로

우리는 60년대 말부터 시작된 '잘살아 보세'라는 공업화의 광풍 밑에서, 폭주하는 이농과 급속한 농촌두레 붕괴에 온몸으로 저항해 왔지만 결과는 지금과 같다. 잘살아 보겠다는데, 모두가 그것만이 최고 최선이라고 하는데 무슨 대책이 있었겠는가.

　수많은 생명이 희생제물로 바쳐지고 소외된 사람들의 고통이 따르긴 했지만, 과연 80년대부터 물량은 쏟아지기 시작했다. 그러나 우리가 염려한 대로 그 넘치는 물량은 보다 큰 재앙을 불러온 것이다. 물질적으로 잘산다는데도 정작 인간은 갈갈이 찢기어 사회적 갈등과 불안은 갈수록 증폭되었다. 그리고 무엇보다 물량의 대량생산과 소비, 그에 따른 폐기물들로 인해 온 산하는 파괴되고 오염되었으며 마침내 삼천리 강산은 거대한 쓰레기 무덤이 되고 만 것이다.

　어디서부터 문제를 풀어가야 할 것인가? 개발되지 않은 도시 변두리의 농촌에도 사람은 이미 다 떠났고, 남아 있는 농민조차 여전히 공장을 더 지어야만 잘산다는 개발신화만 받들고 있을 뿐 스스로 살아보겠다는 자립자치 자생력은 자취도 없이 사라졌다. 산업화의 집중포격으로부터 자립적으로 생명을 지키는 일은 농촌을 지키는 일로부터 시작해야 한다는 확신이 선다 해도 이미 철저하게 공업화와 도시화에 함락되어 자생력도 자립성도 잃어버린 농촌과 농민은 스스로 지키기가 도저히 불가능하다. 농촌과 농업이 농민뿐만 아니라 도시인의 밥상이기도 하다면, 또 농민의 힘만으로 그것을 지킬 수 없다면, 자기 밥상을 걱정하는 뜻있는 도시인들과 더불어 지킬 수밖에 없다. 그래서 나온 실천이 유기농 직거래를 통한 지금의 도농공동체운동이다.

　도농공동체운동이 시작된 지도 이미 10년이 넘었다. 그러나 그 동안 우리의 생명밥상인 농촌은 지켜지고 살아나기보다는 오히려 더 망가져 왔다. 철학도 원칙도 없이 도시에 안주한 유기농 직거래는 농촌을 지키기는 고사하고 사이비 유기농 물량주의를 낳아 또 하나의 파괴적 시장체제를 확대재생산하고 있을 뿐이다.

　도시화・산업화야말로 농촌과 생명을 파괴하는 전형적인 체제인데 그 도시 안에서 퇴비독점적인 유기농산물의 대량소비만으로 농촌을 살리고 땅을 지키겠다는 발상은 처음부터 잘못된 것이었다. 뜻있는 시민들이 출자금이나 회비 등을 모아 협동조합이나 사회단체를 만들고 이른바 유기농산물의 직거래를 중심사업으로 하여 이따금 농촌산지를 방문하거나 일손돕기를 하는 수준이 이른바 도농공동체운동이다. 하지만 이 정도조차도 모범사례에 속하고, 거의 대부분은 무슨 생활조합, 뭐 살리기 등의 간판을 걸고 사실은 개인 사업으로, 회원도 아닌 일반 시민을 상대로 장사를 하고 있는 것이다. 이것 가지고는 땅살림, 농업 살림이란 명분 아래 퇴비독점적인 유기농 물량주의나 부추기며, 도시에 앉아서도 돈 몇 푼 더 주고 상대적으로 질좋은 농산물을 구입해서 먹겠다는 개인보신주의만 부추길 뿐, 더불어 지속적으로 사는 것과는 거리가 오히려 멀어진다.

　기술기계에 의존한 공업화 도시화로 온 지구의 자원을 한꺼번에 상품화·쓰레기화 시키고 마침내 세계 단일시장체제를 통해 모든 토착적이고 지역적인 삶의 가치를 파괴하여 이를 특정세력이 독점하는 것이 오늘날 파괴의 본질이라면, 온 생명의 지속적 공생을 위한 길은 우선 공업화와 도시화를 거부하고 지역자립두레를 부활시키는 길밖에 없다.

　그래서 우리 두레는 공업의존을 최소화하는 공생농으로부터 시작하여 모든 삶의 문제를 자급자족했던 전통두레로부터 배워 이 시대에 맞는 지역자립두레로 나가고자 한다.

　전통마을두레는 잘나나 못나나 한동네 사람 모두가 차별이나 분리 없이 농사일도 같이하고, 집도 같이 짓고, 길쌈도 두레로 하고, 같이 놀고 마을굿이나 마을회의도 같이함으로써 자기 삶의 문제를 자기 동네에서 자급·자족·자치적으로 풀어가는 것이었다. 물질적으로는 다소 가난했겠지만, 지금처럼 세계시장을 통한 물류적 파괴는 없었다. 바로 그 지역자족적인 가난한 삶이, 사람이 이웃과 더불어 사람구실을 하며 몇천 년 동안 지속적으로 살아올 수 있었던 방법인 것이다. 역사를 복제할 수는 없지만 역사에서 배울 수는 있는 것이다.

우리는 작으나마 이 두레농지를 근거로 뜻있는 젊은이들을 불러모아 지역자립의 중심일꾼이 되도록 지원해서 이들과 더불어 우선 노동을 지역화하고 역량이 쌓이면 문화와 교육의 지역화를 포함하여 우리 삶에 필요한 모든 조건들을 지역자립화할 것이다.

그런데 이 '지역'이란 말도 동북아지역, 동남아지역 운운할 때면 세계화란 말만큼 반지역적이고 반생명적으로 들린다. 그래서 우리는 먼저 지역개념을 이 같은 반지역, 반공생적인 오염으로부터 정화할 필요가 있다.

우리의 지역은 자동차나 비행기 같은 지역파괴적인 기술에 의존하는 거대한 지역이 아니라, 사람의 보행이나 자전거처럼 사람의 에너지나 자연적으로 재생가능한 생태기술이 허용하는 범위로 한정되어야 할 것이다.

세계화의 시대에 전통시대의 마을두레처럼 지역을 마을단위로 한정할 수야 없겠지만, 그렇다고 막연하고 추상적인 지역자립론에다 우리의 공생농두레를 내맡길 수는 없다. 지금의 행정구역처럼 면단위나 군단위 등으로 정할 수는 없지만, 우리의 지역자립두레가 뭇 생명이 어울려 지속적으로 공생하는 데 목적이 있다면, 생태적·토착문화적 동질성이 있는 지역으로 명백히 규정할 필요는 있다.

삶의 지역화 없이 지속적 공생은 있을 수가 없다. 이런 지속공생의 지역자립두레에서만 진정한 자치민주주의도 비로소 가능하고, 또 이런 지역자치기구끼리의 평등한 그물망 위에서만 진정한 세계화도 가능할 것이다.

씨가 말라가고 있다

나는 어쩔 수 없는 사정으로 89년부터 내 농토 옆을 잠시(?) 떠나 대구에서 한살림 공생농두레란 이름의 도농두레 공동체운동을 하고 있다. 한 주일에 이삼일 정도로 고향 농장에 일하러 갈 때마다 달라져가는 농촌마을 모습을 보고 착잡해진다. 사흘 전만 해도 안 보이던 대형 축사가, 놀이기구 공장이, 목재소가, 대형 주택들이 논 가운데 계속 생겨나 농경지를 잠식해 가며 낯설어져 가는 마을 모습에서 고향 상실을 실감한다.

사라져가는 고향마을

떠나간 식구보다 더 많은 곡물 사료를 되새김질하고 있는 외양간의 수입종 가축 식구들이 사람 자리를 메우고 있다. 적막강산이나 다름없이 텅 빈 마을을 지키고 있는 몇 안 되는 동네 늙은이들은 개발이란 명목으로 옛날과 비교할 수 없이 폭등한 농지 값에 헛배를 불리고서 그것을 고향 발전이라고 좋아들 한다. 그들은 그 농지들을 농사 아닌 다른 용도에 하나둘 내어주면서 자신들도 하나둘 죽어가고 있다.

이런 식의 발전과 개발로 우리나라에서 해마다 전용되는 농경지는 5

만 정보가 넘는다고 한다.

95년 한 해에 다른 용도로 전용된 논 4만 7천 정보는 모두가 공장이나 집, 포장도로 등의 농업 외적 용도로 전용된 것은 아니다. 그 중에서 3만 2천 정보는 타작물 재배를 위한 밭 전환이고, 4천 정보가 휴경, 나머지 1만 1천 정보가 타용도 전용이라고 한다. 그러나 1만 1천 정보도 결코 적은 면적은 아니다.

그 면적은 울릉도의 1.5배에 해당한다고 하는데, 그렇다면 우리는 해마다 울릉도 한 배 반의 논을 시멘트나 아스팔트로 포장해서, 가장 짧은 기간에 단위면적당 가장 많은 생명 열량을 생산해 주는 밥상을 파괴해 버리는 꼴이다. 그리고 논을 밭으로 전용한 3만 2천 정보도 말이 좋아 밭으로의 전용이다. 사실은 UR과 WTO의 최소 시장접근 수입 약정에 따른 단계적인 쌀 수입 개방으로 잃어버린 농가의 쌀 소득을 대체시킨다고 정부가 앞장서서 중점 지원하고 있는 축산, 유리온실 재배, 과수 등으로 땅의 용도를 주곡생산에서 소득 위주의 다른 용도로 바꾼 것이다. 이것은 이미 과잉생산중이거나 없어도 생명에 지장 없는 것들로, 이른바 첨단기술 농업인들의 고소득을 보장해 주기 위해 주곡인 쌀 생산을 포기했다는 점에서 공장이나 주거용 전용과 별로 다를 바 없다.

해마다 40만 명 이상의 이농으로 농촌인구는 전체인구의 10퍼센트 이하로 줄어들어 가지만, 떠난 이농인구의 몇 갑절에 해당하는 가축 식구들의 축사, 농촌의 도시화에 따른 주거공간의 확대와 생활의 물량화 때문에 농지는 점점 더 협소해져 가고 있다. 끝없이 뻗어가는 도로망들이 농지를 포장 파괴하면서도 가축으로 인한 식량 소비를 오히려 더 늘림으로써 식량 자급률은 23퍼센트 정도로 계속 떨어지고 있는 중이다. 국내의 쌀 생산량도 지난 85년 이후 매년 62만 섬 정도 줄어들다가 개방화가 본격화된 91년 이후에는 매년 1백27만 섬 이상 감소하여 쌀의 자급률은 94년 현재 87.8퍼센트로 떨어지고 있다.

농경지 상실은 곧 식량 위기

이런 현상이 우리나라만의 예외적 현상이라면 식량 걱정은 기우일 수 있다. 우리나라와 함께 후발산업국들의 모델이 되고 있다는 일본, 대만도 지금은 60년대에 갖고 있던 곡물 생산지의 약 40퍼센트를 이미 잃어버렸다고 한다.

하지만 국토가 좁은 이 세 나라의 농경지의 상실은 중국과 인도에서 일어나고 있는 일들에 비하면 아무것도 아니다. 이 두 개의 거대 인구 국가는 식량생산 서열에서도 세계의 첫째와 세번째(두번째는 미국)를 차지했는데, 이 나라들이 일본과 남한을 흉내내며 광적으로 진행중인 공업화가 상당히 진척된 지금에는 역시 같은 이유로 방대한 농경지를 잃어버렸다. 게다가 국민소득 증가에 따른 그 나라 국민 식생활의 육식 단백질화는 이제까지의 이 두 식량 수출국들을 식량 수입국으로 되바꾸어놓았다.

농경지와 함께 식량 생산의 주요자원인 물 사정도 날로 심각해지고 있다. 내 고향마을의 70여 호가 농경시절에 서너 개의 우물로 온 동네가 나누어 먹고 살았다. 그 마을에 있는 동생네 집에서 약 10년 전 지하수를 처음 굴착했다. 그때는 지하 60미터 정도에서 나오는 물로 세 이웃이 나누어 썼는데, 옆집에서 축사용으로 지하수를 뚫자 동생네 식수가 말라버렸다. 그래서 다시 지하 1백40미터까지 파서야 겨우 식수를 끌어올릴 수 있었다. 그러자 또 그 옆집의 지하수가 말라 더 깊이 파고, 또다시 동생네가 그보다 더 깊이 파는 식으로 지하수 쟁탈전이 아직까지 계속되고 있다. 고향 주변 마을은 이제 대충 지하 2백70미터까지 파헤치고야 겨우 물을 끌어올릴 수 있다고 한다.

과수원 개간은 에너지 낭비

쓸 만한 야산을 개간하여 과수원을 만드는 일은 이미 일반화되어 있고 모두가 이것을 잘하는 일로 받아들인다. 과연 그럴까? 내 농장이 있는 주변 야산도 온통 단감 밭으로 개간되어 있다. 그런데 이 야산 단감 과수원에는 예외 없이 제초제를 마구 쳐서 주변의 풀을 벌겋게 말려 죽인다. 제 땅에다 제초제 치는 것을 막을 법은 없다. 그런데 비가 오면 그 제초제 섞인 물이 그 산아래 있는 내 밭뙈기의 작물도 벌겋게 말려 죽인다는 데 문제가 있다.

그런데도 나는 항의 한마디 못하고 내 밭과 단감 과수원 경계에다 보다 깊은 배수로로 그 물을 빼돌리는 외에 다른 처방이 없다.

이런 과수원 주인들이 이제는 가뭄 대책으로 산 발치에다 경쟁적으로 지하수를 굴착하여 내 농장의 지하 수위까지 떨어뜨리고 있다. 이에 대한 대처방법 역시 경쟁적으로 지하 수공을 더 크고 깊이 굴착해 가는 것뿐이라면, 도대체 그런 에너지 낭비로 수확물을 증산한들 그것이 얼마나 지속적이며 또 무슨 의미가 있겠는가?

산을 산으로 그냥 두지 못하는 세상에 천수에 수확량을 맡길 생태적, 공생적 생산양식을 요구할 수는 없을 것이다. 쌀농사를 희생해 가면서 없는 지하수까지 기를 쓰고 끌어올려 그것을 증산해야 하는, 사람의 생필수품인 쌀보다 과수가 훨씬 수지맞는 시장구조가 확대되는 한, 식량 위기와 물 위기는 피할 수 없을 것이다. 그래서 현재의 농·공업 용수와 가정의 물 소비 양식이 바뀌지 않는 한 앞으로 30년 안에 세계는 물 기근에 직면하게 될 것이라고 미국의 지구물정책계획(GWPP)도 경고하고 있다.

화학비료의 효용 한계 봉착

 범지구적인 규모로 진행중인 산업의 공업 기술화와 뉴 미디어 기술에 근거한 세계 단일시장체제에 따른 농촌지역의 도시화·공단화, 물류(物流)와 인류(人流)를 위한 땅의 포장도로화 따위로 급속하게 농경지들이 망가져 가고 있다. 게다가 해마다 9천만 명씩 폭발하는 지구 인구를 부양하기 위해 식량 증산에 화학비료와 농약이 지대한 공헌을 한 것은 부인할 수 없는 사실이다. 그러나 50년에서 86년 사이에 비료 사용량은 열 배로 늘어갔지만, 세계의 곡물 생산량은 3배 정도의 증산에서 더 이상 늘어나지 않고 있다. 이것을 두고 '월드워치연구소'의 레스트 브라운 소장은 "빵 제조자가 한정된 밀가루 반죽에다 이스트만 더 많이 집어넣는 행위와 같다"(『녹색평론』 제30호, 「식량 위기에 직면하여」)고 비유했다.
 비료 사용량에 따른 식량 증산은 이미 한계에 도달했고, 어떤 지역은 한계를 넘어 농지 자체를 황폐화 내지 사막화시키기까지 했다. 우리나라의 지방자치단체가 중앙정부의 재정지원으로 지난날에 이따금 해왔던 객토 사업이나, 고소득 특용작물 단지에서 경작자가 개별적으로 하는 부토(敷土)작업도 다름아닌 그 화학물질과 단짝으로 죽어가는 농지의 사막화를 방지하기 위한 고육지책이다. 하지만 객토든 부토든 그것이 다른 고지대 농지나 산의 흙을 옮겨다놓을 수밖에 없는 한, 역시 다른 땅의 파괴와 황폐화를 부르기 때문에 지속 가능한 지력 유지법일 수는 없다.

바다의 한계는 육지보다 빨라

이같이 땅의 한계를 예감한 인간들이 지상의 식량위기를 극복하고 보다 풍부한 단백질원을 확보한답시고 일찍부터 연안에서 시작하여 점차 먼바다까지 진출했다. 그러나 바다의 한계는 육지보다 더 빨리 왔다. 유엔의 어업관련 학자들은 세계 17개의 주요어장을 조사한 뒤 이 어장 모두에서 물고기 씨가 말라가고 있다고 보고했다. 첨단 장비를 있는 대로 동원하여 밑바닥까지 훑어내는데 남아날 물고기가 어디 있겠는가?

먼바다의 어족 고갈이 주로 첨단 장비에 의존한 경쟁적 남획에 있다면, 육지와 근해의 생태 파괴는 화학비료와 농약, 공장 폐수와 생활 하수, 자동차의 배기가스, 각종 쓰레기 등 주로 화학물질에 의해 먼바다보다 먼저 진행돼 왔다. 우리의 논밭에서 메뚜기, 지렁이, 귀뚜라미 등의 곤충과 토착 미생물들이 사라진 것은 이미 70년대부터의 일이다.

씨앗 식민주의

무역개방으로 들어온 외래 생명종들 또한 이 땅 생태계의 환란을 가속시킨다. 식용으로 수입하여 방류된 황소개구리는 토착 개구리의 씨를 말리는 데 그치지 않고 그 개구리를 잡아먹고 사는 뱀까지 함께 잡아먹는 생태계의 폭군으로 이 땅의 곳곳에 군림하고 있다. 그런가 하면 미국 민물고기인 블루길, 베스 등이 우리 민물고기 씨를 말려가고 있다.

식물 생태계의 혼란은 훨씬 오랜 역사와 복잡한 구조를 갖고 있다. 일제 때부터 시작된 우리 농작물의 외래씨앗 식민주의화는 지금 이 땅에서 재배되는 작물의 국적을 가릴 수 없을 만큼 우리의 작물 생태계를 혼란시켰다. 우리 농민들은 고추씨와 오이씨, 무·배추·참외·수박 씨는 물론 심지어 수박접 대목인 박씨까지 일본산에 의존한다. 설사 이 씨앗들 중의 상당 부분을 지금은 국내 종묘 재벌에서 대체 공급한다 해도 교배 다수확 종이란 이름으로, 수천 년 간 자가채종으로 재생산을 거듭해 왔던 토종 작물의 씨앗을 말려 죽인다는 점에서는 똑같다. 그래서 중국의 연변 동포들이 간직해 온, 맛은 좋으면서도 비료는 필요없는 우리 토종 볍씨인 '다마금' 등을 역수입하는 토종 상업주의가 또 한철을 만나고 있는 느낌이다.

무역개방에 따른 수입 농작물과 그 씨앗들의 수입에 묻어온 외래 잡초의 생태 교란도 심각하다. 농촌진흥청은 작년말 현재 국내에 들어와 서식하고 있는 외래 잡초들이 모두 2백77종이며, 매년 4~5종의 유해 잡초가 새로 유입되면서 국내 생태계의 위협은 물론 중요 농작물에 큰 피해를 주고 있다고 했다.

오로지 최대 수확을 목표로 삼는 상업적 농업 기법의 세계적 확산으로 토착 농산물 종을 멸종시키면서 농산물 품종을 세계적으로 획일화하는 씨앗 식민주의는 지속적인 다수확보다 오히려 생태 공멸과 식량 위기를 가속시킬 뿐이다.

유전공학기술이 파국 초래

생태계를 파국으로 몰아가는 씨앗 식민주의는 아마도 오늘의 유전공학기술을 낳고, 그것으로 생명 파멸의 극점에 도달할 전망이다. 뿌리는 무, 잎은 배추, 열매는 토마토, 줄기는 감자 따위의 기형의 복합작물로 한때 세계의 식량 위기를 해결하리라고 공언했던 유전기술공학이 최근에는 양의 복제에 성공하자 감히 인간 복제까지 예고하고 있다.

오로지 인간의 시장 이익을 위해 날로 파괴돼 온 생태계에서 겨우 살아남은 생명종을 또다시 유전자의 조작으로 기형 생명을 만들다가 마침내 인간 복제까지 하려 드는 세상이다. 그것은 다양한 생태계의 지원 속에서나 생존이 가능한 생명에게는 재앙이 될 것이다. 세계 단일시장화와 족보를 같이하는 인터넷인가 뭔가 하는 도깨비 상자 앞에서 음담패설을 희롱하다 가상 세계의 섹스에 탐닉할 수 있는 신인류는 살아남을지 몰라도, 지역에 뿌리박아 토착적인 정체성을 가졌기 때문에 오히려 다양한 개성의, 사람 같은 사람들은 씨가 마를 것이다.

환경 파괴의 주범들이 환경 장사까지 독점하는 세계시장체제에서 공학기술은 환경 파괴의 하수인일 수밖에 없다. 생명 살림을 표방하는 유기농 직거래가 유행하고 있지만, 퇴비 독점에 근거한 지금의 상업적 유기농의 물량주의가 죽은 땅에서 마른 씨앗들을 결코 살려낼 수는 없을 것이다. 성장 경제로부터 자기 표밭을 일구는 일밖에 몰라 날만 새면 경제성장 주문(呪文)이나 외고 있는 정치권력으로부터 무엇을 기대하랴. 실업자가 느는 것도, 골목 장사가 안 되는 것도 모두 대통령 탓이라고 분노하는 시장체제 속의 소시민들에게 생태 위기, 식량 위기는 대낮 잠꼬대에 지나지 않을 것이다.

한보 부도를 시장 구조적으로 보지 않고 특정 대통령이나 그 아들 개인 탓인 양 연일 호들갑떠는 지식인들 또한 기득권자임에 틀림없다. 한보 정도가 아니라 반지역, 반공생적인 세계시장 자체가 줄부도 나는 파장 때만이 구제불능의 이 인종들을 생태적 인문적으로 각성시킬 수 있을 것이다.

'두레귀농'이 파장을 막는 길

그 파장을 미리 내다볼 수 있는 참으로 지혜로운 사람들이라면, 남이 다 간다고 똥짐을 진 채 파장으로 줄남생이처럼 따라나서는, 이 어리석은 '진보'의 행렬로부터 과감히 돌아서는 '퇴보'를 선택할 일이다. 이제 우리는 생태 파괴의 원흉인 세계시장 대신 본질적으로 생태적인 지역에 눈돌리고 지역으로 돌아가야 한다.

유기농이 아니라 생태적으로 공생적인 농업을 일으키는 지역에로의 '두레귀농'만이 이 파장을 막는 유일한 길이다. 자발적 가난을 선택하는 공생농 두레귀농의 실천이 지금 당장 어렵다면 자기 지역에서 지역자립의 기초인 공생농업을 지원하는 농업적 삶의 양식이라도 실천하자.

4

발상의 전환은 이런 것이다

문제는 기술이 아니라 사람이다

유기농산물 직거래를 주사업으로 하는 협동운동 단체들이 수없이 생겨나고 있다. 그러나 이 단체들을 주도하는 중심인물이 모여 운동의 목적과 방향이 과연 온당한지, 온당하다 해도 서로 어떻게 협력하여 지역적으로 확산시켜 나갈 것인지를 더불어 머리 맞대고 토론해 본 적은 거의 없다. 이대로 가다가는 지금의 협동운동은 협동이라기보다 협동의 이름으로 서로 새로운 물품을 경쟁으로 개발하여 살아남기 위한 또 다른 경쟁시장이 될 것 같다.

우리 땅의 생명운동 논의들은 일본의 지역자립 경제론자 나카무라 히사시의 순환성·다양성·관계성 등의 생명존재 원칙에다 김지하의 '영성'과 '다차원적으로 자기조직하는 생명의 그물망' 등을 그 이념적 원리로 추가해서 진행되고 있는 것 같다. 그러나 이 땅의 생명론자나 그 실천가들이 이런 원칙들을 관념적으로 공유하고 있는지는 몰라도 실천에서 구체적으로 실현하고 있는 것 같지는 않다는 게 문제다.

나카무라 히사시 자신도 자기의 생명경제론을 지역자립 경제론으로 전개하고 있듯이 생명성은 지역성이 기본이다. 생명에 편재하는 다양성, 순환성, 관계성도 지역적 다양성, 순환성, 관계성인데, 우리는 그 지역성을 입으로 말하면서도 실제 행동에서는 거의 무시함으로써 생명운동을 관념화, 획일화, 심지어 세계화하고 있다. 자율이니 연대니

창조라는 수사 아래 생명운동단체들은 다양하게 이해충돌을 하면서 동시에 연대하지만, 생명운동의 기본인 지역성은 간 곳이 없고, 광역화와 중앙집중화로 나아가고 있다.

한 지역에서 어떤 형태의 생명운동이 이미 실험되고 있다 해도 그것만으로는 완벽할 수 없다는 점에서, 다른 내용과 형태의 운동들도 얼마든지 공존할 수 있다. 현재의 단계에서는 같은 목적에 방법이나 형식을 달리하는 단체들은 많을수록 좋을지도 모른다. 이때에도 협의와 연대는 필요하다. 사전에 서로 몰랐다면, 사후에라도 서로간의 협의·조율은 반드시 있어야 한다. 그것이 협동의 전제조건일 뿐 아니라 같이 살고자 하는 생명운동의 기본이기 때문이다.

그런데 이곳 대구지역에는 무점포, 공동주문, 공동공급 방식의 유기농산물 직거래단체인 한살림이 90년에 공식출범한 한두 해 뒤부터 천주교를 배경으로 하는 직거래 표방 단체들이 연달아 뒤따랐다. 출발하기 전에는 교육이란 이름으로 앞선 단체의 경험을 전하고, 출발 초기에는 취급물품까지 교류·연대하는 듯하였지만, 자리를 잡고 지역을 광역화할 때부터는 아예 대화가 단절되었다. 심지어 같은 천주교회 조직에 기댄 두 개의 유기농산물 직거래단체는 서로 경쟁을 하며 팽팽하게 맞섰다. 그러다 농민과 직거래하여 농산물을 제값에 대량소비시키는 데 목적을 두었던 후발단체는 방만한 부실운영으로 도산했다. 앞서 출발하고서도 뒤따른 단체의 물량공세에 밀려 있던 다른 천주교단체가, 도산한 단체의 사업을 인수·합병해 가고 있다지만, 우리가 보기에는 그 운영방식과 내용이 도산단체와 크게 다른 것 같지 않다.

이름은 협동조합을 표방하고 있으나 내용은 조합원 내부거래보다 외부시민 상대의 주택지점포 운영방식을 취하고 있다. 그 점포조차 조합원 출자금으로 운영하는 것은 한두 개뿐이고 대다수의 점포들은 원하는 신도 개인이나 몇 사람이 공동출자로 운영하는 개인 점포들이라고 한다.

이 단체는 출발 때 직거래 품목의 상당부분을 한살림 생산물의 잉여분에 의존했었다. 그런데 그 단체가 한살림 지역조직이 가장 활발하게 집중되어 있던 어떤 주택단지에 한살림에서 나온 물건을 가지고 한살림과 한마디 상의없이 점포를 개설한 것이다. 그때 우리 회원들이 한살림에서 점포를 낸 줄 알고 빗발치듯 문의전화를 해왔을 때에 우리는 얼마나 당혹스러웠는지 모른다.

한살림의 무점포 공동주문, 공동공급 방식이 운영적 측면에서 어려움과 한계가 많음은 우리가 먼저 잘 알고 있다. 그럼에도 우리가 그 방식에 아직도 매달려 고생하고 있는 것은 그런 방법 말고 삶의 지역화, 두레화, 공생화를 이끌어낼 다른 방법을 찾지 못했고, 공생농업 중심의 지역도농공동체를 새로 꾸려내는 데 필요한 회비나 출자금 등의 공공기금을 만들 길을 다른 데서 아직은 찾지 못했기 때문이다.

점포를 주택가 소비자의 턱밑에 개설하고, 말처럼 질 좋은 농산물을 회비나 출자금 한푼 안 낸 일반시민에게 개별적, 선택적으로 편리하게 구입할 수 있게 개방한다면, 코앞까지 줄줄이 쏟아지는 그 농산물을 돈 주고 사면 그만인데, 어떤 시민이 땅과 물의 죽음을 두려워하고, 이웃과 생산농민, 생태계의 중생들이 더불어 사는 문제를 고민하겠는가? 이런 점포를 통한 직거래가 농산물을 많이 소비해 줘서 농민을 도우겠다는 애초의 목적을 실현했다는 얘기도 아직 듣지 못했다. 외상값을 아직도 못 받았다거나 아예 떼먹혔다는 원망의 소리는 들어봤어도 고맙다거나 잘한다는 농민의 소리를 들어본 적은 없다. 점포직거래주의는 만일 거기서 취급하는 물품이 말처럼 질 좋고 값싸다 해도 그것은 소비를 확대시키는 또 하나의 물량소비주의와 대량파괴주의의 변종이므로, 지금의 인간 삶이나 물량시장 문명을 극복하고자 하는 운동 취지에 벗어나 오히려 파국을 재촉하는 지름길이 될 것이다.

무점포 공동체회원 내부거래방식의 경영 유지가 어렵다는 점은 그것을 하고 있는 우리가 누구보다 더 잘 알기 때문에 꼭 이 방식을 모두에게 권장하기는 어렵다. 점포나 또 다른 방식도 지역자립 공동체로 가는 원칙과 그 원칙에 따른 장치를 도입할 수 있다면 얼마든지 실험해 볼 수도 있다. 그러나 그렇다고 같은 목적의 협동운동을 한다면서 서로 아무런 협의와 연대도 없이 같은 지역에서 서로가 경쟁하는 추태를 연출해서야 되겠는가? 생명성은 다양성이고 그 운동방식 또한 다양할 수 있고, 다양한 운동조직들이 선의의 공생경쟁(?)을 할 수도 있겠지만, 그러나 협의·공조의 관계성과 그 지역성만은 어떤 경우에라도 존중해야 한다.

직거래에서 지역거래로

이제 생명협동운동은 유기농산물이니 직거래 따위를 화두로 무점포나 점포운영 방식의 잘잘못을 따질 때도 아닌 것 같다. 생명운동의 목적과 원칙을 제대로나 알고 하는지 따져보고 내용과 방법면에서 뭔가 획기적인 변화가 필요할 때인 것 같다. 유기농산물과 직거래가 더 이상 신선한 화제가 되기에는 시간도 많이 지났지만 진실성도 없다. 사실 우리가 취급하는 유기농산물이란 것도 땅과 생태계 전반을 같이 살리는 공생농산물도 아니고(이에 대한 필자의 견해는 ≪녹색평론≫ 등에 기고한 것을 단행본으로 묶어낸 바 있다) 우리의 직거래는 말만 직거래지 직거래도 아니다.

엄밀한 뜻에서 직거래는 모든 주민이 생산자였던 시절에 자기가 소비하고 남은 생산물로 자기가 필요로 하는 다른 생산자의 물건과 맞바꾸었던 물물교환이나, 재래의 작은 지역시장에서 소비자가 상인이 아닌, 생산자로부터 직접 물건을 구입했던 것을 말한다. 그런데 우리의 직거래는 조합원 또는 회원공동체란 이름으로 도시 안에다 소비시장을 조직하여 개별 농민이나 생산공동체로부터 농산물을 구입하고 적정 유통비용을 붙여 회원 소비자들에게 파는 일종의 상행위이다. 그러나 이것은 모범적인 사례고 대부분의 직거래는 유기농산물 직거래라는 이름만 빌려 일반시민 상대의 점포를 내고 모범 직거래단체의 남는 농산물이나 생산기업이나 심지어 시장의 물건을 사다 팔고 있다. 다만 그 유통단계가 일반시장만큼 다단계가 아니어서 유통단계나 과정 등의 정체를 알 수 없는 일반시장에 비해 정체가 투명하다는 것뿐이지 어쨌든 유통시장이다.

농산물도 생산자가 자기의 밭이나 집에서 바로 판매하면 세금을 물리지 않으나 그것을 제3자가 다른 장소로 옮겼다가 소비자에게 팔면 유통시장으로 보고 세금을 물린다. 그래서 농산물 직거래단체들도 다른 농산물시장처럼 세금을 물고 있다.

시장이되 유통단계를 최소화함으로써 유통비용을 줄이고 그 이익을 생산농민과 소비자에게 나누는 공익성만 인정되면, 그 일은 성역인가? 그래서인지 이 직거래에는 누구도 이의를 다는 사람이 없다. 그러나 모든 직거래는 다 선인가? 우리는 직거래란 이름으로 과연 무엇을 하고 있는가?

완도에서 청정 미역을, 진도에서 청정 김을 가져온다. 제주도의 유기농 밀감을 비행기로 날라다 먹고, 휴전선 근방의 청정 고랭지채소를 실어다 파는 것은 에너지 낭비인 동시에 오염을 증가시키는 반생태적 행위이지만, 그 지역에서 자급할 수 없는 생필품으로 일부 농어민과 시민의 건강한 공생을 위해서는 어쩔 수 없다 치자. 그러나 생명과 공생을 말하면서 아프리카의 주민들이, 또는 그렇게 멀리까지 갈 것 없이 휴전선 북쪽의 동포들이 굶어 죽어가고 있는데도 화학첨가물만 안 쓰면 다 살 수 있다는 듯이 그런 것이 첨가되지 않은 곡물사료로 기른 소, 돼지를 잡아다 파는 직거래 푸줏간이 공생사회 실현과 대체 무슨 관계가 있다는 것인가? 유기농산물 직거래를 통해 새로운 지역 생명공동체를 만든다는 애초의 약속은 이제 주객이 전도되어 유기농산물과 직거래 자체를 위한 광역시장 공동체가 되어 도리어 지역파괴에 일조하는 것 같다. 세계의 시장개방에 따라 일본과 미국의 일부 유기농산물이란 것이 이미 국내에 상륙했고, 확대상륙이 기정사실이니 우리의 유기농 직거래도 국제경쟁력 강화를 위해 지역공생성을 포기할 수밖에 없는 것인가?

　시장광역화는 물론 자동차 등이 주도하는 물류수단의 확대 탓이고 정보의 광역화와 무차별화 탓이다.

　우리의 생명운동도 이런 광역 세계시장 체제에 대응하지 않고 덩달아 광역 직거래체제로 정신없이 휩쓸리다 보면 마침내 세계시장 체제 속에 매몰당하고 말 것이다. 생명운동이 자기정체성을 가지고 생명을 지속하기 위해서도 지금까지의 타성적인 직거래 방식을 버리고 오히려 지역거래 등의 방식으로 대응하는 발상의 대전환과 자기변신을 일으키지 않으면 안 될 때가 온 것 같다.

　지역거래는 지역 자급·자족·자립의 지역 내부거래로부터 시작하여 점차 지역간에 필요로 하는 물품을 서로 교환함으로써 농촌지역의 자립을 돕고, 이를 통해 지역간의 그물망을 구체화하여 지역자치 두레를 실현할 수 있는 최선의 방식이다. 지역을 떠난 유기농산물, 지역을 벗어난 직거래, 지역에 뿌리박지 않은 무슨 공동체, 그것들은 모두 다 헛소리일 가능성이 크다.

농지파괴와 가격폭등

최근 한두 해 사이에 농지값이 하늘 높은 줄 모르고 치솟고 있다. 예전에는 타용도 전용이 쉬운 이른바 준농림지역의 땅값만 올랐는데, 지금은 농사 외에 전용이 불가능하다는 농림지역의 농지값도 한두 해 전 1만 5천 원 안팎이던 것이 5만 원선을 넘어 이모작 가능한 상등답은 10만 원선을 육박하고 있다.

'공생농두레'와 뜻있는 젊은이들의 두레귀농을 위한 농지확보로 지역두레를 만드는 데 가위 미쳐 있는 필자에게 최근의 농지값 폭등은 실로 예민한 사안일 뿐만 아니라 가뜩이나 어려운 농토지키기 운동을 가로막는 또 하나의 먹구름이다. 농사를 계속하겠다는 사람은 줄어가는데 왜 농지값은 올라만 가는지 그 원인을 찾아봤더니 이랬다.

지금 농촌에서는 농사지을 의사가 없는 늙은 농민들도 최근 십 년간의 농지값 상승추세로 보아 농지도 두고 보면 재산 늘리는 투기상품임을 알게 되었다. 농사지을 의사가 없는 도시의 자식들도 지금은 예전과 달리 모두 먹고살 만하니까 농지를 부동산투기 대상으로 보아 값이 더 오를 때까지 고향의 부모님께 팔지 말라고 한다. 팔아서 부모가 다 써버리는 것보다 두고 보면 자동으로 제것이 되니까. 그래서 단기적인 부동산투기를 목적하는 농지가 아니고서는 팔려고 내놓은 땅 자체가 드물다.

그런데다 오래 전부터 시행중인 영농후계자 지원자금이나 쌀전업농 지원 육성을 위한 이른바 농지구입지원 자금들이 지속적으로 농촌에 풀려 나왔다. 무슨 물건이든 팔 사람은 없는데 살 사람만 있으면, 내놓았던 투기꾼의 매물조차 거둬들임으로써 가격은 폭등한다.

다음은 영농의 통작거리제한 폐지와 농지소유상한제의 사실상 폐지다. 농지소유는 다른 용도전용이 가능한 준농림지역에 한해서 9천 평으로 제한되어 있고, 농림지역의 농지는 농사에 이용되는 한 무한정으로 소유할 수 있게 되었다. 게다가 일 년에 90일 이상 영농에 종사하면, 그 땅이 어디에 있건 소유를 허용하는 통작거리제한 폐지는 이미 값이 오를 대로 올라 투기가치가 상실된 준농림지 대신 상대적으로 값싼 농림지역으로 도시인의 여유자금을 집중시켰다. 우리 두레농장이 있는 인근에서 한 해 전까지 1만 5천 원하던 경지정리된 농림지역의 논을 도시사람이 와서 팔라길래 어떤 농민이 장난삼아 평당 5만 원 주면 판다고 했더니, 그래 주겠다고 해서 실지로 매매가 되고, 그 뒤부터는 그 지역 농림지의 논값은 5만 원 이상으로 뛰고 말았다.

뭐니뭐니해도 한마디로 농지값 폭등의 주범은 자동차다. 대한민국 정부와 그 산하 지역정부가 날새면 밥먹고 하는 주된 일이 길닦기임을 부인할 사람은 없을 것이다. 도시에서는 길 확장이나 신설의 그 엄청난 보상비를 감당하지 못해 이제는 날마다 지하철 땅굴파기에다 개천이나 강변의 좌우안 도로에다 복개도로 등의 길닦기가 파국의 그날까지 끝나지 않을 것이다. 농촌에도 비포장도로의 확포장에서 경운기 길인 농로까지 확포장하면서 산에는 임도라는 이름으로, 마을에는 정주권이니 소도읍 가꾸기니 하는 이름으로 이웃끼리 이마 맞대고 살던 동네 가운데를 가로 세로 질러 소방도로라는 것을 그음으로써 대다수의 주민을 문전옥답을 전용한 '문화주택단지'로 내몰고 있다.

그래도 감당할 수 없이 폭주하는 자동차를 위해 이제는 기존의 고속도로나 2차선 포장국도와는 별도의 새 4차선 국도가 이 나라 방방곡곡의 들판을 잠식해 가고 있다. 이렇게 해서 파괴되는 농토는 무릇 얼마이고 그 농지수용 보상비는 무릇 얼마일까? 환경·교육·복지 등의 재정확대에는 한정된 예산타령만 하는 정부가 자동차를 위한 농지파괴에는 인심도 좋아 산골농지도 도로에 들어간다 하면 최하 평당 6만 원 이상이고 면소재지 인근이면 기십만 원 이상으로 후하기만 하다.

이렇게 도로에 희생되는 농지의 보상비 총액은 천문학적이지만, 농민 개인으로서는 땅을 조각으로 잘라 판 푼돈이 되기 십상이다. 이미 보상비 때문에 보상비 이상으로 폭등한 농지를 대신 구하기란 불가능해서 그야말로 푼돈으로 쪼개 날리기에 안성맞춤인 것이다. 그래도 남은 땅값은 보상비 이상을 호가하고 있으니 농촌은 안 먹고도 헛배 부른 수억대 거지들의 천국이 되어 간다. 자동차는 도로의 확대포장과 신설로 인한 농지점유 파괴의 주범일 뿐 아니라 도시인의 농지독점을 위한 농지점유 쟁탈전의 전범임에 이론의 여지가 없다. 며칠 이상 영농에 종사하면 도시인도 통작거리에 제한받지 않고 농지를 무한소유하게 했던 것도 개인자동차에 의한 이동거리와 시간의 단축에 근거한 발상이다.

자동차라는 이 '악마의 기술'에 의한 전면적 농지 공격 파괴로부터 내 땅을 지키는 길은 물론 자동차길 확장이나 신설을 위한 농지수용과 도시인의 농지독점 투기를 거부하는 것뿐이지만, 그것이 도도한 흐름이고 완강한 체제인데, 한두 사람의 개인적 결단으로 될 일은 아니다. 하지만 개인적 결단들이 한데 모이지 않고는 그것에 대처할 두레도 영원히 오지 않을 것이다.

기계로 하는 '태평농법'

한 해도 더 전에 《녹색평론》으로부터 농사관계 투고인데 필자더러 읽어보고 현지확인 필요성을 검토해 봤으면 하는 원고를 전해 받은 적이 있다. 비료와 농약 없이 땅을 갈지도 않고 콤바인기계 하나로만 하는 자연농법에 대한 원고였는데, 글쎄 기계로 자연농법을 한다? 기계 없는 전통농법으로도 어느 만큼은 자연을 거스르고 파괴하는 일이 농사인데, 기계로 자연농법을 한다는 것이 대체 무슨 소린가?

산청군 오부면에 사는 김교락이란 분이 보낸 그 글은, 투고원고 앞에 붙인 편지 '녹색평론 편집실 귀중'에 이 태평농법을 "녹색평론이 소개해야 마땅하며, 지금까지 모르고 있다는 사실조차 부끄러움이 되도록 널리 보급되었으면 하는 마음 간절합니다"라고 한 구절처럼 내용이 일방적이어서인지 그리 호감을 주지는 못했다. 태평농법이라는 것을 그것 자체로 제대로 소개하면 될 터인데, 굳이 일본의 후쿠오카 마사노부의 이른바 자연농법과 일일이 대비해서 그것을 기술한 것도 그랬다. 유명 철학자 후쿠오카로서야 자신의 무위자연 철학의 실천방식으로 자기 먹을거리를 자급자족하는 자연농법이 가능할 수 있다. 그러나 농사를 생업으로 하는 농민이나 도저히 그처럼 유명해질 수 없는 보통 사람들더러 이 시장체제 안에서 그야말로 입에 풀칠만 하는 자급자족 농법을 하라면, 그것은 보편성이나 현실성이 전혀 없는 일종의 사기가 될 수 있다. 후쿠오카식 자연농법이 세상에 알려진 지 상당히 오래 됐지만, 일본 안에서조차 단 한 사람도 그것을 같이하지 않고 있는 것이 그 증거가 아닌가?

그런데 후쿠오카의 농법을 '사상으로서의 자연농법'으로, 이영문의 기계농법을 '기술로서의 자연농법'으로 일일이 대비하여 이영문 농법의 현실적 우월성을 입증하려 한 것은 아무래도 후쿠오카의 그 사상농법에 대한 열등감으로부터 자유롭지 못하다는 느낌을 지울 수가 없었다. 반드시 누구보다 나아야 좋다는 것도 일종의 경쟁논리다. 어쨌든 그 투고내용이 사실이라면 이영문의 농법은 후쿠오카와 상관없이 그것 자체로서 획기적인 사건임에는 틀림없다.

그럼에도 현지 방문·확인을 1년 이상 미룬 것은 농사란 생명생산이 어디 한 번의 방문 관람으로 그 전모를 파악할 수 있는 것도 아니고, 그렇다고 이일 저일로 지치고 바쁜 내 처지로 하동군 옥종까지의 먼 거리를 수시로 들락거릴 수도 없었다. 또 가서 사실을 확인한다는 것은 그 농법을 실지로 도입하는 데 가장 큰 의미가 있다. 그렇게 하자면 일제 부품을 국내에 들여와 조립한 콤바인이란 수확기와 이영문식의 파종기가 필요한데, 그 농법을 적용할 수 있는 이모작 가능한 상등논이 몇만 평이 있으면 모르되 몇천 평도 안 되는 벼농사 규모로 3천만 원이나 하는 기계를 쉽게 구입할 수 없는 우리 형편이 내 발목을 잡았다. 이보다도 더 큰 이유는 기계에 전적으로 의존할 그 농법을 정말로 태평한 자연농법으로 확인할 경우 그것이 가진 긍정적 모습에 가려진 부정적 문제와 맞닥뜨릴 일이 무엇보다 두려웠다. 사람이 만든 것, 특히 기계치고 문제 없는 것이 어디 하나라도 있었던가?

그러나 내가 무농약 농사와 그 직거래라는 쌀장사를 그만두면 모르되 계속할 양이면, 새로운 농업두레를 만들 때까지 이 농사가 너무 힘들어서 경제적 무리가 따르더라도 도입해 볼 만한 것인지, 그리고 그 농법에 예상되는 문제점을 극복할 방법을 찾기 위해서라도 일단 현지 확인을 거쳐야겠다고 생각했다. 그리고 해묵은 《녹색평론》과의 약속도 뒤늦게나마 지켜야 그로부터 자유로워지겠기 때문이었다. 기왕 갈 바엔 가장 효과적인 때가 가을의 벼수확 밀파종 때라고 생각하고, 그

시기를 이영문 씨에게 전화로 확인했다. 10월 10일부터 15일 사이라고 했다. 그러나 막상 갈 날을 잡으려니까 내가 갈 수 있는 날은 이미 유명세를 타고 있는 이영문 씨가 출장강의다, 무슨 행사다, 텔레비전 촬영이다, 언론사 취재다 해서 그 일정을 맞추기가 여간 어렵지 않았다. 겨우 지난 10월 18일로 날을 잡아주길래 그날로 다녀왔다.

이영문의 태평농법을 한마디로 요약하면, 콤바인이란 수확기계에다 그 자신이 고안한 파종기를 부착하여 밀 또는 보리를 수확하는 동시에 무경운, 무비료, 무농약으로 볍씨를 건답직파하며, 그 짚으로 덮어주고, 나락 수확시에도 같은 방법으로 밀 또는 보리를 이모작 연속으로 순환재배하는 농법이다. 그의 말에 따르면 농약은 물론 안 치고, 그 논에서 수확 때 나온 밀짚이나 볏짚의 전량을 깔아주는 것 말고는 비료는 물론 다른 퇴비도 전혀 주지 않는 자연농법이란다.

가장 궁금했던 것은 잡초대책이었는데, 혹시 흩어뿌림에 따른 밀식재배가 잡초억제에 도움이 되느냐는 질문에 그렇지 않다고 했다. 3백 평당 10~20킬로그램으로 밀식파종하는 것은 사실이지만, 그보다는 무경운 순환재배 양식에는 짚의 교대 피복만으로도 잡초가 힘을 쓰지 못한다는 것이다. 그러나 내가 방문한 날 나락수확과 동시에 밀파종을 하던 논에는 독새풀 등 월동잡초들이 논바닥을 파랗게 뒤덮고 있었다. 여기다 짚을 덮어주면 밀싹은 짚새를 헤집고 자라나지만, 잡초는 힘을 못 쓰고 죽어 오히려 녹비 구실을 해준다는 것이다. 제대로 짚이 안 덮인 논바닥에는 풀이 무성하지만, 까짓것 그냥 내버려둔다고 한다. 작물 속의 잡초를 불구대천의 원수로 삼는 관행농업인과는 달리 그것과의 공생을 용인하는 그의 태도가 처음 만나 서먹했던 그에 대한 나의 거리감을 많이 해소시켰다.

그러나 벼수확과 동시에 밀파종 때와는 달리 밀수확 볍씨파종 때는 그 30일 뒤에 물을 한 번쯤이라도 대어주는 것이 잡초억제에 도움이 된다고 했다. 따라서 이 농법의 잡초대책 원리는 벼논의 물풀은 벼의 건답직파 재배로 말려서 억제하고, 밭풀은 이따금 논에 대주는 물로써 억제하는, 자연원리의 인위적 적용에 있었다.

외부 퇴비와 비료의 도움이 전혀 없이 제 땅의 짚만으로는 아무래도 관행농에 비해 수확량이 떨어질 것이 아니겠느냐는 질문에도 그는 전혀 그렇지 않고, 오래 계속하면 지력이 살아나서 오히려 더 많이 난다는 주장이었다. 우리의 상식으로는, 철저한 자급자족으로 똥까지 그 땅의 것은 그 땅에 전량 되돌려주던 전통시대와 달리, 짚은 전량 돌려준다 해도 알곡의 전량은 외부 상품화하여 수세식 변소를 통해 수질오염만 시키는 지금의 반 수탈농법으로는 아무래도 일정한 수준으로 알곡 수확량이 떨어져야 납득이 쉽다. 그런데 직접 재배를 못 해본 처지로서 그의 말을 사실로 믿는다면, 잡초뿐만 아니라 작물에도 상당한 장애와 상처를 주는 농약과 비료의 독성이 땅으로부터 사라진 대신 농작물과 공생하는 잡초들이 인간에게 뺏긴 알곡분 이상의 녹비로 땅에 되돌려지기 때문이 아닐까 싶다. 그렇다. 식물은 지기(地氣)를 수탈만 하는 파괴자가 아니다. 물과 대기와 저 하늘의 태양의 양기 등 생태계의 모든 잉여를 받아들여 생명을 재생산해내는 생태계의 유일한 생산자요 생명의 창조자가 아니던가.

비료와 농약 없이 그것을 쓰는 관행농법과 수확량이 비슷하다면, 설사 좀 떨어진다 해도 그것은 이 생태계를 위해서 최대의 기념비적 축복이고, 세계농업체제에 대해서는 치명적인 반란임에 틀림없다. 게다가 이 태평농법은 콤바인과 파종기 한 대를 살 만큼의 이모작 논이 있는 주곡생산 농민에게는 밀, 보리 수확과 나락 파종기인 6월의 한두 주일, 나락 수확과 밀, 보리 파종기인 10월의 한두 주일을 빼고는 그야말로 태평성대를 누릴 수 있는 농업노동해방 농법임에도 틀림없다. 만일 이 농법이 보편화되면 콤바인수확기 외에 이앙기도 무용지물이고 대형 트랙터도 거의 쓸모가 없고, 밭농사를 위한 관리기 정도면 충분하다. 이렇게 되면 지금의 농기계 시장과 함께 비료와 농약을 생산 판매하는 다국적 화학산업도 동시에 크게 뒤흔들 농법이다.

그렇다면 이영문식의 밭농사는 어떠한가? 봄에 밭을 갈아 이랑을 짓고, 이랑 위에는 감자를 심고 놀골에는 콩씨를 뿌린다. 6월 중순에 감자를 캐면, 대궁이는 밭에다 그냥 깔아두고, 감자 캔 자리에다 대신 고구마 순을 심는다. 놀골의 콩이 익어갈 무렵이면(7월) 콩포기 사이에 참깨씨를 뿌린다. 10월 고구마와 참깨를 수확하면 그 넝쿨과 대궁이는 놀골에 그냥 깔아두고 종이포트에 미리 심어둔 가을 배추를 이식하면 무비료, 무농약, 무경운(봄에 한 번은 갈아주고)의 5모작 연속 공생농이 된다고 한다.

물론 그의 이 공생농법은 그 스스로도 누차 인정하고 있듯이 자기 개인의 독창적인 농법은 아니다. 그의 밭농사법이 우리 선대들의 공생농법을 요즘 사람들이 선호하는 작목들을 이영문식의 공생으로 배열 조합한 것이라면, 논농사법은 일찍이 농기계 수리점을 하다 농기계에 대한 뛰어난 눈썰미로 그 방면에 도통한 그에 의해, 전통이앙농법이 정착되기 이전에 우리 선대들이 오랜 세월 해왔던 건답직파 재배법이 기계와의 조합으로 재현된 것이다.

하늘 아래 새로운 것은 아무것도 없다 했던가? 이미 우리에게 주어진 자연보다 더 질서정연하고, 공생적이고, 경제적이고, 창조적이고, 지혜로운 것은 이 세상에 없다. 그러나 이 자연의 질서성, 공생성, 창조성, 경제성 등을 제대로 이해하고 그것을 새로운 체계로 조합할 수 있는 사람이야말로 참으로 창조적이고 지혜로운 사람이다. 이영문의 전통공생농의 기계적 조합도 인간중심적인 기계에 의존한 조합이기에 처음부터 명백한 한계가 있는 것이긴 해도, 동기는 순수하게 자연의 공생을 최대로 존중하는 조합이기에 지혜롭고 창조적이며 경이롭기까지 하다.

태평농법의 어두운 그림자

밭농사는 사람 손에 의존하는 전통공생농의 재현이니까 문제가 없는데, 그러나 주곡을 생산하는 논농사는 너무 쉽다. 세상에 쉬운 일 없는 법인데 너무 쉽다면 반드시 거기에는 무슨 한계나 함정이 있는 법이다. 그래서 돌아오는 내 발길은 무거웠고, 시야는 어두웠고, 마음은 더할나위 없이 쓸쓸했다. 그의 독창적이고 자연공생적인 농법 뒤에도 기계화라는 어두운 그림자가 짙게 드리워져 있었기 때문이다.

이앙기와 대형 트랙터와 비료와 농약을 무용지물화시켜 농기계와 비료 농약 시장체제를 뒤흔들 수 있다 해도 그 농법에 필수적인 콤바인도 역시 석유 등 유한자원에 전적으로 의존하는 기술체계다. 농사에 콤바인밖에 필요없다면서도 '태평농업 영농회사'에는 여러 대의 자동차와 대형 트랙터를 위시한 농기계란 농기계는 다 갖추고 있었다. 컴퓨터, 팩시밀리, 복사기 등 온갖 첨단기기들로 가득 찬 그의 사무실에서 그는 기계예찬론을 펼치지는 않았지만, 결코 부정하거나 고민하는 모습은 읽을 수가 없었다. 고민은커녕 우리나라 실정에 맞는 이영문식의 농기계 개발 아이디어에 재정지원 없는 정부만 나무랐다.

무엇보다 나를 쓸쓸하고 막막하게 했던 것은 이 농법의 독점성이다. 주곡을 생산하는 논농사에 관한 한 이 농법을 적용하면 한 사람이 몇십만 평에서 몇백만 평이라도 지을 수 있다고 한다. 이영문 자신도 이미 3만 5천 평의 논을 소유하고 있지만 일 년 중 보름 일거리밖에 안 된다고 했다. 앞서 얘기한 대로 쓸 만한 이모작 논은 대한민국 어디를 가도 이미 평당 5만 원 이상이고, 지리산 기슭에 자리잡은 하동군 옥종면 이영문 씨의 동네에도 그 이상을 넘어섰으나 팔 논은 거의 없다고 했다. 태평농법을 '농비 제로' 농사라고 이영문은 말하지만, 3천만 원의 비싼 값에 고장 잘 나기로 유명한 콤바인 사용 용역비는 그만두고, 폭등하는 농지값으로 쌀생산비의 토지용역비만도, 2백 평 한 마지기당 쌀생산을 두 가마니로 잡고 농지값 1천만 원을 은행 정기성 금리 1백만 원으로 할 때 쌀가마니당 생산비는 약 50만 원 이상이 된다. 무엇보다 이같이 높은 농지값 때문에 영세소농이 논을 더 사서 개별적으로 이 농법을 도입할 가능성은 전혀 없다.

그 대신 이미 대규모의 농지나 간척지를 소유한 재벌들이 사실상 농지 소유상한제가 폐지된 이 나라에서 땅 독점투기 목적으로 농지를 더 사들이고 상대적으로 영농비가 땅밖에 거의 들지 않는 이 농법을 도입할 가능성은 크다. 그렇게 되면 지금의 우리 유기농 직거래를 통한 공동체운동들이 먼저 끝장날 것이다. 또 이 농법의 상대적 태평성과 경제성 때문에, 그렇지 않아도 전용불가능한 농림지역까지 진출하고 있는 도시자본이, 장기적 토지투기 목적을 숨기는 방법으로 이 농법의 도입을 구실로 쏟아져 들어와 이 좁은 나라 온 들판을 몇십, 몇백만 평씩 분할독점할 경우, 이 땅의 씨종자처럼 귀하게 살아남은 가족소농들은 다시 한 번 자기 땅으로부터 영영 추방당할 것이다. 이것은 자기 농지에다 울타리를 쳐서 공유지, 미개간지는 물론 이웃끼리 공동으로 농사짓던 삼포 개방농지 등까지 독점적 사유를 확대함으로써, 독립 자영농민과 소토지 소유자를 몰락시킨 영국 산업혁명기의 엔클로저 운동의 한국판이 재현될 수도 있을 것이다.

그 기계로 하는 태평농법이 설사 자연의 부분적 공생성에 긍정적으로 작용될 수 있다 할지라도, 인간끼리의 공생성이 그 희생제물로 담보된다면 거기에 도대체 무슨 의미가 있을 것인가? 우리가 자연의 공생성을 받들어 모시고자 하는 것은 좀더 많은 가족소농들이 지역자립 두레를 만들어 자연과 더불어 보다 신명나게 어울려 지속적으로 살아가자는 데 있다. 그런데 사람은 내쫓기고 자본만 독점활보하는 그 들판이 설사 되살아난들 그게 우리 사람의 지속적 공생과 대체 무슨 관계가 있을 것인가? 사람은 간 데 없고 대형 농기계 몇 대가 분할 점령하여 활보하고 있는 을씨년스런 들판을 한 번 상상해 보라. 가보지는 못했지만, 아마 미국의 들판이 이 모양일 터인데, 그래도 미국이야 국토가 워낙 넓어 숨통이야 아직 트여 있겠지만, 좁은 국토에서 어쨌든 생명을 기르는 농사로부터 내쫓긴 이 땅의 농민들은 다시 생명을 파괴하는 다른 산업현장으로밖에 더 갈길이 있겠는가?

제아무리 자연공생에 좋은 기계라도 기계 뒤에는 자본이 있고, 자본의 속성은 독점에 있다. 이영문은 선대의 공생지혜를 존중한 기계개발로 전통공생농을 오늘에 창조적으로 재현했다고 자부할지 모르지만, 자칫하면 죽은 쑤어 개주고, 이웃의 가족소동들의 몰락만 재촉하는 값비싼 대가를 치를지도 모른다. 결과적으로 선대의 공생지혜를 독점적으로 상품화하고 이웃 농민을 땅으로부터 추방시킨 역사적 과오를 저지르게 될지도 모른다. 자연 생명과 부분적으로 결합한 이 기술도 인간끼리의 결합을 오히려 막는 폭력이 될 수도 있는 것이다.

언제나 문제는 사람과 사람의 관계이고 사람과 기계와의 관계이다. 그리고 해답은 사람의 사람됨과 그 된사람들의 두레화이다. 지금 농지값 오르는 맛에 농민들도 농사에는 관심이 시들하지만, 대자본의 농지독점소유를 막기 위한 농지소유상한선을 낮추는 일 등을 내용으로 하는 농민두레운동도 다시 일으켜야겠다. 이른바 유기농산물일지라도 수입품, 재벌생산품을 경계하고, 설사 가족소농의 것일지라도 장거리 물류이동에 필수적인 에너지와 생태파괴를 막기 위한 지역자립 두레의 삶을 위해 먼 지역 농산물 소비를 반대하는 시민두레운동도 일으켜야겠다.

바라건대 이영문 자신도 새로운 농기계 개발에 정부나 기업의 지원을 바라는 대신, 성가시더라도 농민끼리 두레로 개발할 방안을 찾았으면 한다. 기왕의 파종기도 소농민끼리 만든 두레에만 싼 값으로 보급하고, 만일 쓰지 않을 경우에는 다른 개인이나 기업에 팔지 말고 되돌려받는 조건으로 팔았다가 다시 돌려받는 방식이었으면 좋겠다. 너무 철없고 꿈 같은 소리인가?

진정으로 자연과 인간의 공생을 원한다면 그리고 선대의 지혜를 진심으로 존중한다면, 지금은 새로운 농업기술과 기계를 경쟁적으로 개발해서 투자할 때가 아니라 농민두레의 개발(?)이 더 시급한 때이다.

진정한 태평성대는 새로운 기술이나 기계의 조합개발로 노동을 경감시키는 것으로 오는 것이 아니다. 결국 개별적인 사람의 됨됨이와 그 사람들의 두레공생적인 인간화로써만이 한 걸음씩 다가갈 수 있다. 지역두레야말로 공생농업 생명문화의 영원한 화두이자 그 열쇠인 것이다.

추기

일손과 두레 없는 오늘의 농촌에서 관행농은 물론, 선대의 공생농 지혜를 되살리는 길도 현실적으로는 기계화밖에 없다. 이영문의 이 농법도 바로 그 현실적 부름에 응했을 뿐 다른 의도는 전혀 없었음을 믿는다.

그런데 그 문제점에 관한 이 글이 발표될 경우, 본인의 순수한 의도에 큰 상처를 줄까 봐 걱정되었다. 그래서 이 글을 쓴 뒤 전화로 양해를 얻고자 이러저러한 문제점을 생각해 본 적이 있느냐고 물었다. 그는 "미처 생각해 본 적이 없다. 왜 그 문제점을 일찍 지적해 주지 지금 와서 하느냐"며 한마디 변명 없이 받아들일 만큼 솔직하고 말이 통하는 사람이었다. 그러나 보다 일찍 그 문제점이 지적되었다 해도, 이미 특허를 얻고 상당수의 기계가 보급된 이상, 문제는 이영문 개인이 해결할 수 있는 차원을 넘어섰다.

그 문제점을 기계 개발자 자신이 순수하게 받아들이고 대책을 걱정한다면, 우리 함께 두레로 그 문제를 고민하고 풀어가는 수밖에 없다는 필자의 제안에도 그는 두말 않고 기꺼이 동의했다.

자동차 굴뚝을 제 차 안으로

나도 자동차를 타고 다닌다. 이른바 유기농산물 직거래를 통해 새로운 도농(都農)지역공동체를 지향한다는 '대구 한살림'을 한답시고, 개인 승용차가 아니라 단체의 화물차이긴 하지만, 자동차를 굴리고 있다. 시골의 농장 일과 농산물을 실어오기 위해, 또 그것을 도시의 회원들에게 나누어주기 위해 한 주일에 나흘 정도 차를 굴리게 한다.

하긴 농산물을 자동차로 실어나르지 않으면 이 거대시장—도시생활은 불가능할 것이다. 자동차가 없다면 이 산업문명 자체가 불가능할 것이다. 이 산업 시장체제는 자동차 기술체제이고, 이 문명의 존속을 위해 자동차는 '필요악의 기술'이 된다.

그렇지만 이건 정도가 너무 지나치다고 느낄 때가 많다. 직접 운전하는 것도 아니고 다른 사람이 운전하는 차에 편승하는 데도, 나는 자동차를 타는 일이 힘들고 두렵다. 시골에 나가면 살 만하다가도 다시 돌아올 때 대구 근교 달성공단이 가까워지면, 벌써 매캐한 악취와 함께 두통이 시작된다. 시내에 들어와 그 많은 건널목들, 그 많은 자동차들의 정체 속에서 신호 대기중일 때는 완전히 녹초가 된다.

저마다 꽁무니에 온갖 독가스와 분진을 내뿜는 굴뚝을 달고 온 세상을 휩쓰는 자동차의 홍수, 자동차의 시위로 날새고 저무는 '자동차 공화국'에 한몫 끼여 살 수밖에 없는 나는 누구인가? 이것이 꿈속의 한때가 아닌 일상의 내 현실이란 걸 알아차리는 순간에, 나는 매우 혼란스러워진다. 이런 혼란에 빠질 때마다, 나는 오래 전에 신문 귀퉁이에서 읽은 어느 의사의 기사를 어김없이 떠올린다. 그 의사는 담배 공해와 담배 피는 사람의 부도덕성을 질타했고, 그래서 당연히 자기 집무실과 특히 자기 자동차 안에서의 끽연은 절대 용납하지 않는다고 엄포를 놓았다.

물론 담배는 공해다. 그러나 우리 인류 선대(先代)들로부터 물려받은 오랜 끽연 관습은 질타하면서도, 담배보다 몇천만 배나 더 심한 공기오염으로 사람들한테뿐만 아니라 생태계 전반에 해독을 끼치는 자동차의 독가스에 대해선 눈감는 그 몰염치와 몰도덕성은 어찌 생각해야 할 것인가? 그야말로 제 살 속에 박힌 작은 가시에는 발끈하면서도, 제 눈뿐만 아니라 뭇 사람의 눈앞을 가로막는 대들보는 외면하는 이런 속좁은 지식인·사회 지배층의 까막눈들을 단박에 뜨게 할 방도가 없을까? 이것이 내가 자동차를 탈 때마다, 특히 신호 대기중의 자동차들이 저마다 독가스를 퐁퐁 내뿜을 때마다 그 의사 선생의 글을 떠올리며 던지는 화두(話頭)였다.

그런데 어느 날 녹색평론사에서 김종철 발행인에게, 문제의 자동차 굴뚝 이야기를 꺼냈더니, 그는 조금도 주저하지 않고 자동차 굴뚝은 자동차 안으로 내는 것이 마땅하다고 했다. 그렇다. 개인 승용차로 개인이 누리는 어떤 혜택이 있다면, 그로 인해 발생하는 엄청난 공해의 일부라도 '수익자 부담 원칙'을 따르면 어떨까. 제 차가 뿜어낸 독가스를 스스로 회수하게끔 하는 한 가지 방법으로 자동차 굴뚝을 자동차 안으로 내게 하는 시민운동을 벌여봄직도 하다. 하지만 모두가 다 자동차를 가지고, 제나름대로 자동차 문화와 자동차 권력에 깊이 중독되어 있는데, 어느 누가 멀쩡한 정신으로 이런 시민운동에 참여하겠는가?

자동차 사고로 한 해 동안에 죽는 사람이 1만 명을 넘고, 부상당하는 사람은 기십만 명을 헤아린다고 한다. 만일 다른 사고, 예컨대 삼풍백화점이나 성수대교 같은 붕괴 사고는 물론이고, 설사 천재지변이라 해도 이같이 많은 사망자나 부상자가 발생한다면, 아마 어떤 철권정부(鐵券政府)라 해도 안보가 위태로워질 것이다. 그러나 대부분의 사람들은 자동차 사고를 모두 제 잘못 또는 제 운명 탓으로 돌리고 수익자 부담 원칙을 준수한다. 보험 따위에 가입하여 스스로 수습할 뿐, 자동차 문명 체제나 그 체제를 부양하는 정치권력과 정부 탓으로 생각하는 사람은 아무도 없는 것 같다.

개발 천국의 자동차 길 닦기

이 같은 자동차 문명에 대한 인간의 집단환각증은 공기 오염이나 인간의 양심 마비, 사고사(事故死) 증가로만 그치지 않는다. 그것은 우리 생명의 바탕인 땅의 파괴에도 주범 노릇을 한다. 이 나라 정부와 그 산하의 지방 정부들도 날새고 나면 벌이는 일이 '길 닦기'이다. 언론들도 국민들도 선진국에 비해 우리 땅의 낮은 도로 비율과 도로 정체 타령만으로 정부의 길 닦기 공약을 받아내는 데에만 모두가 열중했지, 길 닦기를 반대하는 국민은 한 사람도 없다. 설사 반대하는 소수가 있다 해도, 이들은 제 땅 내놓기 싫어 지역 발전에 반대하는 반(反)개발주의자로 낙인찍히는 바람에, 이런 집단 압력을 받아 결국은 길 닦는 데 땅을 내놓고 말지 길 닦기 자체를 중지시킬 수는 없다. 그래서 나도 지역 발전을 위한 도로의 확장·포장에 천 평이 넘는 내 농토를 억지로 내놓은 적이 있다.

70년대의 고속도로 신설로부터 시작된 각종 도로의 신설과 확장·포장은 이 나라를 이른바 '자동차 도로 공화국'으로 만들어 갔다. 들에는 농로(農路)라는 이름으로, 기존 도로는 확장과 포장으로, 그러고도 21세기 풍요(?)사회의 물동량(物動量)에 대비하기 위해 또 다시 4차선의 새 국도 공사가 들판을 가로질러, 방귀깨나 뀐다는 큰 문중(門中)의 종산(宗山)까지 처참하게 깔아뭉개면서 땅을 잠식해 들어가고 있다. 범접하기 어려운 태산 꼭대기 위에도 산불 진화용과 산림 관리용이라는 명목으로 임로(林路)를 끝없이 개설해 자동차를 통한 사람의 접근을 오히려 부추김으로써, 없던 산불을 잦게 하고 이 땅 생태계를 전천후로 유린해 가고 있다.

  최근 한 직업 골퍼에게 온 국민이 광기라고 할 수밖에 없는 관심과 집착을 쏟아부었다. 모(某) 텔레비전 방송국의 저녁 9시 뉴스는 그 선수의 골프 세계 제패로 온통 도배질하며, 그로 인한 경제적 파급효과는 막대한 액수의 외자 유치에 맞먹는다며 그 구체적 수치까지 늘어놓았다. 진보적 정론지로 자처해서, 나도 창간호부터 보고 있는 《한겨레신문》까지도 박찬호·박세리 등 일련의 스포츠 영웅들을 조작해내는 보도에선 다른 매체에 결코 뒤지지 않았다. 사태가 여기에 그쳤다면 온 국민이 스스로 열광했다기보다 본질적으로 상업주의에 얽매인 '언론의 선동에 국민들이 속아넘어갈 수밖에 없었다'고 자위(自慰)하고 말 수도 있겠다.

  그러나 대통령마저도 단지 직업 골퍼에 지나지 않는 한 선수에게 '국위를 선양한 애국자' 운운하는 것은 염려스러운 점이 적지 않다. 자칫 골프붐을 부추겨서 생태계 파괴의 주범 가운데 하나인 골프장 건설조차도 합리화시키는 구실로 작용하지 않을까 걱정된다. 아무리 대중의 인기에 얽매이지 않을 수 없는 정치인이라 해도 이것은 그린벨트

재조정 및 부분 해제와 함께, 현 정부의 수준 이하인 반생태 환경 의식을 반영하는 상징적 사건일 수 있다. IMF 이후 얼어붙은 부동산 시장 가운데서도 최근에 그린벨트에 대한 관심이 되살아나고, 앞 정부의 사실상의 금지 조치로 주춤했던 골프장 개발이 지역개발의 미명으로 다시 활기를 얻어가는 조짐을 보이는 것이 사실이다.

좁은 국토를 넓힌다는 간척사업도 영원한 생명 재생산의 산실이자 만인의 생명 터전이기도 한 개펄을 개인기업이 독점하고 그 후유증을 천추 만대에 넘겨주는 잘못을 저지르는 행위이다.

산지를 개간 농토로 만드는 것도 생태적으로는 결코 쉽게 받아들일 수 없는 문제인데 여기에다 식량자급률 20퍼센트 수준의 나라에서 반생태적 행위의 전형인 골프장 건설을 오히려 부추기다니? 게다가 최근에는 수입 곡물로 기른 소떼를 몰고 판문점을 시위하며 북한의 금강산 개발까지 넘보는 이른바 '개발 지상주의적 오만'이 북한의 식량 위기에 보탬이 되기는커녕 남북한 국토의 전면적 파괴를 앞당길까 두렵다.

지역공동체와 인간성 파괴의 주범, 자동차

자동차가 농지와 생태계를 파괴한다는 이야기가 골프장의 농지·생태 파괴의 문제로 잠시 빗나갔다. 그러나 넓은 초원이 남아도는 남의 땅의 신토불이 운동이 좁은 땅 산지 국가인 이 땅에도 때 아니게 창궐하게 된 배경도 자동차 상업주의가 몰고 온 자동차 문명의 연장·확대에 다름아니다. 자동차는 공기나 물, 땅 등 모든 생명의 기본 조건의 물리·화학적 파괴에만 그치지 않고 지역공동체와 인간의 정서, 영혼의 전 영역까지 그 파괴를 총체화한다.

우리의 전통 지역공동체인 '마을두레'가 결정적으로 해체된 것은 일제(日帝)에 의하여 화폐경제가 농촌을 지배하면서, 모든 노동이 돈으로 따져지기 시작할 때부터이다. 이처럼 모든 문제를 두레보다는 돈으로 해결하는 것이 더 편리하다는 관행이 마을두레를 해체시킨 것이 사실이지만, 그 나름대로 남아 있던 지역공동체가 지금처럼 산산이 해체된 것이 단지 돈 탓만은 아니다.

80년대까지만 해도 내 고향 창녕의 14개 읍면에는 모두 저마다의 작은 지역시장(地域市場)이 있었다. 물론 시장 자체가 태생적으로 외부 의존적이긴 해도 지역시장의 존재는 지역공동체의 기반인 지역경제가 완전히 외부로 빠져 나가지 않고 어느 정도 지역 안에서 순환하는 근거가 되었다. 그러나 유통되는 물량 규모가 훨씬 커졌음에도 불구하고 80년대 말부터는 지역시장이 급격히 사라졌다. 지금은 군·읍 소재지인 창녕과 남지읍의 두 시장만 남았다. 농촌에 자동차 보급률이 늘어나던 때에 맞추어 생긴 일이다.

농촌 사람들이 개인적으로 자동차를 소유하게 되면서 지역시장 대신에 상대적으로 큰 읍소재지의 시장을 선호하게 되었고, 이들보다 더 소득이 집중되어 있는 읍소재지 주민들은 또 이보다 더 큰 대구나 마산에 있는 시장에 더욱 의존하게 되었다. 이런 추세라면 두 개의 나머지 지역시장도 머지않아 하나는 대구로, 하나는 마산으로 해체·통합될 것이다.

개인의 자동차 소유는 또 '농지의 지역화'도 완전히 해체시켰다. 과거에는 농지를 그 농지 소재지의 반경 1킬로미터 안팎의 지역주민들이 소유하였다. 그러나 자동차의 개인 소유가 대중화되면서 지역토지는 지역주민들보다는 전국에 흩어진 외지인들이 소유하는 경우가 더 많아지는 추세이다. 지역시장이 사라지고 지역토지가 국내 외지인의 소유가 되는데 그치지 않을 것이다. 외자 유치에 몰두한 정부가 국내 토지에 대한 외국인 소유를 제한하기는커녕 오히려 특혜를 준다면, 지역공동체는 고사하고 국가공동체마저 스스로 포기하는 셈이 될 것이다. 이는 오로지 세계시장에 우리의 생명을 내맡기는 반생명(反生命)·반공생(反共生)의 길을 스스로 불러들이는 것이다. 그런데도 IMF를 극복하고 한때의 경제적 거품과 풍요를 되돌려주겠다는 이런 반생명적인 공약에 우리는 모두 꿀 먹은 벙어리가 되어 있다.

지난날 우리가 누렸던 한때의 풍요를 설사 되돌려받는다 한들, 그게 지역이나 국가공동체를 파괴하고, 심지어 가족공동체까지 포기할 만큼 가치있고 소중한 것일까? 내 경우에 명절이나 부모님과 처의 기제사(忌祭祀) 때는 마산·부산·대구 등지에 흩어진 네 형제와 딸린 자식들이 고향 본가에 모인다. 모처럼 모인 반가움 탓인지, 아니면 먹고살 만해도 고향이라는 지역공동체를 잃고 사는 도시 생활의 외로움 탓인지는 몰라도, 형제들은 남의 이야기를 경청하기보다 저마다 자기 이야기에만 목청을 높인다. 그러다가 제사가 끝나자마자 제삿밥만 한 술 뜨고 나면 저마다 바로 제 가족들을 자동차에 태우고 서둘러 한꺼번에 길을 떠난다. 명절 제사 때와는 달리 기제사가 끝나면 한밤중인데도 자동차로 30분 내지 한 시간 거리인 도시의 제 집으로 돌아가는 쪽이 출근에 편하다며 떠나는 통에 형제가 모처럼 한집에서 밤새 이야기를 나누고 잠잘 기회조차 없어졌다.

대중 교통을 이용하던 시절, 명절 귀성길의 버스 정류장과 그 정류장에서 고향집까지 가는 시골길은 고향 친구나 친지를 수없이 해후(邂逅)하는 반가운 기회였고 아름다운 공간이었다. 그러나 모든 사람들이 자기 승용차를 이용하면서부터 이런 아름다운 해후도 옛말이 되었다. 자동차의 속도로 달려가기 때문에 서로 알아볼 수도 없고, 설사 한쪽이 알아봤다 해도 바쁘고 성가시니까 못 본 채 그냥 스쳐 지나가기 일쑤다. 아무리 친한 사이라도 사람 사이에는 고운 정만 있는 게 아니고 때로는 미운 정이 더 많기 마련 아닌가.

만나서 반갑지 않은 사람도 자주 만나다 보면 하다못해 미운 정이라도 들기 마련이다. 그래서 싫어도 자주 만나지 않을 수 없었던 전통적인 마을사회는 끈끈한 마을공동체 두레를 이룰 수 있었던 것이다. 그런데 자동차의 속도와 권위는 모든 인간관계를 스침과 상하의 관계로 단절시키고 만남과 여유와 머무름을 거부함으로써 모든 공동체적 덕목을 뿌리부터 파괴한다.

자동차로 말미암아 인간관계가 이렇게 뒤틀어지는데 인간과 자연의 관계는 말해서 무엇하랴? 자동차 밖의 자연은 그야말로 주차간산(走車看山)의 소외관계이고, 자동차의 접근을 가로막는 모든 자연은 단지 개발과 공격의 대상일 뿐이다. 그래서 자동차 기술은 자연과 인간, 공동체와 개인, 지역과 인간의 관계를 파괴하고 마침내 개인의 내면까지도 해체시키는 악마의 기술로 남는다.

생활 속의 환경보전

모든 생명은 환경의 소산이기 때문에 그 지배를 받는다. 동시에 모든 생명은 환경에 제약받고 적응만 하는 것이 아니고, 그 환경을 주체적으로 극복하거나 오늘의 인간처럼 그것을 일시적으로 지배하기도 한다.

그러나 한 생명의 환경지배란 다른 생명의 위축 내지 멸종을 초래하기도 한다. 개별 생명들은 다른 생명에 의존하는 먹이사슬 관계에서 벗어날 수 없기 때문에, 한 생명의 멸종은 그에 의존하는 다른 생명의 존속도 불가능하게 한다. 따라서 한 생명인 사람의 환경 지배도 일시적인 것이지 영구적인 것일 수가 없다. 중생대의 이 지구 대륙을 지배하던 거대 몸집의 공룡이 자기 생존을 위해 다른 생명의 먹이를 독점함으로써 스스로도 멸종할 수밖에 없었던 것 등의 생명진화 역사가 그 대표적인 증명이다.

우리의 일상생활은, 환경이 무한하고 그것을 극복함으로써 생활이 넉넉해질 수 있다는 근대적 공업기술 문명의 개발·성장 패러다임에 깊이 중독되어 있다. 근대화·공업화가 본격적으로 가동되던 70년대만 해도 이로 인한 환경악화를 걱정하는 소수의 목소리는 이 땅의 정치지도자란 사람들로부터 "그따위 배부른 잠꼬대를 할 때가 아니다"는 퉁방을 맞기 일쑤였다. 그러고는 머지않아 주민을 집단 이주시키지 않으면 안 될 울산의 온산공단처럼 일본이나 기타 선진공업국에서 내버리는 공해산업을 유치하기에 급급했었다.

그러나 그로부터 불과 20년이 채 안 되어 그 공해산업공단뿐만 아니라 온 세상의 모든 물과 땅, 공기 등의 심각한 오염파괴는 우리의 지속적 생존 자체를 위협하며 인류공통의 재앙으로 다가온 것이다. 이제 그것은 국지적 문제가 아니라 온 지구적, 우주적 문제로 떠올랐다. 나날이 엄습해 오는 이 환경재앙으로부터 과연 누가 자유로울 수 있겠는가? 이제는 공업화를 잘하여 물질적인 풍요를 얼마나 누리느냐보다 누가 환경을 더 잘 보존하여 쾌적한 삶을 누리느냐 하는 삶의 질의 문제, 지속적으로 사람이 살아남을 수 있는가 하는 생존문제로 인류문명의 과제가 옮겨지고 있다. 이제 환경보전은 개인의 선택과 기호문제가 아니라 생존문제요, 당위의 과제가 된 것이다.

생활 속의 환경보전이라 하면 흔히 사람들은 쓰레기를 정해진 곳에 정해진 방식대로 분리 배출하거나 재활용하여 주변을 깨끗이 하는 것, 합성세제 대신 비누를 쓰는 것, 수도와 전기를 아껴 쓰는 것 정도로 알고 있다. 물론 이것도 중요하고 기본적이다.

그러나 쓰레기를 분리 배출한다고 쓰레기가 쓰레기 안 되는 것도 아니고, 재활용도 한두 번이지 영원히 재활용할 수 있는 것이 아니다. 그러므로 진정한 생활 속의 환경보전이란 그 분리 배출이나 재활용 수준을 넘어, 쓰레기 자체를 아예 만들지 않는 생활로 삶과 문명의 패러다임을 바꾸는 것이다.

사람들은 분해되는데 오래 걸리는 합성세제 대신 비누를 쓰는 것으로 환경보전에 일조하는 줄로 안다. 하지만 비누도 가성소다 등 화학물질의 배합으로 만드는 만큼, 그 원료가 딱히 천연세제라 하기도 어렵고 설사 천연원료인 유기물이라 해도 그 역시 총량과 농도가 많을 때는 물을 부영양화시켜 수질을 악화시키므로 합성세제와 다를 바 없다. 수질보전의 진정한 길은 제대로 입지 않는 옷을 거의 매일 벗어던지는 빨래관습, 목욕관습, 부엌일 세척관습 등을 획기적으로 줄여 물을 아끼는 방법뿐이다.

내가 태어나 자란 고향 마을은 70여 호가 사는 자연부락인데 전에는 동네우물 서너 개로 5백여 주민들이 쓰고 살았다. 그런데 72년 8킬로미터 인근의 부곡에 온천장이 개발된 이후 동네 우물은 물론 사시사철 물이 넘쳐 흘러 마을 앞들의 농업용수에 큰 몫을 했던 그 유명한 '한샘이'까지 말라 버렸다(설사 우물이 안 말랐다 해도 지금은 논밭에 뿌린 농약 오염으로 먹지는 못하겠지만). 그래서 지금은 거의 집집마다 아니면 두세 집이 공동으로 지하공을 뚫어 전기모터를 장치한 간이 상수도를 사용한다. 마을 주민은 옛날보다 3분의 1 이상 줄었지만, 줄어든 사람 대신 늘어난 다두가축사육, 입식부엌의 대량물소비 구조, 변화된 세탁관습 때문에 처음의 지하수공 깊이 70미터 정도가 1백, 2백, 3백 미터로 점점 깊이 뚫기 경쟁이 집집마다 벌어지고 있다.

옛날에는 바가지나 두레박으로 물동이에 퍼담아 이고 지고 와서 씀으로써 아끼지 않을 수 없던 물을 이제는 주방에, 변소에, 욕실에, 세탁기에, 축사에 원터치 수도로 끌어들여 마치 작은 개울처럼 집집마다 흘려서 낭비하고 있으니 이 집에서 물을 많이 쓰면 저 집 물이 모자랄 수밖에 없지 않은가? 문제는 지하수도 저절로 생성되는 것이 아니고 지상수의 침투순환으로 만들어지는 것이므로 결코 무한할 수 없다는 점이다. 지하수 남용경쟁으로도 물을 영원히 독점 낭비할 수 없으므로, 이 악순환 경쟁을 푸는 대안은 역시 '아껴쓰는 것'뿐이다. 하지만 이 편리한 첨단기술 시대의 낭비생활에 빠진 사람들 가운데 과연 몇 사람이 이를 스스로 실천하겠는가? 유일한 대안은 지하수도 공동관리하여 그 사용료를 파격적으로 인상하는 방법뿐이다.

쓰레기도 원천적으로 줄이자면 지금처럼 시·군에서 쓰레기를 수거해 가지 말고 각자의 쓰레기를 각자가 처리하게 하는 수용자 부담 원칙밖에 없다. 물론 그렇게 되면 청소차가 들어오지 않는 지금의 시골처럼 쓰레기를 앞개울이나 뒷산 계곡이나 숲에 몰래 버리는 쓰레기 대란이 올 것이다. 그러나 당장 내 눈앞에 안 보이게 갖다 묻고 있지만, 이제 더 이상 확보 불가능한 쓰레기 매립장도, 앞내와 뒷산에 몰래 방치한 쓰레기도, 결국은 온 산하의 수질과 땅을 오염시켜 자기 생명을 위협한다는 사실을 각성시켜야 한다. 그럼으로써 자율적인 주민상호 감시체제가 생겨 스스로 살아남기 위한 생활방식으로 일대 전환하지 않는 한 항구적 쓰레기 대책은 어디에도 없다.

작년 여름, 컵라면의 1회용 용기에서 '환경호르몬'이 검출된다는 환경단체의 주장을 TV와 신문이 크게 보도한 적이 있다. 환경호르몬이 어떤 물질인가? 지금까지 공개되어 규제되고 있는 것만으로도 다이옥신 성분이 들어 있는 제초제 등의 농약과 낙동강 수질오염사건의 페놀 등 유기 화합물질(류)의 제품이나 그 폐기물 2백10종에서 나오는 내분비교란물질이다. '환경호르몬'은 체내에서 여성호르몬처럼 내분비를 교란하여 수컷을 암컷화시킴으로써 종의 소멸까지 초래할 무서운 화학물질이다. 일본 도쿄 근교에서 실시한 남성정자수 검사에서 40대 전후 남성의 평균 정자수가 ㎖당 8천4백만 개인데 견주어 태어날 때부터 환경호르몬에 포위된 세대라 할 20대는 4천6백만 개로 절반밖에 안 된다는 놀라운 사실이 밝혀졌다. 일본이 잘산다지만 잘살면 무엇하나? 일찍이 서양과학 문명을 맹목적으로 추종해서 물질적으로는 풍요를 누리고 있는지 몰라도 그대로 가다가는 머지않아 중생대의 공룡처럼 씨종자가 사라질 판인데.

일찍부터 이런 미래를 예견하고 있던 생태 환경인들은 1회용 용기는 물론, 식품 생산유통에 관계되는 농약, 비닐, 화학식품첨가물 등을 쓰지 말자고 지속적으로 활동해 왔지만, 언론도, 시민도, 특히 그것을 생산 판매하는 기업들이 이를 수용할 리 없었다. 뒤늦은 보도지만 이제라도 경각심을 불러일으킨 것이 다행 아닌가? 하지만 우리 국민의 건망증인지 단번에 끓고 식는 냄비기질 탓인지 보도 당시만 반짝 관심을 보이다가 다시 까맣게 잊고 연일 계속되는 정치권력들의 밥그릇 독점 싸움에 지속적 관심을 보이는 것 같다.

　보다 편하게, 보다 빠르게, 보다 부자가 되려는 결코 충족될 수 없는 인간의 탐욕은 잘사는 길이 아니고 죽음을 재촉하는 길이다. 이것을 부추기는 정치권력, 경제문화 가치는 환경 생태계가 무한하다는 허구에 토대한 거짓 가치들이다. 이 같은 물량소유 제일주의의 서양적 가치관을, 더불어 사는 공생농두레사상과 자연 속에서 안빈낙도하던 동양적 가치관의 생활로 전환하지 않고서는 우리가 자식들에게 물려줄 미래(유산)는 아무것도 없을 것이다.

5

자립자치의 삶으로 가는 길

자치 전인교육은 지역자립두레와 함께

일제 때는 중학교의 제복과 학생모가 모든 젊은이들에게 선망의 대상이었고, 60년대까지만 해도 대학의 배지를 무슨 훈장처럼 달고 거리를 활보한 적이 있었다. 그러나 지금은 대학출신만도 매년 이십만 명이 넘게 쏟아져 나올 만큼 교육이 양적으로 팽창했다.

그런데도 사람들은 하나같이 교육을 걱정하고 교육이 문제라고 한다. 하기야 이 세상에 교육 아니라도 문제 아닌 것이 어디 하나라도 있기나 한가?

세상에 농산물이 지천으로 쏟아지고 있는데도, 바로 그 때문에 농업과 농촌, 농민에게는 문제가 오히려 더 심각해지고 스스로 좋다고 몰려드는 도시에도 주거문제, 교통문제, 환경문제, 복지문제 등 그 양적 팽창만큼이나 문제도 가속적으로 팽창하고 있다.

문제들이 합종연횡적으로 문제를 확대 재생산하다 보니, 무슨 문제를 어떻게 진단하고 대처해야 할지 도저히 갈피를 잡을 수조차 없게 되었다. 그러나 이 지면에 주어진 화두인 교육문제부터 이야기를 시작해 보자.

지금의 우리 교육에 무엇이 문제인가

교육문제라면 먼저 입시지옥을 떠올린다. 그 입시지옥의 통과의례는 대충 다음과 같다.

정규학교의 정규수업이란 온통 상급학교 진학에 출제되는 교과목과 그 중에서도 입시 배점비율이 높은 교과목 위주의 거듭된 암기 반복학습으로 채워진다. 그것만으로는 다른 학교와의 입시경쟁에서 부족하다고 생각하는 당국과 학부모들에 의해, 그 연장인 보충수업과 자율학습을 통해 학교단위의 경쟁학습이 이루어지는 게 학교 교육의 전부다. 게다가 학교 안에서 하는 입시교육으로서는 자식을 일등 일류 학교에 보내는데 불안해하는 학부모들에 의해 가정 단위의 과외학습이 또 연장된다. 이것이 보편화되자 또 자기 자식만 일류 일등을 만들기 위한 가진 자들의 특별과외로 고액과외, 족집게과외 등으로 번진다. 그것을 또다시 흉내내고자 하는 보통 학부모들의 끝없는 출혈경쟁, 그러고도 일등 하나 말고는 모두가 패배자가 되는 끝없는 자기 소모……. 이것이 오늘의 우리 교육을 입시지옥으로밖에 표현할 수 없는 실상의 요약이다.

나는 대학졸업 바로 뒤에 농사를 지으러 고향에 돌아갔으나 그때나 지금이나 보통 농사로 농사 지을 땅을 사기는 영 가망이 없어 보여 잠시 외도를 한 적이 있었다. 그것은 60년대 말과 70년대 초에 고향의 중고등학교에서 선생을 한 것인데, 70년대 초에 이미 그 면소재지 시골 중학까지 보충수업을 하고 있었다. 그래서 마지못해 들어간 보충수업이었는데, 그 수당을 받고서 나는 말할 수 없는 심란함을 느껴야 했다. 수업에 들어간 교사보다 한 시간의 수업도 안 한 교감과 교장의 수당이 두 배 이상 많았고, 심지어 서무실 서기도 교사와 동일한 수당을,

주사가 교감과 같이 교사보다 거의 곱절 많은 수당을 받고 있었다. 초년병 교사인 내가 이의를 제기하자 교감, 교장은 보충수업 관리책임자로서 서무실 직원은 보충수업비 금전수납과 지출의 노고대가로 당연히 그 수당을 받아야 한다고 했다. 그 말이 그럴듯하기도 했고, 또 학교도 나름대로의 지배공동체라면 무엇이든 나누는 것이 공동체의 덕목이지 악덕은 아니겠다는 생각에 수용할 수밖에 없었다.

그러나 이 보충수업을 받는 학생들의 입장에서는 기가 막힌 일이다. 내 고향의 모교이기도 했던 그 시골중학교의 교육목표(?)는 지방 명문고인 마산고등학교에 몇 명을 진학시키느냐에 달렸다 해도 과언이 아닐 만큼 명문고 입시위주 교육이었다. 그러나 마산고 진학은 일 년에 고작 두세 명이었다. 그 두세 명을 일류고교에 보내기 위해 몇백 명의 나머지 학생들은 농촌의 그 땀과 눈물 젖은 부모들의 돈을 갖다바치는 들러리 꼴이었다. 그리고 농촌 학부모에 비하면 너무 잘 먹고 잘사는 교장, 교감, 교사, 서무행정 직원들의 주머니나 더 불려주는 것이 교육현실이었다.

내 조카들과 내 친구의 아이들인 학생들이 그 부모들처럼 먹이사슬의 밑바닥에서 당하는데 나는 비록 말단이지만 그 상층에 끼여 월급을 타고 그 돈으로 땅을 사야 한다니⋯⋯. 나는 그때 중학무시험 입학으로 절반 가까이가 한글도 깨우치지 못한 채 영어학습이란 고문까지 받는 그 가련한 후배들에게 연민을 넘어 미움까지 생겼다. 이런 심란함을 어리석게도 나는 학생들에게 매질까지 불사하며 한글이나마 읽게 해주는 것으로 달래려고 했다. 그 들러리 아이들이 일류인생에는 당연히 실패했지만 농사꾼, 장사꾼, 전기기술자, 철공소 등 심지어는 월급 없는 언론사의 사이비기자 등으로 이 경쟁사회에 한몫 끼여 그 나름대로 살아가고 있으니 이것도 그 들러리 교육 덕택일까?

또 다른 지금의 교육문제는 교육이데올로기인 것 같다. 어느 시대 어떤 제도교육도 그 체제의 이데올로기로부터 결코 자유로울 수는 없었다. 사회주의는 사회주의대로 시장주의 제도교육은 그것대로 각각의 이데올로기의 유지 확대에 종속될 수밖에 없다.

우리는 특히 현실사회주의의 실패 뒤에 지금의 시장 이데올로기를 의심과 선택의 여지 없는 최선의 체제로 수용하고 있다. 농민은 자신의 가업을 자식대에 물리지 않고 시장체제의 일류인생으로 신분상승시키기 위한 자식의 상급학교 진학과 땅값 오르는 재미로 산다. 노동자는 자식을 근육 노동자 아닌 일류회사의 관리직이나 사장을 만들기 위한 일류학교 진학에 거의 온가족의 목숨을 매달다시피 한다. 현재의 일류인생들도 그 일류를 자식대까지 유지 확대하기 위한 그 나름의 특별과외를 마다않는다.

그 경쟁의 출발점이 달라 결과가 뻔한데도 이렇게 각 계층과 계급이 저마다 일류인생으로의 신분상승을 위해 피나는 노력을 한다. 그러면서도 거의 모든 사람들이 스스로는 시장경쟁체제를 기꺼이 또는 마지못해 수용하면서도 교육의 경쟁을 나무라고 전인교육에 대한 말들만 요란하게 한다. 그러나 아무도 전인교육을 위해 그 입시지옥 이데올로기 제도교육으로부터의 단절을 선언하고 실지로 제 아이를 학교에 안 보내는 사람은 없다.

지금의 대안교육운동은 궁극적 대안인가

사람들은 누구나 자기의 관심과 관련분야에서 문제를 제기하고 그 대안을 모색하기 마련이다. 그래서 교육문제에 직접 시달리거나 관심이 많은 사람들은 이 경쟁사회의 모순을 교육문제로부터 푸는 것이 첩경이라고 말한다. 그런 사람들이 대안교육을 고민하며 그 길을 암중모색하고 있다.

그러나 그 진전은 더디어서 아직도 논의 단계에 있거나 어렵게 출발한 몇몇 대안학교도 지역에 뿌리박아 지역 자립자치에 일조하는 명실상부의 지역자치학교로 자리잡지 못하고 있다. 아직은 전국 각지에서 제도교육에 불만을 품은 학부모들의 자기위안처 수준이거나 전단계의 제도교육에 찌든 아이들의 심신을 잠시 풀어주는 자연경관 위주의 지역선택 수준을 넘지 못하는 것 같다. 제도교육에 대한 무조건적인 불만으로, 깊은 배려 없이 먼 지역의 대안학교에 아이들을 보낸 농촌 학부모들 중에는 먼길 유학에 따르는 만만찮은 기숙사비와 학비, 수업료의 부담으로 이미 반지역적인 대안교육에 실망스러워하기도 한다. 남이 하면 제도교육이고 내가 하면 대안교육인 것은 아니다.

아직 당국의 학력인증을 받지 못한 대안학교들은 당국의 학력인증이 당면과제인 듯하고, 이미 오래 전에 출발해서 당국의 학력인증도 받은 어떤 대안학교는 최근의 대안교육에 대한 사회적 관심과 각 언론매체들의 경쟁적 보도로 시류를 탔는지 정원미달이던 그곳이 치열한 경쟁입시를 치르게 됐다고 한다.

입시경쟁으로부터 벗어나서 농업 중심의 지역 자립자치 교육기관이 되고자 했던 대안학교도 정원제와 학력을 당국으로부터 인증받는 제도교육기관이 되는 그 순간부터 그것은 정원미달이 아니면 초과로 경쟁을 치르지 않으면 안 되는 모순을 안게 된다. 정원초과로 인한 경쟁입시는 각 지역에 대안학교를 많이 세우면 해결될 수도 있다. 그러나 당국으로부터의 학력인증은 당국의 이데올로기의 통제와 지배로부터 결코 완전히 자유로울 수 없을 것이다. 설사 당국의 아무 간섭 없는 자유학교라 해도 지금과 같이 지역 주민의 주체적 참여 없이 특정 소수인에 의해 주도되는 대안학교는 그 설립자의 특정교육이념으로부터 자유롭지 못한 또 다른 제도학교가 되기 쉽다.

나 역시 제도교육에 대한 거부감이 결코 적은 것은 아니었지만, 그러나 지금의 물량추구 경쟁사회에 휩쓸리는 주민의식 수준을 보고 감히 대안교육을 위한 섣부른 발설은 삼가할 수밖에 없었다. 제도교육에 대한 진정한 대안교육은 탈학교 지역두레 삶의 현장교육밖에 달리 없다고 확신하기 때문이다. 학교라는 제도가 있는 한, 그것은 또 하나의 체제이기 때문이다.

자고로 학교라는 이름의 독립된 제도가 있는 한, 그것은 이데올로기 생산과 재생산의 산실 구실을 안 한 적이 없었고, 신분상승이란 경쟁의 도구가 안 된 것이 일찍이 하나라도 있기나 했던가? 우리 전통 농업사회의 서원, 향교, 서당 등의 공사설 교육기관도 역시 과거급제를 통한 신분상승이나 대중지배를 위한 이데올로기 산실로 기능했지 언제 주민 속에서 주민에 의해 주민을 위한 자립자치 교육을 한 적이 있었던가?

전인적 자치교육은 탈학교 지역자립두레로

전통시대의 서당이나 향교, 서원 등이 양반, 귀족, 관료나 그 퇴물들의 전유물이었기에 그 근방에도 갈 수 없던 대다수의 마을두레 주민들은 글자 하나 모르고서도 농사만은 잘 지었다. 먹고살 것을 직접 짓고서도 전통두레가 가난했다면, 그것은 농사 안 짓고 글로써 먹고 사는 양반, 귀족, 관료들에 속아 뺏겨서일 것이고, 지금의 상대적 가난도 이 생명 파괴적인 기술을 축적할 글이 짧았기 때문이다. 따라서 글과 기술을 전수하는 학교라는 틀은 처음부터 지금까지 수탈과 파괴의 도구였거나 기껏 그 방어용 구실밖에는 보편적 가치가 없는 이데올로기가 된다.

글방에 갈 수 없는 두레주민들이 글자나 공자, 주자의 아리송한 사상에 관한 한 무지했을지는 몰라도 정말 그들이 아무것도 안 배우고 모르는 무지렁이였던 것은 아니다. 그들은 당대의 중심산업이고 그래서 또 첨단산업이기도 했던 농사에 관한 한 어느 시대 그 누구보다 지혜로운 선지자였다. 그 지혜는 자신의 개인적 경험의 축적이기도 했지만 그보다는 선대와 당대의 마을사람들이 함께 어울려 일하고 놀고 살아가는 두레의 탈학교 자치교육 덕택이었다.

흔히 전통두레는 일 많은 농사를 위한 자생적 공동노동 조직으로만 이해되고 있다. 물론 두레는 고된 농사일을 두레풍물이나 노동요 등 정서적, 문화적 자기표현과 통일시켜 일을 놀이화·효율화하는 탁월한 협동노동조직이었다.

그러나 두레의 풍물은 일을 공동놀이화하여 그 효율성을 극대화시키는 실용적 기능에만 머물지 않고, 당대의 풍농사상을 기원하는 마을의 의식굿과 놀이굿, 두레굿 등을 주도하는 핵심기능을 맡기도 했다. 오늘날 상업적으로 성공하고 전통문화의 창조적 계승에도 일정한 역할을 하고 있는 사물놀이가 남사당의 후예에 의해 주도되다 보니, 그것의 기원이 마치 남사당 농악인 것처럼 인식되어 있으나, 그 남사당 농악조차 두레이탈자나 두레해체기의 두레연희풍물에 그 뿌리를 두고 있다.

또한 두레는 두레굿, 마을의식굿, 놀이굿 등의 농업문화를 주도하는 기능뿐 아니라 마을공동의 대소사를 토의하고 결의하는 직접민주주의

의회기능과 함께 그것을 집행하는 자치기능도 갖추었다. 동시에 그것은 두레적 삶에 필요한 모든 지혜를 두레적으로 전수하고 전수받는 탁월한 의미에서의 교육기관이기도 하다. 사람들은 두레에 글방도 향교도 없었다면서 무슨 교육이냐고 할지 모르지만 두레교육은 그런 제도로서의 학교교육이 아니라 탈학교 두레삶의 현장교육을 뜻한다.

두레 속의 사람들은 탁상 위에서 짓는 농사와는 비교할 수 없이 생생한 현장실험 교육을 받는다. 이들은 변화무상한 농작물이란 생명을 직접 가꾸는 지혜를 두레라는 비제도적 공동체의 삶 가운데서 참으로 체계적, 합리적으로 전수받고 교수하며 살았다. 흔히 도시생활에 지치거나 시장경쟁에서 실패한 사람들이 "촌에 가서 농사나 지을까" 하는데, 농사를 무엇에 실패하거나 아무것도 모르는 무지렁이나 무능력자의 소일거리로 생각하면 그것은 대단한 착각이다. 실제 농사는 농업연구기관의 실험실이나 연구실의 실험은 아니기 때문에 오늘의 분업화된 전문지식은 아무짝에도 쓸모없는 생명에 대한 외경과 전인격적인 사랑을 요구한다. 이른바 전문기관들이 쓸모있다고 막대한 돈을 들여 내놓은 성과들, 예컨대 다수확 신품종들, 요즘 미래의 식량대란에 대비한다며 내놓고 있는 유전자 조작 농산물들을 내놓으면 내놓을수록 오히려 농업공동체는 시장 경쟁력 과열로 더 가난해지고 더 파괴된다.

옛 두레의 농사꾼들은 태어나서부터 몇천 년 축적된 선대의 농사 지혜를 전수받고, 20년 이상 실제 농사의 현장에서 축적한 자신의 농사 경험과 두레구성원 전부의 지혜를 한데 모아 전인격적, 공동체적으로 농사를 짓는 것이지 아무렇게나 제멋대로 짓는 법은 없었다. 오늘의 농사가 상업농·경쟁농이다 보니 실험실의 농사나 고학력의 제도교육이 남보다 앞선 정보나 상업작목 선택과 판매에 혹시 유용할지 모르나 실제 농사일에 관한 한 오히려 장애가 된다. 그래서 우리의 <공생농

두레농장>에서 일하는 고학력의 두레꾼들도 나에게 질책을 받으면서도 농사일에 관한 한 '왕초보'임을 스스로 자인하고 있다.

두레 속의 어린이는 지금처럼 무슨 교육기관이란 틀 속에 격리 수용되는 대신, 두 발로 걸음마를 할 때부터 할아버지와 할머니와 부모, 형제들과 함께 논밭에 나가 농사일을 보고 접하면서 성장한다. 이런 농사 교육 과정으로서의 어린 시절을 지나 16세가 되면 마을두레의 정식 구성원이 되어 어른들과 같은 일을 하며 마을의 여러 의례와 놀이에 동등하게 참여해 문화적 전인성을 획득해 간다.

오늘의 삶의 특징은 내가 살 집도 전문 건축업자에게, 입을 옷은 섬유공업자에게, 정서적 카타르시스는 전문 예술가나 광대집단에게, 교육도 교육전문가에게, 먹거리는 농민이나 식품 가공유통업자에게 그 밖에 필요한 생활용구는 또 그 방면의 전문생산업자에게 전적으로 의존함으로써 전인성을 갈가리 분해당하는 비자립·비주체적인 소외의 삶이다. 이에 견주어 두레적 삶은 일과 놀이와 의례와 교육을 하나로 통일하는 문화적 전인성뿐만 아니라 무엇에든 스스로 참여하여 두레적으로 자급자족하는 삶의 자립자치적 완전성이 그 특징이다.

예컨대 자기 집을 지을 때 스스로 나무 다루는 일이 서툴다면 두레 구성원 중 그 방면의 솜씨꾼이 대신해 준다 해도 그 나무를 옮기거나 다루기 좋게 잡아주는 일로써 제 몫을 찾는다. 서툰 왕토일을 다른 두레원이 해줄 경우라도 흙을 이기고 날라다주는 뚝심 하나만으로도 그 일로부터 소외당하는 법이 없다. 베짜고 옷 짓는 일이 설사 섬세한 아녀자의 몫이었다 치더라도, 그 원료인 목화와 삼농사에서는 남정네의 역할이 더 클 수도 있다.

그러나 이런 비분업적, 비전문적 전인성은 전통 농업사회적 가난을 담보한 덕목으로 지금과 같이 공업화, 전문화된 시대의 사람들에게는 쉽게 수용되기 어려울 것이다. 물론 우리는 전통농업두레 사회로 복귀해서도 안 되고 하려야 할 수도 없다. 공업화는 이미 돌이킬 수 없는 대세이고, 공업화와 동시에 시장의 세계화라는 이 거대한 수렁으로부터 빠져 나오는 일은 결코 쉬운 일일 수가 없다.

그렇다고 먹는 농사는 다국적 곡물기업에게, 옷은 섬유기업과 패션디자이너에게, 집은 건축업자에게, 교육은 세계화의 단일시장 가치만을 강요하는 교육장사들에게, 심지어 개인적 정서의 배설까지 천문학적 수입으로 오늘의 최고 신분으로 상승한 광대들로부터 통제당하는 지금의 소외적 삶에 아무 저항 없이 안주할 수 있다면 모르되 그렇지 않다면 이 수렁을 헤치고 빠져나갈 궁리를 하지 않으면 안 된다. 공업화는 생명환경 파괴와 그 시장화이고, 세계의 시장화는 생태적으로 지속불가능한 죽음의 수렁이라면 그 속에서 붙잡고 헤쳐나올 수 있는 유일한 지푸라기는 삶의 지역두레화밖에 없다.

전통두레가 농업문화중심의 자연발생적 마을두레였다면, 거기서 배운 오늘의 두레는 공업문명과 시장의 파괴성과 그 한계를 스스로 깨달은 사람이 의지적, 입지적으로 일구는 공생농업 중심의 지역자립두레다. 공업집중, 시장집중, 중앙집중, 정보집중, 세계집중화로 인한 삶의 종착점은 끝없는 파괴와 경쟁, 소외와 죽음의 수렁이다. 그러므로 토지의 지역두레화, 노동의 지역화, 신용의 지역화를 통한 지역자립 공동체의 건설없이, 제도적이고 요식적인 현재의 토호주도 중앙종속적 지방자치로는 진정한 주민자치 민주주의도 교육자치도 있을 수 없는 환상이다. 그럼에도 사람들은 도리어 우리의 지역두레화를 못 이룰 환상이라 외면한다.

스스로 참여해야 할 모든 삶의 영위들을 모두 전문가들에게 맡겨놓고, 필요한 모든 것들을 오로지 시장에 의존하며, 무엇엔가 길들여진

삶을 안주(安住)로 착각하는 타율적인 노예에게는 그것이 환상일지 모른다. 그러나 상호의존 속에서도 스스로 자급자족을 책임지는 삶을 선택하는 자립자치의 두레인에게 지역자립화는 피할 수도 거역할 수도 없는 유일한 삶의 대안이고 현실일 뿐이다.

우리의 지자제는 전통두레의 창조적 재건으로

지자제가 하나의 제도로서 정착되고 독점적 중앙권력을 야권들이 지역적으로 할거 분점하게만 되면, 과연 이 땅은 저절로 신명나는 살판이 될 것인가?

5·16 쿠데타로 강탈당한, 민주당 시절의 면의원까지 선출했던 과거의 지자제는 너무도 순간적인 경험이었기에 논외로 치자. 그러나 지난 4년여 간의 지방의회 경험은 우리에게 군·시·도의원의 존재 이유를 알리고, 그것을 앞으로의 교훈으로 삼기에는 충분한 경험이다. 우리가 경험한 이런 지방의회란 한마디로 자신의 이권보호 및 확대를 위한 자기봉사일 뿐, 진정한 풀뿌리 민주주의 지방자치와는 거의 상관이 없는 것이었다.

우선 무보수 명예직을 자청해 놓고서도 잦은 국내외 시찰 명목의 유람여행과 회의비 명목으로 가난한 지방재정만 축낸 것이다. 또 그들은 주민 자치기구의 대표이면서도 표를 얻어갈 선거철 말고는 풀뿌리 주민들과는 거의 담을 쌓은 채 소재지의 유지들과 주로 어울려 논다. 이 점에서는 군의원보다 시·도의원들이 특히 그렇다. 이런 정치꾼들은 지금의 국회의원들만으로 충분하다. 그래도 국회의원들은 국정을 논한다는 명분이라도 내세울 수 있지만, 지역주민이나 그 생활과의 피부접촉을 기피하는 시·도의원들은 지역개발 명목의 지방재정이나 쪼개오는 것을 자기존재 이유와 명분으로 삼는다. 뱃심좋고 목소리 거센 시·도의원들이 자기지역 편중적으로 무분별하게 끌고 오는 도로, 공단, 골프장, 관광지 등의 지역개발 사업이라는 것이(지역 환경파괴와 표리관계라는 생태적 공생적 논의는 여기서 접어두고라도), 제한된 지방재정에서 다른 지역의 미개발을 담보로 한다는 사실을 깊이 고민할 리 없다.

자생력 없는 수입은 우리 삶의 토착성을 뿌리째 뽑아내

무엇보다도 참기 어려운 것은, 지방선거라고 해봐야 과거의 다른 선거처럼 그 얼굴이 또 그 얼굴이라는 점이다. 이들은 대개 지역시장이나 소재지에서 장사나 권력을 통해 푼돈을 모은 뒤 그것으로 인근의 부동산을 하나둘 사모았다가 개발로 땅값이 오르면 팔아서 다시 부동산이나 다른 사업에 투자한다. 이런 과정의 되풀이를 통해, 먹고 사는 일상적 걱정으로부터 해방된 이들은 지금까지의 생활인 처지를 벗어나서 권력과 명예까지 양손에 움켜잡는 독점적 인간으로 거듭나고자 한다. 설사 지방의회와 단체장들이 이런 지방토호가 아닌 행정경력 있는 전직관료 출신들로 선출, 구성된다 해도 그 얼굴에 그 얼굴, 있는 밥에 또 십시일반으로 더 떠보태는 독점의 제도화라는 점에서는 다름이 없다.

구관이 명관이라는 보수의식, 강자에게만 달라붙는 노예근성, 그럼에도 사촌이 논 사면 배아파 못 견디는 질투심리를 확대 재생산하는 무한경쟁사회에서 진정한 지자제란 있을 수가 없다. 수입된 근대적 정치제도에 따라 지역유지나 토호, 퇴직관료들의 기득권을 제도적으로 유지 확장시키는 것이 진정한 지자제일 수 없다. 주민 개개의 자생자급, 자치력과 지역 생태적 공동체성과 협동성의 회복 없는 지자제는 불가능한 것이다.

우리는 무엇이든 수입품을 좋아한다. 수입도 필요하지만 자생력 없는 수입이야말로 우리 삶의 모든 토착성을 뿌리째 뽑아내고, 오늘날의 이 끝없는 아픔과 갈등을 확장하는 화근이다. 유목민 생활에서 세계시장까지 유랑하는 그들의 지자제와 농경 정착민의 후예인 우리의 지자제가 같을 수도 같아야 할 이유도 없다.

생활공동체 자치조직인 '두레'

우리에게도, 아니 우리만의 고유한 풀뿌리 민주주의 기초와 전통이 결코 없었던 것은 아니다. 전통 농업사회의 '두레'가 바로 그것이다. 그럼에도 두레에 관한 기억과 기록이 희미한 것은 역사상의 모든 민중 사실들처럼 이것도 민중 속에서 자생한 풀뿌리 조직으로서 제도적으로 성장하기 이전에 권력과 외세로부터 경원, 은폐, 파괴당했기 때문이다. 그래서 두레는 우리 기억에서 오래 전에 사라지게 되었고, 설사 어슴푸레 기억되고 있다 해도 전통 농촌사회의 농사일만을 위한 단순한 노동조직으로 기억되었다. 물론 공동노동이 두레활동의 중요부분이긴 했다.

전통두레는 통치권의 행정조직과는 무관하게 자생마을 단위의 생산 공동체 자치조직이다. 그것은 마을 전체 농지를 하나의 경작지로 간주해서 물대기, 모내기, 김매기, 수확 등의 농사일들을 공동으로 한다. 농촌공동체 시절에 마을마다 있던 동답 또는 두레답으로 불리는 마을 공동답은 의무적인 공동경작인데, 이를 마을 재정의 기초로 삼았다. 두레에 참여시킬 성원이 없는 과부와 노약자의 농경지는 두레의 공공부조 경작지로 무상의 경작을 해준다. 가장 큰 비중을 차지하고 있는 소중농두레 구성원의 사유지는 상호부조적으로 공동경작한다. 본인 대신 머슴밖에 참여시키지 못하는 지주의 넓은 사유지의 경우는 두레 유사(회계를 맡는 사람)의 계산에 따라 현물 또는 현금 형태로 지불받아 두레 재정에 보탠다.

대동굿의 조직이기도 한 두레

그러나 두레는 이런 농사일만의 조직이 아니며, 설사 이런 일만을 하기 위해서도 이를 위한 수많은 절차적 기능과 그 밖의 사회문화적 기능을 동시에 수행하지 않으면 안 되었다. 두레는 농사, 길쌈, 집짓기 등의 일 외에도 구성원들이 개별적으로 할 수 없는 마을일들을 공동으로 처리하고 마을 공동 관심의 대소사를 토론하고 결의하기 위해 전 주민이 모두 참여하여 며칠이고 계속하는 마을자치회의 조직이다.

또 두레는 마을의 공동체성과 정체성을 드높이고, 그 시대 최대 소망인 풍농을 기원하는 대동굿의 조직이기도 하다. 정초의 당산굿, 지신밟기로부터 시작해서 정월 상원(대보름) 전후까지 계속되는 줄다리기도 인근의 여러 마을두레조직들이 더불어 하는 대동굿의 연장이고 일부다.

이 같은 제의와 놀이문화 중심인 농한기의 마을굿이 농번기를 맞아 행하는 '호미모둠'에 가서야 비로소 두레가 노동중심의 두레굿으로 전환한다. 그러나 이때의 두레도 단순한 노동조직으로 탈바꿈하기보다 농사일들을 풍농의식과 공동체놀이와 유기적으로 통합, 고양시키는 두레굿으로서 대동굿의 연장일 뿐이다.

호미모둠은 농한기 때의 마을굿을 결산하고, 두레조직의 우두머리인 영좌, 그를 보좌하는 집사, 작업진행 책임자와 농기수인 수총각, 이를 보좌하는 청수, 회계를 맡는 유사, 가축 방목을 책임진 방목감 등의 역원을 마을 전체회의에서 직접 민주적으로 선출하는 조직구성을 끝낸 뒤 각자의 호미를 두레본부인 농청에 걸고 다가오는 농번기의 공동작업 의지를 과시, 고양하는 두레의식 중의 하나다.

두레조직에는 16세 이상 55세 이하의 성인 남성이면 한 집에 몇 사람이든 의무적으로 모두 가입해야 한다. 과부, 노약자는 한 사람의 두레 가입도 없이 두레 혜택을 같이 받는데, 이것은 오늘의 우리들로 하여금 많은 생각을 하게 한다. 16세가 되었을 때 주먹다듬이, 바윗돌 들기, 진서턱, 바굴이[鷄姦] 등의 성년의식과 동시에 치르는 두레 가입의식도 일종의 호미모둠 의식이다.

이 같은 농번기를 앞둔 일련의 출역의식인 호미모둠이 한 번 시작되고 나면 풍물과 춤과 노래와 시와 노동이 한데 어우러지는 우리 전통 공동체 고유의 두레굿이 7월 백중의 '호미씻기' 때까지 농번기 내내 되풀이된다. 호미씻기는 전통 농작업 시대의 가장 큰 일거리였던 논밭 매기가 대체로 끝나는 7월 보름 백중절에 행해졌던 농민의 중노동해방 자축굿이었기 때문에 흔히 백중놀이나 머슴놀이로 알려져 있다.

그러나 마을 자치제시대의 호미모둠과 호미씻기는 단순한 일놀이 의식이 아니라 마을회의로부터 시작해서 푸짐한 향연과 풍물굿으로 이어지는 마을 대동굿의 연장이었다. 그러나 일제에 의해 마을 자치제가 해체당한 이후에는 마을굿의 핵심인 마을회의는 사라지고 두레노동과 풍물굿만 치르는 형해(形骸)로 전해지다가 그나마 6·25 이후에는 자취를 감추고 말았다. 비록 물질적 궁핍의 아픔이 적었던 것도 아니고, 중앙권력을 거스르지 않는 일정한 한계 내에서이긴 하지만 경제적 자급자족과 문화적 정체성, 인간적 전인성과 정치적 자치성을 함께 누렸던 전통마을두레는 사라진 우리 농촌공동체와 더불어 우리의 기억 속에 남아 있는 아름다운 유산이다.

전통두레를 오늘에 맞게 창조적으로 재건해야

우리는 지금 꾸어온 남의 제도로 지자제의 열병과 광기를 일으키며 모든 깨어 있는 의식들조차 산산히 흩날리게 하고 있다. 아무리 좋아도 남의 역사와 삶의 내용까지 꾸어오거나 모방할 수는 없다. 잘난놈들만 여전히 판을 갈아 설쳐대게 하고 잘사는 사람들만 여전히 잘살게 하는 지금의 요식적인 지자제는 차라리 없느니만 못하다. 비록 지금은 사라지고 없다 해도 우리 속에서 자생했던 전통두레를 오늘에 맞게 창조적으로 재건하는 쪽이 지역토호와 기득권자의 지역할거와 분점으로부터 지역주민들의 자생자치력을 회복시키고 참다운 지방자치를 토착화시킬 지름길이라고 생각한다.

두레처럼 자급자족하고 모든 일에 내가 몸소 참여하는 직접 자치제 대신 투표지 위에 자신의 삶을 위임하는 이른바 대의제 민주주의는 아무리 공정해도 한계가 있다. 자급자족과 자생자치적인 진정한 공동체 위에 서지 않는 박래품(舶來品)과 모든 외래가치는 모두 가짜다.

도농 공동의 두레를 창조해야

하지만 지금은 좋든 싫든 대량생산의 공업과 사람이 너무 많은 도시 중심의 시민 대중사회다. 산업이 농업뿐이었던 전통두레의 단순한 복원은 가능하지도 바람직하지도 않다. 그래서 다시 창조할 오늘의 두레는 도농 공동의 두레가 될 수밖에 없다. 그러나 화폐경제와 개발 신화로 농촌두레는 물론 농촌 자체가 처절하게 파괴당한 오늘날 무한경쟁적인 시장 대세를 거슬러 자급자족과 상호 봉사를 기본 원칙으로 삼는 도농 공동체를 창조하는 일이 지속적 삶을 위해 유일한 길이라고 해도 생각처럼 쉬울 리가 없다.

일찍부터 유기농산물 직거래를 통한 도농 공동체를 표방해 놓고서도 공동체는 고사하고 직거래 현상유지에도 힘겨운 한살림의 좌절도 여기에 있다. 그러나 좌절이 곧 희망일 수도 있다. 한살림의 약점만 골라 흉내내고 있는 수많은 아류 단체들과 사이비 유기농산물의 경쟁적 물량 포위로부터 살아남기 위해서도, 신명나는 우리다운 토착 지자제를 이 땅에 다시 심고 꽃피우기 위해서도 도농두레밖에 다른 대안이 없다는 것은 한살림의 희망이기도 하다.

도시는 처음부터 농촌기생과 파괴로 존재하는 운명적 비자급자족성 때문에 끝까지 자치적일 수가 없고, 농촌은 도시라는 시장포위와 함락으로 자족자치력을 잃어버렸다. 농촌 없는 도시가 무엇을 먹고살 것이며 설사 첨단기술이란 것들이 우리를 한시적으로 푸지게 먹일 수는 있다 해도 어디다 똥싸지르고 쓰레기를 토해낼 것인가? 도시의 농촌 포위로, 지구 위의 모든 농촌이 파괴되는 그날은 도시가 스스로 침몰하는 날이다.

한살림, 두레농촌 부활의 밀알이 돼야

그러므로 한살림은 농촌과 도시가 경제적, 지역적으로 하나 되는 도농 통합공동체가 아니라 도시가 스스로 농촌에 포위당하는 두레농촌 부활의 밀알이 되어야 한다. 이대로의 반공생 유기농산물 직거래량은 늘면 늘수록, 그 얼굴이 그 얼굴로 설치는 요식 지자제를 백만 번 해봐야, 경제만 살리는 세계화가 되면 될수록 파괴된 우리의 밥상인 농촌이 되살아날 리 없다.

모든 다른 직거래단체들도 단순히 도시에 살아남기 위해서 반공생 유기농산물의 직매장을 경쟁적으로 늘려가는 손쉬운 방법 대신 생명 파괴적 시장 자체를 근본적으로 변화시키는 자생자치의 도농두레로 거듭날 길을 함께 찾아가야 한다.

제주도민을 위한 농사

나는 이 글을 쓰고 있는 현재까지 제주도에 가본 적이 없다. 제주뿐만 아니라 내가 살았거나 살고 있는 고장 밖의 어떤 지역도 관광을 목적으로 여행을 해본 적은 드물다. 그런 내가 제주도에 관해 아는 것이라고는 삼다(三多)의 고장, 4·3 항쟁의 고장, 밀감의 고장, 관광의 고장이라는 풍문 정도다.

그럼에도 나는 제주도의 모습이 눈에 훤하다. 제주도 역시 옛날에나 제주다운 제주도였지 지금은 보나마나 육지와 하나도 다를 것이 없이 부서졌고 또 부서지고 있을 것이다. 시장만능주의적 이놈의 도시 세상은 모든 자생적인 농촌을 제 모습과 똑같이 획일화시키고, 변두리화시키고, 식민지화시키지 않고는 한시도 존속 못하는 세상 아닌가.

육지의 모든 관광지와 똑같이 경관 좋은 곳에는 러브호텔과 위락·관광시설과 각종 음식점과 별장시설 등을 지어 그 좋은 경관들을 파괴해 가고 있을 것이다. 모든 주택들과 취락은 관광지향적으로 자리잡았을 것이고, 모든 농사 또한 관광지향적이거나 상업적으로 환골탈태되었을 것이다. 사람들은 이것이 지역발전이고 그 지역민을 위한 것이라고 믿고 그렇게 못해서 안달이고 불평이다. 과연 그럴까?

지금 제주의 농업은 과연 제주민을 위한 농업일까? 제주도하면 하루방을 떠올리듯이 제주도의 농업이라면 밀감을 떠올리는 지역특산물주의는 과연 제주도민의 인간적 행복을 위해 바람직한 것일까? 도시 시장은 말할 것도 없고 강원도의 어떤 오지 시장에서도 제주밀감을 싼값에 접할 수 있는 이 대량생산력주의는 과연 제주도민의 물량적 행복에 얼마만큼 이바지했는지 나는 잘 모르겠다.

때도 곳도 가리지 않고 쏟아져 나오는 제주밀감을 어쨌든 사람들이 싼값에라도 사먹어주니까 그만큼 생산량을 늘여가겠지만, 그러나 나는 밀감을 돈주고 사먹고 싶은 생각은 별로 없다. 나뿐만 아니라 멀리 바다 건너 제주에서 엄청난 에너지를 태우면서 생산되고 심지어 비행기 타고 건너온 귀한 밀감들이 그렇게 값싸게 시장에 널려 있으니까 아무도 그것을 귀하고 고맙게 먹는 것 같지는 않다. 나는 가게마다 지천으로 진열된 그 밀감의 눈요기만으로도 이미 식상하고 실지로 한 개쯤 씹어 먹어봐도 도대체 그 맛을 모르겠다. 사람들은 너무 흔해서 많이 먹다보니 그렇게 되었다고 하겠지만, 쌀은 평생을 먹어도 쌀맛으로 먹고, 그 중에서 맛있고 없는 것이 분간된다. 그런데 요즘의 제주밀감은 하나같이 그 맛이 그 맛이다.

제주의 독특한 풍광(風光)과 지기(地氣) 속에서 자연스럽게 생산될 때에만 제주 특산밀감이 될 수 있지, 지금처럼 세계 어느 곳 어느 농사에나 똑같이 쓰고 있는 화학비료와 농약으로, 게다가 비닐이나 유리온실로 제주의 풍광마저 차단한 인공시설로 생산한 밀감은 제주 특산의 밀감이라 할 수 없다. 제주 특유의 풍광과 지기를 무시하고 이른바 전천후로 획일적으로 조제한 제주밀감은 또 그와 비슷한 과정으로 지어진 수입 밀감과 크게 다를 바도 없다.

나는 1972년엔가 지병의 악화로 서울 국립의료원에 2주 간 입원했다가 퇴원할 때 그 병동의 의료진들에게 감사표시로 제주밀감 몇 상자를 선물한 적이 있었다. 그때만 해도 제주밀감은 귀하고 값비싼 고급과일로서 콧대 높은 의사들까지 한데 모여 밀감잔치를 벌일 정도였다. 요즘 같아서는 어떤 퇴원환자가 의사들에게 제주밀감을 인사치레로 보낸다면 아마도 뭐 이런 것을 주냐며 화를 내거나 거들떠보지 않을지도 모른다.

　제주밀감의 값어치가 왜 이렇게 폭락했을까? 첫째는 밀감이란 단일작물의 장기적인 연작으로 제주의 지기를 탕진한 탓이다. 제주의 풍광과 지성(地性)이 아무리 육지와 다른 밀감의 적지라 해도 지금까지 그나마 자기동일성을 유지할 수 있는 것은 온난한 기후조건뿐이다. 동일작물의 장기연작에 따른 지력의 한계는 제주도라고 해도 조금도 육지와 다를 수가 없다. 이렇게 제주 특유의 기력이 쇠잔한 땅에서 나온 밀감이 제 맛을 낼 리 없다.

　둘째, 이 탕진된 지력에도 불구하고 동일작물의 계속된 재배를 위해 비료 농약을 과다하게 사용함으로써 한시적(限時的) 증산은 가능할지라도, 결과적으로는 이 땅의 남은 생명력마저 깡그리 죽이는 결과를 낳았다. 이렇게 죽은 땅에서 나온 생명이 건강하고 온전한 생명일 리 없다.

　셋째, 비닐이나 유리온실 등의 물리적 시설이나 화약약품으로, 자연적인 적기수확 대신 인공적인 조기수확이나 억제재배의 지연수확에다 저온저장시설 등에 의한 이른바 전천후적 대량생산과 유통으로 제철의 제 맛을 잃게 한 탓이다.

　이런 조건에서 나온 제주밀감은 설사 제주땅에서 나왔다 해도 그 땅을 잠시 빌려 조제한 것이지 결코 제주의 지기와 풍광 속에서 농익은 제주특산물이라 할 수는 없다.

　이런 상업목적의 기술의존적 대량생산주의의 밀감 작법(作法)이 설사 제주 농민에게 예전에 견줄 수 없는 물량적(경제적) 혜택을 주었다 해도 그것은 그 몇 갑절의 다른 희생과 손실을 가져온다. 밀감과 함께 온난한 지방에서나 재배 가능한 단감의 재배면적 확대와 대량생산은 우리 민족 전통의 홍시감을 과일의 대열에서 완전히 퇴장시켰다. 그 결과 거의 집집마다 몇 그루씩만 심는 무농약 공생농법으로도 제법 몫돈을 만들어 썼던 전국의 감나무집들의 경제적 손실이란 대가를 치렀다. 그런 농법의 대량생산이 장기적으로는 제주농민에게도 경제적 이득이 보장된다고 할 수 없다. 오늘의 밀감 열 상자 값이 10년 전의 그 한 상자 값에도 미치지 못한다면 무엇 때문에 생산 농민은 농약 바로 마시고, 소비자는 먹어서 오히려 건강 해치는 그 모순의 대량생산주의를 지속적으로 극대화해 갈 것인가?

무엇보다 큰 손실은 제주민의 생명 자체인 제주땅의 탕진과 죽임이나. 땅에다 비료와 퇴비만 충분히 넣는다고 그 생산력과 생명력이 지속된다고 생각하면 큰 오산이다. 땅생명도 유한하니까 쉴 때 쉬어야 하고, 생명력을 순환적으로 되돌려받아야 오래 살아갈 수 있다. 제주땅은 마땅히 제주민의 것이어야 하지만, 그렇다고 당대의 제주민의 것만은 아니고, 그 후손의 것이기도 하다. 후손의 번창을 위해 못 하는 일이 없는 그 부모들이 정작 그 자식에게 가장 소중한 재산이고 생명 자체이기도 한 그 땅의 생명을 당대에 파괴 탕진하고서도 제 자식을 위한다고 기를 쓰고 돈만 벌고자 하다니!

제주민의 주권과 자치, 제주민의 영원한 생명을 위해서도 이제 더 이상 땅의 파괴는 중단되어야 한다. 아니 되살려 가야 한다. 그 길의 첩경은 지금의 무분별한 관광산업의 극대화를 중단하고, 지금의 오래된 밀감밭 나무도 베어버리고 땅을 쉬게 한 뒤 제주민에게 필요한 모든 농작물들을 자급하는 '공생농업'의 회복이다.

농생농이란 유기농과는 달리 제 땅에서 나온 유기물만 제 땅에 되돌리는 자급농법이다. 단일지역 내에서 단일작물의 대량생산 대신 그 지역에 필요한 모든 작물을 골고루 섞어 심어 생명의 다양성과 상호의존성을 존중하여 작물과 땅의 생명성의 파괴를 극소화시키는 농사다.

　단일작물의 지속적 연작재배 대신, 가능하면 해마다 다른 작물로 바꿔심는 윤작법으로 땅의 생명성을 연장해 주는 농사법이다.

　그것이 쉬운 일이 아닌 줄 필자도 알기 때문에 최소한 지금의 밀감밭에다 비료와 농약사용량이라도 줄여서 그 생산량의 감수를 겸허히 받아들이는 감량농법이라도 권유하고 싶다. 그래서 다같이 잃게 되는 생산량은 그 값으로 보상받을 길을 찾아야 한다. 올바른 공생 유기농으로 얻은 밀감 한 상자 값으로 지금의 열 상자 값을 받는 축소감량농법만이 제주민의 생명인 제주땅을 살리는 길인 동시에 천덕꾸러기 밀감 가치와 함께 제주민의 자존심도 살리는 길이다.

　그래서 밀감 값이 비싸다고 돈 없는 육지사람이 밀감 못 먹어서 병날 사람 아무도 없고, 밀감 말고도 육지에는 먹을 것이 너무 많다. 단감도 흔하고 홍시감은 버리기도 한다. 사과도 포도도 복숭아도 과잉생산이다.

　신토불이는 뒷구멍으로 외국 농산물을 수입해서 장사하는 농협의 체면치레용 구호가 아니라 지역농산물과 문화전반에도 해당되는 생명고유의 원리다. 진정 자유롭고 행복한 제주민의 삶은 자급자족적인 공생농사를 중심에 두고 모든 사람이 주체적, 자치적으로 동참할 수 있는 자립적 지역공동체만이 보장할 것이다.

식량위기 — 북한만의 일인가

지난해 중반까지만도 세계화니, 지구화니, 정보화니 하는 세계 거대자본의 시장지배 장단에 우리가 마치 주역이라도 맡은 듯이 거들먹거렸다. 부동산 투기, 해외투자, 과소비 해외여행 등의 분수 모르는 흥청거림이 영원할 것처럼 말이다. 이 흥청거림 속에서 최근 우리 언론에 노출되기 시작한 북한의 가난한 생활상은 우리의 분수 없이 흥청거리던 그 잔치상을 더 풍요롭게 장식하는 안줏거리가 되다가, 마침내 지난해에는 그 참혹한 식량난이 세계의 이목을 집중시켰다. 이 참상을 보고도 썩 내켜 하지 않는 정부당국과의 갈등 속에서 자발적으로 진행된 민간단체들의 동족애적 식량돕기운동은 아름답고 바람직한 일이었다.

그러나 일부 시민단체들의 통일예행연습 같은 분위기 속에서 이뤄진 그 북한식량돕기 운동에도 상대적으로 풍요를 누리는 남한국민으로서의 우월감은 혹시 없었던가? 식량자급률이 고작 23퍼센트밖에 안 되는 남한국민들이 95년의 대홍수, 96년의 집중호우, 97년의 가뭄 중에서도 평균 73퍼센트의 식량을 자급하는 북한 동포를 도우면서 그 식량난을 북한만의 일로 생각했다면 이 또한 분수 모르는 거들먹거림일지 모른다. 물론 23퍼센트의 낮은 자급률로서 그 자급률이 73퍼센트나 되는 북한을 우리가 도울 수 있었던 역설은 오로지 자력자주갱생을 지향하는 폐쇄사회주의 북한과 개방시장주의 남한과의 체제상의 차이 및 그 우열에 기인할 것이다. 그러나 장기적으로도 그럴까?

아시다시피 우리의 세계화 시장 농정은 자급보다 세계시장의 비교우위에 바탕해서 시민들의 풍요로운 먹거리 제공과 능력 있는 농민을 통한 경쟁력 있는 기업적 농산물 생산에 초점을 둔다. 그래서 일찍부터 식량농사에 쓸 만한 땅도 화훼, 채소, 과일 등 이른바 경쟁력 있는 농작물 재배나 아예 공장과 주택 등의 타용도로 전용하는 데 주저함이 없었다. 쌀개방(농산물 전면개방)의 면죄부로 조성한 42조 원인가의 농특자금도 역시 수출경쟁력을 제고한다면서 힘있는 기업농민이나 농업단체의 네덜란드식 유리온실, 대규모 축산단지, 마을의 농기계, 농산물 보관창고 등의 건립 지원 보조, 불필요한 농과대학(농민육성 대신 농업관료 양성기관이기 때문에)의 불필요한 연구자금 등의 명목으로 내가 보기에는 식량생산기반을 오히려 파괴하는 자금으로 소진시키고 있다. 그래서 모든 가공식품의 원료와 축산·가금·양식업의 사료, 곡물과 밀, 콩 등의 모든 잡곡류는 전량 수입에 의존하고 유일하게 자급해 왔던 쌀의 자급률까지 점점 떨어뜨려 가고 있다. 그렇다고 화훼, 축산, 과일 등의 국제경쟁력이 높아져서 그것의 수출로 식량을 대체수입하는 것도 아니고, 공산품의 수출로 사먹고 있다. 그래서 시장경쟁주의자들의 말대로 비교우위 없는 농사는 전부 포기하고 사먹는 것이 옳은가?

하지만 이른바 무한경쟁의 세계시장에서 영원한 승자는 있을 수가 없다. 만일 지금처럼 공산품의 경쟁력이 떨어져서 무역적자가 쌓이고, 달러가 고갈되면 식량위기는 그 자급률 73퍼센트의 북한보다 23퍼센트밖에 안 되는 남한을 더 엄혹하게 강타할 것이다. 아닌게아니라 그 총규모가 1천5백억 달러인지 2천억 달러인지 통계조차 들쭉날쭉 믿을 수 없다 해서 나라 외채를 우습게 알고 차입문어발 경영, 차입투기, 차입세계화로 흥청거리던 우리는 마침내 어느 날 갑자기(?) 나라 살림을 국제통화기금과 초국적 투기자본의 신탁통치에 내맡기는 치욕을 불러왔다.

통화기금사태 이후 수입밀가루값의 공식인상률은 45퍼센트라고 한 것 같지만 그 관련 가공식품값은 거의 갑절로 치솟았다. 한 빵가게의 주인은 빵값을 물어보는 필자에게 "나라가 망해서 빵값이 갑절로 올라 버렸다"고 했다. 이 와중에서 이미 환율변동 전에 원자재를 수입가공해 놓고서도 원자재값의 상승을 빌미로 값을 터무니없이 올린 장사들이야 한때를 만난 것 같다. 사라진 우리밀을 전체 밀 소비량의 1퍼센트도 채 안 되게 겨우 살려 놓고서도 초기의 애국심과 호기심에 의존한 반짝소비 이후, 계속된 재고 누적으로 파산위기에 있던 우리밀 살리기도 당연히 한때를 만났다. 외환고갈로 밀도입이 중단되고 그 값이 폭등하자 우리밀 소비가 급증한 것이다. 그러나 이것이 또 얼마나 오래 가겠는가? (얼마 뒤에 우리밀 살리기도 부도가 났다.)

그토록 오랫동안 준비되었다는 교체정권도 기업의 투명한 경쟁력 강화와 시장개방에 따르는 고용 및 기업의 구조조정과 국민의 고통분담만 뒷받침된다면 1년 반 만에 우리 경제를 정상화시켜 옛 영화를 재현하겠다는 신자유주의시장 주류경제학은 준비가 되었는지 몰라도 나라의 식량준비는 전혀 된 것 같지 않다. 이 사태에서도 우리 경제학과 정책이 아무런 교훈을 얻지 못하고 시장개방 강화 타령만 되풀이한다면 장기적으로 수출이 잘 되어 달러가 있다 해도 국제시장에서 수입할 밀이나 곡식 자체가 없을 때 외환위기보다 더 심각한 식량위기를 맞게 될 것이다.

하기야 우리의 식량자급률은 어떤 공업선진국은 물론 산악공업국인 스위스의 40퍼센트보다도 훨씬 낮아 필요식량의 4분의 3 이상을 수입에 의존하는 세계 시장체제에 종속되어 있고 그것도 날이 갈수록 심화될 전망이다. 다른 삶의 조건도 마찬가지지만 특히 세계 체제로부터 한 발짝도 자유롭지 못한 우리 식량 사정을 제대로 헤아리자면, 설사 내키지 않아도 세계의 식량시장을 조망해 보지 않을 수 없다.

유엔식량농업기구(FAO) 및 세계은행의 식량문제에 대한 낙관적인 전망과는 달리 일찍부터 그에 대해 비관적인 전망을 내논 월드워치연구소의 레스트 브라운의 경고들이 지금 세계의 식량시장에서 유감스럽게도 현실화되어 설득력을 더해 가고 있다. 레스트 브라운의 경고들은 약 10년 전부터 해마다 나오는 <지구환경보고서>로, 격월간 생태교양지 《녹색평론》의 「누가 중국을 먹여살릴 것인가」와 「식량위기에 직면하여」라는 꼭지로, 지난해는 『식량대란』이란 단행본으로 각각 소개되어 우리에게도 낯설지 않다.

그러나 혹시 이런 책을 미처 접하지 못한 이 글의 독자들을 위해 그의 견해를 지면관계로 거칠게 요약한다.

세기적인 식량위기가 다가올 수밖에 없는 첫째 요인은 해마다 9천만 명씩 늘어나는 인구폭발과 특히 아시아의 공업화에 따른 식생활의 고급화—먹이사슬의 최상층인 육식화가 가져온 식량수요의 폭증이다. 그 대표적 예가 12억 중국의 급속한 공업화로 세계 두번째 식량생산대국임에도 94년까지 8백만 톤의 곡물을 수출하던 순수출국에서 95년에는 1천8백만 톤의 곡물을 수입하는 순수입국으로 역전한 것이다. 그 결과로 96년 봄에는 세계의 곡물가격을 두 배로 폭등시켰다.

두번째 문제는 줄어드는 농경지다. 미국이나 러시아, 우크라이나 등은 바람과 물에 의한 토양침식이나 과도한 화학물질의 남용에 따른 땅의 산성화 내지 사막화를 방지하기 위해 변두리의 한계농지들을 은퇴

시킬 수밖에 없다고 한다. 반면에 공업화에 열광하고 있는 인구 밀집의 아시아 국가들은 문전옥답들을 비농업용으로 빠르게 전환 파괴시키고 있다. 수많은 공장과 도로와 주차장과 새 도시 건설들로 일본, 남한, 대만의 경우 60년에 가지고 있던 곡물생산지의 약 40퍼센트를 그 후에 잃어버렸다. 중국과 인도네시아 등의 개발도상국들이 전철을 바짝 뒤따르고 있다. 그 결과 1인당 경지면적은 급속하게 축소되고 따라서 곡물소비량도 감소하고 있다.

세번째로 땅의 탈수화 문제다. 농업용수가 급속으로 공업용과 생활용수로 전환된다. 게다가 옛날에는 두레박으로 길어 머리에 이거나 등에 져다 약물처럼 아껴 먹던 생활용수를 폭증하는 인구의 도시생활화로 안방까지 끌어들여 개울물처럼 흘려 보내면서 낭비하는 상수도의 생활용수가 땅 탈수화의 더 큰 주범이다. 그래서 온세계의 지하 대수층은 점차 낮아지거나 고갈되고 황하를 비롯한 세계의 유수한 강들은 하류에서부터 말라가고 있다.

네번째가 한계에 도달한 토지의 생산성이다. 화학비료에 의한 혁명적 식량증산은 이미 끝났고, 오히려 비료사용량에 따른 체감반응을 보이고 있다. 20년 전부터 기대를 모았던 생명공학과 최근의 전지구 위치파악위성(GPS) 같은 신기술도 식량증산에 거의 도움을 주지 못하고 앞으로도 비료와 같이 획기적인 식량증산기술이 나타날 전망도 보이지 않는다고 한다. 화석연료에 전적으로 의존하는 지구용량초과의 공업화는 공장, 도로, 축산단지, 주택 등에 의한 땅의 물리적 파괴에만 그치지 않고 대기오염, 지구온실화로 인한 기후변동과 농지오염과 같은 총체적 생명환경 파괴로 오히려 곡물생산의 안정성을 크게 위협하고 있다.

다섯번째가 어자원의 고갈문제다. 첨단 장비를 총동원하는 저인망식

원양어업은 물고기 씨를 말려 89년부터 어획량을 더 이상 늘릴 수 없게 됐다. 최대 어획이 진행중인 세계 17개 어장 중의 13개 어장은 이미 한계를 넘어 쇠퇴중에 있다.

 이 같이 수륙양면의 용량초과에 직면한 식량위기에 대한 레스트 브라운의 구체적 대안들을 크게 요약하면 이렇다. 먼저 강력한 인구정책으로 폭발하는 인구를 안정시키고 화석연료 사용을 최소화시킴으로써 기후를 안정시킬 수 있는 태양력, 풍력전기 등의 대체에너지를 확대하는 일이다. 다음이 경작지의 표토를 보호하고 식량생산 농지의 타용도 전용을 막는 것이다. 이것은 공업화와 도시화의 중지 또는 지속가능한 공업화를 뜻한다. 또 하나의 길은 필수적이 아닌 비식량용 작물 농지를 식량용으로 되바꾸는 일이다. 마지막으로 기댈 곳은 가축, 가금 사육과 양식어장에서 지금 낭비되고 있는 세계 곡물 생산량 36퍼센트인 6억 4천만 톤의 사료곡물을 식량용으로 돌리는 일이다.

 이 중의 어느 한 가지도 물질성장만 추구하는 오늘날의 인류에게 쉬운 선택은 없다. 그러나 우리 시대의 가장 심각한 과제인 식량의 안전보장과 지속가능한 미래보장을 위한 열쇠는 이에 대한 정확한 정보와 그에 따른 신속한 행동밖에 달리 없다고 테스트 브라운은 결론짓는다.

 그렇다면 아무에게도 인기 없고 선택곤란한 이 행동을 과연 누가 먼저 실천할 것인가? 브라운은 "오늘날의 정부는 민주정부이고, 민주국가에서 어떤 정부를 갖는가의 책임은 각 개인에게 달려 있다"고 함으로써 그것을 인류 각자의 책임으로 돌린다. 뿐만 아니라 명시적으로 말하지는 않았지만 세기적 식량위기의 폭발점이 인구폭발지역인 아시아이고, 이 지역의 광적인 공업화와 식생활 고급화에 따른 식량소비 증가에 있음을 거듭 부각시킴으로써 은연중에 아시아 주민과 그 정부에 책임의 무게 중심을 떠넘긴다.

여기서도 우리는 제아무리 양심적인 지식인이라 할지라도 그가 선자리가 갖는 이데올로기의 한계로부터 완전히 자유로운, 보편타당한 정보와 판단을 생산하기란 역시 어렵다는 사실과 다시 만난다. 가질 것 다 가지고 누릴 것 다 누리면서 다가오는 식량과 생태위기로부터도 가장 먼 곳에서 마지막 관객으로 남을 미국시민다운 브라운의 여유가 그것이다. 결과만 놓고 볼 때 그의 경고적 정보는 타당하다. 그러나 인류의 미래를 지속불가능으로 몰아가는 식량·생태 위기의 원천이 인간의 이기심을 증폭시키는 공업의 첨단기술화이고 그것을 통한 시장의 세계적 지배라면, 그것을 자극하고 강요한 원인제공자는 바로 미국식 자본주의이다. 인구문제만 해도 네팔인 9백 명 몫의 에너지를 미국인 1인이 독점하고 있는 이 기막힌 불평등을 고려한다면, 그렇게 단선적으로 판단해서는 안 된다. 즉 네팔인 9백 명의 증가보다 그와 동일한 에너지를 쓰는 미국인 1인의 증가를 먼저 걱정하고 부끄러워해야 한다. 그런데도 원인제공의 주범에 대해서는 침묵한 채, 그 결과의 피해자인 아시아인과 그 정부에게 책임을 미룬 브라운의 경고와 행동은 미국 시민이 누리는 여유이자 미국 양심의 한계인 것이다.

  그의 양심적 정보와 충고에 따르면 우리가 먼저 취해야 할 행동대안은 먼저 각 개인의 생태적 각성이고, 그들에 의한 민주정부의 선택이다. 그러나 소수의 깨달음이야 인류역사에서 끊이지 않았지만 모든 인류의 지구적 깨달음은 과거에도 없었듯이 가까운 미래에도 없을 것이며, 따라서 그에 토대한 진정한 민주주의도 기대난망이다. 설마 그가 미국의 시장자본주의를 진정한 민주주의로 생각할 리야 없겠지만, 민주적인 측면이 있다 해도 그것은 식량이 남아돌고 자국의 거대자본이 세계를 지배할 수 있는 미국식 민주주의일 뿐, 미국식 시장민주주의의 지배 아래 있는 가난한 아시아 중심의 민주주의가 될 수는 없다. 지금

세계를 지배하는 미국식 민주주의가 진정한 민주주의였다면 지구상에 이런 위기가 올 리도 없다. 과거도 그랬지만, 앞으로의 식량위기도 절대량의 부족위기라기보다 분배문제 곧 독점에서 오는 위기이다.

농지의 전용파괴, 대기오염 ― 지구온난화 ― 기후변동, 단백질 중심의 미국 식생활의 범지구화 등의 원천이 첨단공업과 그것을 통한 자본의 세계시장 단일지배에 있다면, 이를 극복할 진정한 대안은 지구적 깨달음 없이 영원히 오지 않을 민주주의 타령이 아니다. 진정한 자치 직접민주주의 씨앗을 위해서도 소수의 깨달은 사람끼리라도 부분적으로 가능한 농업중심의 지역자립두레화밖에 없다. 크게는 아시아, 작게는 민족·국민·국가, 더 기본적으로는 생태·문화적 동질권에 기초한 소지역의 자립두레화다. 다가오는 모든 위기를 대처할 진정한 민주정부도 경제적 지역자립, 정치문화적 지역자주의 연대 협력 위에서만이 선택가능하다. 지구적인 세계시장 단위는 너무나 막연해서 개인의 생태적 각성과 책임, 민주적 각성과 행동의 요구도 불가능하다. 얼굴을 맞대고 감성과 지혜를 교류함으로써 상호협력과 감시를 할 수 있는 생태문화적 소지역의 자립범위 안에서만이 그것은 실현될 수 있다. 그래서 내가 한 평생 매달린 화두도 지속가능한 공생농업 중심의 지역자립두레화이고 그 지역자립두레의 그물망을 통한 지역연합국가로서의 세계화이다.

물론, 우리의 정치경제의 패러다임을 세계화에서 지역자립두레화로 바꾼다 할지라도 좁은 국토의 높은 인구밀집으로 식량의 완전자급은 북한의 지금이 보여주듯이 불가능할지 모른다. 그러나 미국, 캐나다 정도의 주로 제한된 식량잉여를 둘러싼 고곡가시대의 치열한 식량확보전쟁에서 지금 이대로의 자급률로는 민족국가의 생존을 기대할 수 없다. 식량까지 국제경쟁력 강화 따위로 세계시장에 맡기고 살아남겠다는 발상의 전환 없는 어떤 개혁도 정권교체도 진정한 개혁과 교체일 수 없다.

6

과거에서 미래의 희망을 찾는다

토착문화론(土着文化論)을 기대하며

출판 문화정보의 홍수시대다. 이것만으로도 정보화시대를 실감시 킨다. 이런 홍수문화 정보론들에 귀기울이다가는 그 찬란한 수사들과 현학들로 아마 정신분열증을 일으키거나 최소한 일상생활에 혼란을 일으킬 것 같다. 그럼에도 ≪그뭄코≫란 소책자를 훑어보게 된 것은 김용호 발제의 월례모임 대화록에서 낯익은 '녹색평론'이라는 단어와 장일순 선생의 논조를 '고집', '집착'이라고 하는 대목이 내 눈길을 붙잡았기 때문이다.

김용호는 대지진 같은 천재지변이 일어나지 않고는 문명의 이기를 거부하는 그런 논조의 생활을 할 수 없다고 했다. 물론 쉬운 일은 아니다. 그런 논조의 ≪녹색평론≫이나 장일순 선생도 그렇게 살아야 지속 가능한 미래를 전망할 수 있다는 당위론을 펼치는 수준이지 실제로 꼭 그렇게 사는 것도 아니다. 따라서 스스로도 쉽지 않은 삶을 주장하는 것은 고집이고 집착일 수 있다. 하기야 사람의 생각, 주장, 행위들 치고 집착 아닌 것이 어디 있겠나? 집착을 말라고 설파한 석가의 제자들도 모든 것을 훌훌 털어내지 못하고 절간에서 석가의 교리에 한평생을 집착하고 있는데 하물며 중생들이야……

그러나 ≪녹색평론≫의 "물량화 경쟁은 할수록 살기 더 힘들고 세상은 빨리 망할 수밖에 없다. 좀 가난한 한이 있어도 소농 중심의 농업적 생활로 이웃과 더불어 지속적으로 사는 길을 선택하자"는 논조가 '집착'이라면, 그것은 과거의 경험으로 보아 최소한 남에게 피해는 주지 않고 미래에도 실현·지속가능한 단순소박한 집착이다. 이에 견주면 기계와 인간, 문자매체와 촉각·청각매체, 남성과 여성, 동과 서, 선과 악, 육체와 정신, 감성과 이성 등 현존하는 모든 쪼개진 가치들의 양극대립문명을 초이성적인 영성을 통한 창조적 파괴로 모두 껴안고, 보다 높은 지평에서 발전, 진화시키겠다는 김용호의 융합진화론이야말로 참으로 바람직한 소망이지만, 너무 욕심사납고 따라서 실현불가능한 집착이다. 하기야 땅사람인 우리에게나 실현불가능이지, 서울에서 문화이데올로기나 관념 농사로 밥먹고 잘사는 빌딩 숲속의 사람들이라면 이미 실현하고 있는 너무 손쉬운 집착일지도 모르겠다.

그러나 서울 사람들은 기계·기술·정보화 등 현존하는 모든 문명의 파괴적 수용과 그것들의 고도화된 창조로 새로운 문명지평을 열어가겠다는 융합진화설 같은 인간 기득권적인 관념 자체가 대지진보다 더 무서운 인재지변을 불러왔다는 사실을 아마 모르거나 외면할 모양이다. 가상섹스를 즐기며 미래의 물리학으로 지구 대신 다른 별나라로 우주이사를 다닐 수 있는 지구제국주의—우주식민주의의 신인간들에게는 천지개벽도 무섭지 않을지 모르겠다. 하지만 이 지구 땅 밖으로 한 발짝도 나갈 수 없는 대다수 땅사람들에게는 땅파괴, 자원고갈을 무시한 그런 관념적 발상이 천재지변보다 더 빠르고 무섭게 지금의 총파괴적 삶을 부추기는 인재지앙이다.

물론 한두 곳의 지역공동체나 그 '폐품공동체' 정도가 이 파괴적인 세계체제를 바꾸거나 세상에 큰 영향을 끼칠 것이라고 기대하지 않는다. 그렇지만 이제나저제나 서울의 정치와 문화 장단에 놀아나다 이 지경 이 꼴로 멍들고 찌들어 한평생이 다 저물어 가는데 또 다시 서울

하늘 쪽만 하염없이 바라보다가 죽을 수는 없지 않나? 내가 달라지지 않고 너부터 달라지랄 수는 없으니까 우선 나부터 '폐품공동체'라도 만들어야 그 기름진 서울 똥오줌 쓰레기의 일부라도 수거할 것 아닌가? 간난, 신산의 이 지역공동체 운동이 세상 전체에 큰 영향을 못 준다면, 그것은 바로 영향을 못 준다고 미리 포기하고, 보다 손쉬운 관념 속에 있는 그대로를 다 받아들여 새로운 창조로써 '뛰어넘자'는 과욕 탓이다. 수없이 뛰어넘고 넘어 이 꼴인데, 또다시 뛰어봤자 땅 더 없어지고, 이웃사람 없어지고, 세상 망하기밖에 더 볼일 남았겠나?

정보화 홍수시대의 이합집산적인 '몸사람 촉각문화론'이 가난한 전통과 지역을 버리고, 현존하는 모두를 받아들여 파괴적 창조로 뛰어넘기 전에, 우선 천변만화의 현실에서 자기의 정주처를 찾기조차 쉬운 일은 아니다.

보다 확실한 촉각문화인 땅두레문화, 토착문화를 굳이 '폐품공동체 정도'로 외면하고, 가상공간 속의 몸사람 촉각문화의 거듭되는 이합집산과 긴 유랑으로 찾아가는 정주처가 신(神)으로 미장(美粧)할 수밖에 없는 서울문화론에 이해와 공감은 없지 않다. 그러나 간단한 진실을 어렵게 이데올로기화하는 지나친 수사적 문화론은 이 땅 위에서 아옹다옹하며 함께 살려는 지역공동체의 땅사람들을 혼란시키고 맥빠지게 한다. 땅사람들과 함께 가는 땅의 문화론, 토착문화론은 어디 없나?

두레와 두레문화는 하나다

1997년 10월 11일 부산 한살림과 불교환경교육원이 공동으로 주최한 '전환시대, 생명운동의 지평을 위해 — 환경운동과 21세기 지역공동체 만들기'라는 거창한 주제의 토론회가 있었다. 이 토론회 시작 때 자기 옆자리에 앉은 사람과 십 분 동안 이야기한 뒤에 서로 상대방을 소개하는 의식이 있었다.

내 옆에 앉은 젊은이는 낯은 익은 사람인데 그 이름과 하는 일이 뭔지는 잘 모르는 사람이었다. 멋쩍게 물었더니 이름은 정영배이고 하는 일은 내가 싫어하는 '딴따라'라고 했다. 내가 딴따라를 싫어한다? 딱 싫어한다고 공언한 적은 없으나 지금의 땅파괴 상업주의 딴따라는 물론, 문화운동의 이름으로 일종의 문화권력을 이룬 문화전문주의에 휩쓸리는 딴따라들을 곱게 볼 리 없는 것은 사실인데, 이 사람이 어떻게 그것을 알고 있었나? 딴따라에 대해 아직 정리하지 못한 내 복잡한 속내를 이 젊은이에게 제대로 전달하자면, 긴 시간이 필요하다. 그런데 십 분 동안에 무슨 수로 이 이야기를 하겠는가?

이 글은 그때 젊은이에게 하지 못한 딴따라에 대한 현단계의 내 속내의 일부를 전달하는 지상토론인 셈이다. 그리고 또 개인 사정으로 일찍 토론회 자리를 뜨는 통에, 호기심을 갖고 있던 '생명문화운동' 주제의 분과토론에 참석하지 못하고 발제문인 서정록의 「생명문화 운동에 대하여」를 받았는데, 이를 보면서 납득하기 어려운 의문점에 대한 질문이기도 하다.

고유명사 아닌 추상명사의 말들이 다 그렇지만 문화라는 말도 어지간히 두루뭉수리다. 상업문화, 대중문화, 민중문화, 사회문화, 정치문화, 음식문화, 차문화 등등 어디든 갖다 붙이면 되는 팔방미인이다. 생명문화란 무엇인가? 발제문 「생명문화에 대하여」에서 그 답을 찾기는 쉽지 않다.

이 글은 80년대를 지배했던 민중문화운동론의 미학적 중심축을 이뤘던 신명론(神明論)을 오늘날 화두로 떠오른 '생명문화운동'에 걸맞은 수사들로 재조직해서 '생명운동'을 보다 신명나게 확산시키자는 주제인 것 같은데, 솔직히 나는 그렇다고 확언할 자신이 없다. 그 글은 동서양을 넘나드는 추상적이고 종교적인 수사들로 가득 차서 처음에는 그냥 훑어보고 두 번째는 내용을 확실히 이해하기 위해, 세 번째는 이 글을 쓰기 위해 세 번을 읽은 셈인데도, 그 핵심을 잡아내는 데 실패하고 있다.

거기에는 남들의 수사들만 돋보였지 자기가 하고 싶은 주장과 자기 사상의 독자적 재구성은 그 요란한 수사들의 조합에 묻혀 가려내기 어려웠다. 물론 서정록이 차입해 온 수사들에 아무런 악의는 없다. 악의는 고사하고 차라리 답답할 만큼의 순진성만 있다. 그 순진성은 두레를 이야기하면서도 육체노동과 정신적 문화활동이 분리된 전문주의, 곧 상업주의 문화론 구도를 너무 쉽게 그대로 받아들인다. 그러다 보니 이 발제문에서 가장 서정록다운 빛깔의 주장은 생명운동과 생명문화운동을 의심 없이 쉽게 나누어서 보는 이분법이다. 도입부에서 두레와 두레문화를 분리한 것도 그랬고, 결론부분에서 생명운동과 생명문화운동을 나누는 것도 그랬다.

결국 생명운동이 현대문명 속에서 전면적인 자기 변혁을 전제하듯이 생명문화운동도 똑같은 전면적인 전환을 필요로 합니다. 다만 생명운동이 우리의 밥상을 살리고 땅을 살리고 농촌을 살리는 것에서부터 시작된다면 생명문화운동은 우리의 황폐한 정신에 단비를 내리게 하는 데서부터 시작된다고 할 수 있습니다.

서정록의 이분법적 문화론에 따르면 농사짓는 나 같은 사람들은 '생명운동'은 하지만 '생명문화운동'은 안 하는 사람이다. 나는 내가 하고 있는 땅살림, 밥상살림, 지역살림, 두레살림이야말로 가장 원초적이고 탁월한 뜻에서 생명문화운동이라고 생각한다. 문화라고 하는 업종이 고상해서 그것을 통해 무슨 신분상승을 하고 싶어서가 아니라 땅 가는 일 — 농경이야말로 문화의 뿌리고 출발이고 그 말의 어원이자 동의어가 아닌가? 물론 서정록의 문화가 지금은 생산문화인 농경과 일정하게 분리된 좁은 의미의 문화 — 특히 노래, 춤, 풍물, 굿 등의 연행적인 놀이문화를 가리키는 줄 안다. 이것이 현실적으로는 분리되어 있는 것도 안다.

80년대 초 대학생들 주도의 민중문화운동진영이 농촌활동의 문화조직으로서 두레패, 뜬두레패, 뜬패로 나누어 활동한 적이 있다. 두레패는 마을에서 농사짓는 농민 중심의 마을 붙박이 문화패이고, 뜬두레패는 학생, 지식인, 농민 등이 합동으로 구성하여 활동범위를 군 이상 도 단위로 했던 문화패이다. 뜬패는 옛날의 사당패처럼 전국 단위의 필요한 곳을 찾아 떠도는 전문문화패를 지칭했다. 대학생 중심의 이 뜬패들이 이미 농촌에서 사라지고 없는 두레패와 뜬두레패를 농촌에 다시 조직하고, 유기적 연대로 연희와 교육 등을 통한 의식화 활동을 하고자 했던 것이다.

아마도 서정록은 이 세 개의 문화패 중에서 두레패 활동을 생명운동, 뜬두레패와 뜬패 활동을 생명문화운동으로 본 것 같다. 그에 따르면 생명을 직접 기르는 농사일은 생명운동 또는 두레활동이고 이 일에 '단비'를 내려 그 일을 보다 신명나게 해주는 놀이문화는 두레문화 또는 생명문화가 된다.

그러나 상호의존의 개별생명이 '온생명'에서 하나이듯이 실제의 두레삶에서는 두레일과 두레문화(놀이)의 분리는 없었다. 분리된 것처럼 보이거나 실제의 분리가 일어났던 것은 두레 내외에서 모든 분리로부터 이익과 기득권을 누리려는 사람들의 이기심과 지배욕 탓이지 본래의 두레에 문화분리는 없었다. 분리가 있다면 그것은 엄밀한 의미에서 이미 두레가 아니다. 그럼에도 두레와 두레문화를 굳이 분리해서 보는 서정록의 두레 인식을 다시 발제문 앞부분 진술로 들어보자.

두레라는 것은 잘 알다시피 전통사회에서 흔히 볼 수 있는 협동 또는 협업의 형태라 할 수 있는데, 이 두레 속에는 일과 그 버거움을 풀어내는 놀이의 형식이 함께 있습니다. 아낙네들이 모여 일하며 부르는 수다에서부터 시작해서 즉흥적인 흥얼거림, 그리고 밭일이나 모내기 때 부르는 농요나 풍물 등이 모두 그렇습니다. 따라서 일하는 것과 노는 것 사이의 '성긴 틈'을 오가면서 양자를 하나로 아우르는 힘이 있는데 이 힘이 바로 신명의 원천이라고 할 수 있습니다.

문제는 그가 두레일과 놀이 사이에 '성긴 틈'을 본 것이고 '이 양자의 틈을 아우르는 힘이 신명의 원천'이라 본 것이다. 두레일과 두레놀이 사이에 무슨 틈이 있는가? 한 사람의 농부가 일할 때도 흥얼거리거나 혼자서 일소리(노동요)를 부르기도 한다. 이것을 보고 일과 놀이를 함께한다고 말할 수 있는가? 일과 놀이에 성긴 틈이 있다고 굳이 분리할 수 있는가? 이 경우의 흥얼거림이나 일소리는 사람이 살면서 숨을 쉬거나 말을 하는 것과 같다. 그것도 일 가운데 하나이고 그 일의 연장과 외연일 뿐이다.

두레 작업을 할 때 일꾼 중의 앞소리 신명꾼이 북을 치거나 일꾼 중에서 잠시 허리를 펴기 위해 일어나 덩실덩실 춤을 춘다고 이 사람들을 일 안하고 논다고 할 수 있는가? 그 북 치는 사람의 앞소리도 일을 더 효율적으로 하기 위한 일의 연장이고 이 가운데서 잠시 허리 펴고

추는 춤도 일 신명의 연장 표현이지 결코 노는 것이 아니다.

그래서 두레일터에서 하루 종일 앞소리 멕이고 북 치고 온 그 사람도 하루 종일 일하고 왔다고 생각하지, 놀고 왔다고 생각하지 않는다. 만일 그것을 일이 아니고 놀이라거나 문화사업했다고 생각하는 사람은 이미 두레꾼이 아니다.

일과 놀이 사이에 있지 않은 틈을, 일을 안하거나 하기 싫은 사람들이 억지로 벌여놓고, 그 틈을 아우르는 힘이 신명의 원천이라면, 그 힘의 원천은 또 어디서 온 것이란 말인가? 두레의 삶은 그렇게 토막으로 분리된 인간활동도 아니고, 틈이니, 신명이니, 우주적 영성이니 등의 유식한 문자들로 재구성되는 것이 아니다. 우리가 보통 말하는 신명이란 그냥 흥겨움으로 고양된 정서이고, '일과 놀이 사이의 틈을 오가며 그것을 통일하는 힘이 신명의 원천'이 아니라, 일과 놀이는 본디 하나로서 그것을 통일하고 있는 힘의 원천을 신명으로 보는 것이 맞지 않을까?

그런데 서정록의 이런 이분적인 문화관과 관념적인 신명관은 어디에 근거하고 있을까? 혹시 80년대까지의 민중문화 미학의 핵심과제였던 민중적 신명론에 근거한 주장인가? 나는 그 무렵 농사일에 너무 빠져 그런 신명론을 경청해 볼 기회가 없었다. 그런데 이 글이 여기까지 오게 되자 새삼스럽게 그 신명론이 아무래도 걸림돌이 된다. 본격적 관심을 가지기에는 물리적 시간과 정신적 여유가 없기는 지금도 매일반이다. 시간을 가장 많이 절약하면서도 그 개요와 핵심을 일별하기 위해서는, 우리 전통문화인지 아니면 그 신명론인지 아무튼 그 방면의 교주로 통하는 채희완의 신명론을 하나쯤 구해 보는 방법밖에 없다.

채희완의 신명론

부산대학의 채희완 교수는 요즘에 쉽지 않은 신명놀이꾼이다. 그는 두레의 현장 조사 때 "한판 먹고 놀자고 두레쨌다"고 했다는 한 두레 퇴역노인의 진술을 신주단지처럼 모시고, 그것을 실천하는 놀이두레꾼으로서는 누구의 추종도 불허한다. 물론 그도 교수라는 직업으로 먹고 살고, 교수도 학문공동체나 대학공동체란 신식 두레의 한 구성원이랄 수 있고, 또 그 일도 신명으로 한다면 일로서의 두레꾼도 될 수 있다. 그러나 그의 두레는 놀이두레와 일두레가 통일되어 있다기보다 아무래도 분리되어 있는 것 같다.

만일 그의 말대로 두레의 목적이 순전히 먹고 놀자는 데 있다면 우리의 두레문화론을 훨씬 복잡하게 만든다. 오늘날과 같이 따로따로 분업화된 일은 없고 함께 놀고 먹고 기원하기 위해 사람이 모인 태초의 삶— 원시공동체를 두레로 친다면 그 말은 맞을지 모른다—에도 먹을 것을 채집하는 일과 그 먹이를 풍족하게 해달라는 기원제사 행위 자체가 큰 일이었다. 원시공동체도 제사공동체로서의 이런 일은 있었으니 일 없는 사회란 인간세상에는 없다.

더구나 우리가 말하는 두레가 그 뿌리는 원시공동체일지라도 둥치는 벼농사 이후, 특히 재래의 직파농법이 이앙농법으로 바뀐 뒤부터의 노동집약적인 벼농사에 대응하는 협동노동 결사체를 뜻한다면 먹고 놀기만 하는 두레는 있을 수가 없다. 그렇다고 내가 두레를 반드시 일을 위한 결사체라고 그 의미를 축소 단정하는 것은 결코 아니다. 놀기 위한 두레다, 일을 위한 두레다, 제사를 위한 두레다 하는 단정은 달걀이 먼저다 닭이 먼저다 하는 말장난처럼 의미 없는 논쟁이다. 그렇게 분리된 말장난은 원시공동체에도 없었고 중세사회의 두레에도 실재하지 않았다.

채희완이 현장에서 들었다는 노인의 먹고 놀자는 두레도 일을 포함해서 노는 두레를 말한 것일 뿐 오로지 일은 않고 놀기 위한 두레라는 뜻은 물론 아닐 것이다. 노는 것만 목적인 두레는 노는 것 자체도 일(직업)이 된다. 오늘의 새 광대들처럼 세상에 놀고 먹는 두레는 물론 개인도 있을 수 없기 때문이다. 두레는 모두를 위한 그 모두를 통일하는 공동체라는 데 그 의미와 가치가 있다. 그렇지만 채희완은 나의 이런 두레관에 대해 아무래도 좀 다른 시각을 가지고 있는 것 같다.

무엇으로부터 이런 차이가 예비되는지 그의 신명론에서부터 이야기를 풀어갈 필요가 있다. 『한국전통춤의 생명사상』「신명론 재론」에서 채희완은 이렇게 신명을 정의한다.

"신명은 우주생명력과 교합된 상태로 확대된 자아입니다. 말하자면 우주생명이 인간내부에 지펴들어 자기 안에 우주가 확대되어 나오는 영성적인 것이지요. 그리고 이러한 신명은 우리의 샤머니즘적 전통에서 이야기하듯 신이 나고 들고, 오르고 내리고, 지펴 바람나는 접신체험이기도 합니다. 그것은 우주질서가 나고 드는 내유신령외유기화(內有神靈外有氣化)의 동학주문과도 통합니다. 자신이 한울님의 담지자임을 스스로 깨닫는 이마다 신명의 주재자이므로 신명은 연행예술가에게만, 농촌 정서체험자에게만 다가오는 것이 아닌 만인 보편의 것입니다. 예술가란 말하자면 일반인의 은폐된 신명을 불러일으키는 신명의 대행자입니다. 각자마다 내재된 신명을 은폐시키도록 몰고 간 삶의 액을 제거하는 사제의 역할을 맡아 하는 것이지요. 오늘 어떠한 노래와 춤, 시와 음악, 그림과 예술이 있어 잠자는 신명을 불러일으킬 것인가가 당면한 민족예술의 근원적 과제입니다."

글을 쓰다가 가장 맥빠지는 대목이 남의 글을 인용할 때다. 그런데도 이렇게 지루한 글을 길게도 인용한 것은 이 글 가운데 그의 신명론과 민족미학론의 핵심이 거의 압축되어 있지 않나 생각되었기 때문이다. 그러나 막상 인용하며 자세히 음미해 보니 의문점이 한두 가지가 아니다.
　우선 신명이 객관적 실재냐 아니면 주관적 정취냐 그도 아니면 범신론적 편재냐가 분명하게 짚어져 있지 않다. 신명이란 말에 귀신 신(神)자가 들어 있는 것으로 보아 그것이 귀신과 밀접한 관계가 있는 것은 틀림없다. "신이 들고 나고, 오르고 내리고, 지펴 바람나는 접신(接神)"의 경지가 신명의 절정과 완성이라는 것은 두루 알려진 상식이다. 그렇다면 이 경우의 신명의 원천은 신이란 객관적 실재에 있다. 과학적 실증의 유무를 떠나 신이 객관적 실재라면 신이 아닌 인간이 어떻게 그 절대적 존재의 문을 열고 접신의 경지에 다다라 그 밝음[神明]을 헤아릴 수 있을까? 그렇다고 사람이 곧 한울이란 말처럼 사람이 신일 수는 없다. 그렇다면 신은 주관적 정취의 객관적 관념화인가? 아니면 반대로 객관적 실재의 주관적 정취화인가?
　채희완이 신명을 "우주생명력과 교합된 상태로 확대된 자아"라고 했을 때의 그것은 주관적 정취로 이해된다. 그러나 곧이어 "우주생명이 인간내부에 지펴들어 자기 안에 우주가 확대되어 나오는 영성"이 신명이라고 할 때는, 즉 자아의 우주적 확대가 우주생명의 자아내적 확대로 전복될 때는 그것은 절대적이고 객관적 실재에 의해 매개된 신명이다. 어느 쪽인가? 주·객관적인 두루 실재라면 그것은 범신론적 편재 또는 실재일 수밖에 없다. 그렇지 않고서야 신명이 연행예술가나 농촌정서 체험자(민속주술전통체험)에게만 독점된 것이 아니고 만인 보편의 것이 될 수 없지 않은가? 신명이 객관적 실재든, 관념이든 또는 주관적 실재든, 관념이든 그것이 우리 삶에 별다른 영향이나 변화를 주지 않는 한 이 문제는 그냥 적당히 넘어가도 좋다. 그런데 한 많은 삶에 짓눌린 일반인의 은폐된 신명을 불러일으키는 데 왜 무당, 목사, 신부, 중이 필요하고 굳이 예술가라는 신종 사제가 또 필요한가? 민속과 무당의 주술이 인간과 자연의 갈등에 대응하고, 사회의 복잡한 분화와 함께 태어난 예술이 인간과 인간의 갈등에 대응하기 위한 것이라면 이른바 고급종교들은 이 모두를 대응하기 위한 것인가? 그것도 좋다.

그런데 일반인은 신명을 은폐당하는 데 왜 동시대의 비슷한 조건에서 살고 있는 종교사제들과 예술사제들은 유독 신명을 은폐당하지 않고 반대로 일반인의 신명을 고양하는 대행자 역할을 할 수 있는가? 사제나 예술가들은 이른바 선천적 끼를 타고났거나 접신의 기술을 피나게 연마한 결과이기 때문인가? 그렇다면 누가 그런 끼란 특권을 주었고 그런 기술을 연마할 기회를 주었는가? 인간이 인간에게 그런 신기(神技)를 줄 리 만무하고 신이 주었다면 그런 신은 주관적 정취도 객관적 관념도 아닌 객관적 실재이거나 적어도 범신적 실재가 되어야 한다.

신이 객관적 또는 범신적 실재로 존재하며 그에게 이런 무한한 권능까지 있다면, 우리는 더 이상 할말이 없어진다. 그런 신이 인간에게 너는 사제가 되고 너는 예술가, 너는 정치가, 농민, 노동자, 장인으로 살라고 그에 알맞은 끼만 준다면 우리는 그저 앉아서 주어진 그 일로 팔자한탄이나 할 수 있을 뿐이고, 그것을 벗어나기 위해 아무리 발버둥쳐도 소용없는 운명론자, 신의 예정론자가 될 수밖에 없다.

그러나 신명이 만인에게 보편적으로 내재된 실재라면 종교사제나 예술사제의 그런 끼나 기술적 도움 없이 일반인들도 자기의 은폐된 신명인 살과 한을 스스로 풀 수 있어야 되는 것 아닌가? 실지로 예술가나 종교사제의 도움 없이도 자기 일에 몸과 마음이 일체감을 이루며 그것을 멋지게 잘하면 신들린 듯이 잘한다고 하고 또 그 뛰어난 일솜씨를 신기에 가깝다고 하지 않는가? 그렇다면 두레공동체로부터 분리된 직업적 종교사제든 전문예술사제든 자기 스스로의 신명풀이 외에는 다른 사람에게 무슨 필요가 있는가? 토대공동체인 두레로부터 분리돼 간 양반, 귀족, 관료, 부르주아, 도시, 시장체제 등은 진보적 거부와 철폐의 대상인데 예술과 종교는 어디로부터 그 면죄부를 샀는가?

예술과 종교만 예외적으로 민중적이고 민중을 위한 것이기 때문인가? 민중의 토대인 두레를 떠난 인간, 분리된 모든 가치들 치고 민중을 위한 존재들은 일찍이 한 번도 없었다. 참으로 민중을 위하는 길은 현재의 자기 전문성과 기득권을 버리고 스스로 민중으로 돌아가 사는 길밖에 없다. 민중을 위해 필요야 없겠지만, 이미 갈가리 분절된 이 복잡한 세상에서 모든 것들을 되돌릴 순 없으므로, 현실을 받아들이고 앞으로는 그 토대를 바탕으로 누이 좋고 매부 좋은 쪽으로 살자는 말인가?

인간관계가 누이와 매부관계가 아닌데도 누이 매부 다 좋은 그런 일이 있을 수 있는가? 민중으로부터 이미 분리되어 있으면서도 민중적 예술이란 두루뭉수리 말로 어물쩍 넘어가자는 바로 이 지점에서 이상한 냄새 — 무슨 음모의 냄새가 난다. 내가 무신론자는 아니지만, 아직 객관적 실재로서의 신을 확신하는 유신론자도 될 수 없었던 것은 바로 이 신과 그 체험 양식인 신명을 둘러싼 줄다리기에서 나오는 이상한 냄새 때문이다. 신과 인간 사이, 인간과 인간 사이, 인간과 자연 사이에 무슨 틈을 만들고 계급을 만드는 데 이용당하는 그런 절대자로서의 신과 신명을 믿어야 할 이유가 없기 때문이다. 바로 일과 놀이, 일과 종교, 일과 예술, 일과 정치 경제 사이에 틈이 없던 두레에 종교와 정치와 예술이 틈을 비집고 들어와 그것을 자청 메워 준다며 오히려 더 키워온 것이 인류의 문화사가 아닌가?

서정록의 일과 놀이(예술적이든 주술적이든) 사이의 그 틈도 채희완의 이 애매한 신명론과 무슨 연관이 있는 것이 아닌가? 과연 그런 틈이 처음부터 있었던가? 아니면 애초에는 없었는데 언제부터 누가 그런 틈을 만들기 시작했는가? 인류 시작과 미래의 이상인 두레사회에서도 그런 틈이 있었고 있어야 하는가? 모든 사람이 각기 한울님을 모시고 태어나 사는데, 어째서 신명을 자기 하느님과 사람이 요즘 유행하는 직거래로 할 수 없을까? 미래사회는 모르겠지만, 적어도 인간사의 시초에서 약 2천 년 전까지의 사회에서는 인간이 신과 모든 것을 직거래했다는 증거를 채희완도 자신의 신명론과 함께 보낸 김열규의 『한국무속신앙과 민속』의 「직접적 집단 신명」에서 보여주고 있다.

신명 직거래의 두레

거북아 거북아
네 머리를 내놓아라.
내놓지 않으면
구워서 먹겠다.

우리가 잘 알고 있는 『삼국유사』의 가락국 건국설화에 나오는 「구지가(또는 영신가)」로 기록에 남은 최초의 우리 가요다. 황천(皇天)의 신탁을 받은 가야국 시조신이 당시의 씨족사회 구성원들을 수상한 소리로 구지봉에 불러 모아놓고, 구지봉 꼭대기의 땅을 파면서 이 노래를 부르며 춤추면 대왕 자신을 맞아 나라를 세울 수 있다고 지어준 것으로 『삼국유사』는 기록하고 있다.

사람에 의한 지음이 아니고 비록 신탁의 형식을 빌리고는 있지만, 그러나 그 소리는 한두 사람도 아니고 무려 2~3백 명의 군중이 직접 들은 소리다. 이 소리에 따라 구지봉의 흙을 파면서 그 많은 사람들이 함께 춤추며 불렀다면 이것은 공동체의 사람과 신이 신명을 직거래했다는 증거의 기록이지 지금처럼 종교사제나 예술사제들에 의해 신명이 대중에게 전파되는 간접 유통의 시장거래가 아니다. 신이 지어 부르게 했다는 등의 신화 속의 사건이란 뒤집어 보면, 국가 권력도 권력화된 종교도 기술적인 예술가도 따로 분리되지 않았던 원시공동체의 주민 속에서 공동으로 이뤄진 모든 것의 반어적이고 상징적인 표현에 다름아니다.

이 노래가 처음으로 왕을 맞는 종족 집단의 의식행사에서 수백 수천의 공동체 주민들이 흙을 파는 집단노동과 함께 불리어졌다는 것으로 보아 원시적 주술가요와 공동노동가요적 성격을 함께 갖는 민중구전가요의 최초의 기록인 것은 분명하다. 이것은 가무, 시화 등 오늘날의 모든 예술작품의 시원이 노동과 의례의 연장 또는 부수적 산물일 수밖에 없다는 증거이다. 또 이것은 신명에 신(神)자가 들어 있는 한에서 신에 대한 의례와 관계되어 있지만, 노동과도 결코 뗄 수 없는 관계임을 증명함과 동시에 두레는 예술가나 사제의 매개 없이 신과의 직거래로 신명을 접수할 수 있다는 명백한 기록증거이기도 하다. 원시공동체사회로부터 시작된 이 신명직거래 전통은 청동기시대 이후의 계급화 사회에서 분화돼 간 정치권력, 종교권력, 문화권력에 의해 끝없는 침탈을 당하면서도 두레 속에 전승된 전통민속과 근대적 마을두레 공동체에서 끈질긴 생명력으로 전승 재창조된다.

가락국의 탄생시기는 서기 후 42년경으로 석기시대의 원시공동체사회가 무너지고 서기전 8~7세기경의 청동기 계급사회 국가가 성립된 한참 뒤의 일이다. 역사공식상으로는 원시공동체시대 아닌 계급사회시대라는 뜻이다. 그런데도 제정권력의 개입 없이 어떻게 이처럼 두레가 신과 직거래했던 구전가요가 기록으로까지 남아 있을 수 있었던가? 첫째 이유는 그것이 왕족국가의 건국과 관계된 것이기 때문일 것이다. 역사는 일반적으로 왕족이나 귀족 등 지배계층과 관계된 사건만을 주로 기록한다.

둘째는 가락국의 전신지역인 진한이 일찍부터 청동기뿐 아니라 철을 생산 사용했던 정착 농경사회라 해도 철기문화를 앞세운 북방 이주민 주체의 다른 부족계급국가나 아니면, 신라 등 토착왕족국가의 중심부로부터 멀리 떨어진 낙동강 변두리의 10여 개 족장사회(씨족사회) 중 하나로 오래 남을 수 있었기 때문이 아닌가 추측한다. 다시 말하면 초보적인 계급사회로 원시적인 공동체의 유제가 강하게 남아 있었기 때문이다.

셋째는 설사 조선과 같은 엄격한 신분계급 사회일지라도 변두리의 하층에서는 원시공동체의 유제인 두레가 하나의 민속적 전통으로 존재할 수 있었다는 데 근거한다. 원시유풍적 두레사회는 본질적으로 제사와 정치, 제사와 노동, 제사와 예술이 분리될 수 없다는 이유에서다.

그러나 철기문화와 그것으로 무장한 군대를 앞세운 북방 이주민 주도의 국가나 아니면 다른 이유로 일찍이 분화된 계급 토대의 국가에서는 청동기문화의 토착권력인 족장들로부터 정치권력을 분리해 내는 대신 그와의 직접적 충돌을 완화하기 위한 수단으로 소토, 솟대 등의 특정지역을 할애하여 제사의식을 주관시키는 등의 제정분리가 계속되고 있었다. 이 같은 제정분리 현상은 신과의 직접적이고 집단적인 신비체험 또는 신명체험을 어떤 특정개인의 독점적 체험을 통해 간접적으로 집단에 중매하는 체험으로 바뀌게 한다. 청동기 토착권력인 소토, 솟대의 족장들이 그것을 대행했고 이것이 사라지면서 민속화된 수많은 무당들이 그랬을 것이다. 그러나 이의 공식적인 기록은 『삼국유사』의 처용량과 망혜사조에서 보게 된다.

신라 49대 헌강왕은 동해 용왕을 위해 절을 지어 바치고 그 대가로 용왕일행으로부터 춤과 음악의 향연을 제공받는다. 또 그 인연으로 용왕의 한 아들 처용을 데려다 미색 아내와 급간이란 벼슬을 준다. 미인 아내를 탐낸 역신을 감복시켰다는 처용의 가무곡의 노랫말이 재미있다.

> 동경 달 밝은 밤에 밤늦도록 노닐다가
> 들어와 잠자리를 보니 가랑이가 넷이네
> 둘은 내 것인데 둘은 누구의 것인가
> 본디는 내 것이지만 빼앗긴 걸 어쩌랴

이 처용가무와 그 화상은 통일신라 이후의 강화된 일부일처제와 재산사유화의 확립을 보여주는 동시에 지금까지의 민중의 신명 직거래까지도 다른 권력이 독점하여 간접유통 거래시킨다는 최초의 기록적인 계기가 된다. 헌강왕 자신도 포석정에서 신하들에게는 보이지 않는 남산신의 춤을 혼자서 보고, 그것을 어무산신춤이라 하여 직접 추어 보이는 무당 행세를 하고, 또 이 춤 모습을 공장에게 모각시켜 후대에까지 전수하고자 한다. 또 금강령에서는 북악산신춤을 보고, 동례전연에서 본 지신춤에게는 지백급간이란 벼슬까지 내린다.

이렇게 백성이나 신하들에게는 보이지도 않는 춤을 통해 헌강왕이 독점한 귀신과의 신명거래 체험을, "지신과 산신이 나라가 망할 징조로 헌강왕에게만 보여준 춤인데도 그것을 모르고 '귀력난신'에 의존하다 결국 신라를 망쳤다"고 『삼국유사』는 해석한다. 헌강왕 시절은 태평성대를 거듭 강조할 만큼 수도 경주의 귀족생활은 사치하고 호화로웠으나, 사실은 그러한 귀족의 호사를 위한 민중의 지배착취에 따른 이반된 민심을 배경으로 백제, 고구려의 부흥운동이 시작되고 지방호족의 반란도 끊이지 않아서 지배권력과 이데올로기가 이미 붕괴중인 왕조 말기다.

바로 이 위기감 때문에 헌강왕은 즉위 2년 2월 황룡사에서 승려들에게 음식을 대접하고, 백고좌(百高座)를 설하고 경을 강하는 데 가서 몸소 들었다. 5년 2월에는 국학에 가서 박사 이하의 교관으로 하여금 강론을 하게 했다. 12년 6월에 다시 황룡사에 백고좌를 베풀고 강하도록 한다(『삼국유사』). 그리고 앞서 이야기한 대로 동해 용왕을 위해 망해사라는 절을 지어 바친다. 여기에 그치지 않고, 태평성대를 기원하면 태평성대가 이루어질 수 있다는 주술에 기대고자 이미 왕실에서 폐기처분되어 무속화됐던 굿까지 친히 치른다. 이것이 처용을 비롯한 여러 춤굿이다. 말하자면 나라를 위기에서 구하고자 유·불·무교 등 당시의 모든 계층의 이데올로기들을 총동원한 셈이었지만, 그럼에도 얼마 가지 않아 신라는 망한다.

하지만 내게는 이 모든 이데올로기의 독점적 권력화 — 민중신명의 독점이 오히려 권력으로부터 민중을 소외시키고, 결국 민심과 떨어진 권력은 망할 수밖에 없다는 '민심 곧 천심'의 다른 표현으로 읽힌다. 어쨌든 『삼국유사』의 처용설화굿과 헌강왕의 굿들은 제정일치시대의 직접적 집단 신명이 개인신명화하는 무속 전통의 공식기록인 동시에 정치에서 굿이 분리되는 마지막 의식굿으로도 볼 수 있다.

승려 일연이 쓴 『삼국유사』는 고대국가의 건국신화를 제외하면 거의가 무속화된 전통신앙의 귀력난신을 비판하면서도 승려들이 대신 이적과 기행으로 그것을 제압접수해서 부려먹는 불교 이데올로기의 승리를 기록하는 것으로 채운다. 이 같은 통일신라 이후의 불교와 조선조 유교의 통치이념화는 직접적 집단신명의 두레민속과 개인적 신명체험의 무속을 동시에 민중전통화 시킨다. 그러나 민속과 무속은 같은 민중전통이긴 해도 무속이 무당사제가 개인적으로 체험한 신명의 시장적 간접거래라면, 민속의 신명은 두레공동체 내의 직거래 신명이라는 점에서 양자는 뚜렷이 분리된다. 여기다 민속의 놀이적인 의례신명, 무속의 의례적 놀이신명, 노동의 놀이화신명 등 모든 놀이적 신명 부분을 종합한 토대 위에서 또 하나의 신명분화와 분리가 일어났는데, 그것이 전통예술의 핵심인 마당굿이다.

탈춤의 반토착적 시장성

탈춤의 모태는 마을굿을 주도하는 두레의 풍물놀이에 있다고들 한다. 그러나 그 신명의 뿌리는 민속의례와 무속의례, 일상적인 노동신명의 세 곳에 얽혀 있기 때문에 그 정체성이 애매하고 꽤나 복잡하다. 이런 마당굿 신명의 애매성을 채희완은 그의 「민중연희에 있어서 예술체험의 신명」에서 이렇게 말한다.

마당굿은 '일하는 것'과 '노는 것'을 변증법적으로 통합시킴으로써 놀이의 공유화를 통한 '삶의 집합화'와 '놀이의 삶에의 환원'이라는 생활예술로서의 총체성과 보편성 위에 놓여 있다.

변증법은 참으로 편리하고 근사하면서도 애매한 논리지만 자연이나 인간의 새로운 창조물을 설명할 때면 없어서 안 될 여의봉이다. 요컨대 마당굿은 일하는 것도 제사 지내는 것도 아니지만, 사람의 일상성과 유희성의 틈 사이에서 새로운 신명영역을 확보함으로써 '삶의 집합화'와 '놀이의 삶에의 환원'에 이바지함으로써 그 총체성과 보편성을 획득하는 것으로 이해된다. 세상의 존재자들에게 자기정체성과 자기합리화의 변명이 없을 리 없다. 따라서 이 마당굿론도 그 존재의 합리화에는 맞는 말이다.

그러나 아무리 여의봉 같은 변증법으로라도 검은 것을 희게 보일 수는 있겠지만 흰 것 자체로 만들 수는 없다. '삶의 집합화'인 두레로부터 '노는 것'이 저절로 분리되었거나 다른 것이 분리시켰는데, 이것을 마당굿이 변증법적으로 삶과 통합한 것이 아니다. 바로 마당굿 같은 놀이를 좋아하는 사람들이 일과 놀이가 집합된 삶인 두레로부터 놀이만을 분리해 간 것이다. 그렇지 않고서야 마당굿이 '놀이의 삶에의 환원'이라는 '생활예술로서의 총체성과 보편성 위에' 놓여지게 할 수 없지 않는가? '환원'이야말로 본디의 자리에서 떨어져 나온 사물을 제자리로 되돌려주는 반응작용을 뜻하지 않는가?

분리해 놓고서 환원통합 시키려는 즉 병 주고 약 주는 이중성과 모순이 다름아닌 변증법의 이데올로기다. 바로 이 분리와 통합이라는 이중적인 채희완의 신명론과 마당굿론에 서정록의 일과 놀이 사이의 틈론 문화분리론이 근거했거나 적어도 그와 맥을 함께하고 있는 것 같다.

마당에서 치러지는 굿도 여러 가지다. 정초의 마을 의례굿에서부터 그 연장인 여러 가지 놀이굿과 그리고 주로 일터에서 하는 두레굿도 때로는 마당으로 연장된다. 그러나 채희완이 여기서 말하는 마당굿은 아마도 그 노른자위라 할 탈춤굿일 것이다. 과연 탈춤굿은 어떤 변증법을 통해 일하는 것과 노는 것이 통일된 두레 삶으로부터 노는 것을 분리하고 다시 그것을 제자리로 환원시킬 수 있는지를 채희완 자신의 탈춤론으로부터 얘기를 시작하자.

파계승 과장에서 보면 노장과 소무가 붙어지내면, 취발이가 나와 노장과의 몇 차례의 싸움 끝에 드디어 소무를 빼앗아 살림을 차려 아이를 낳는다. 이로써 취발이의 유랑생활은 일시적으로나마 종결된다. 취발이가 아이를 낳는 것은 취발이의 승리 후에 다가오는 새로운 사회의 담당자의 출현을 말해 주는 것으로 파악될 수 있다. 말하자면 그것은 새로운 삶, 새로운 사회에 대한 민중의 기대 욕구를 극대화한 것이다. 아이의 출생으로 끝없는 싸움은 끝이 나고 새로운 세계는 예기된다.

노장으로부터 취발이의 승리로 예기되는 새로운 세계란 과연 어떤 세계일까? 대답은 탈춤이 어디서 나서 어떤 곳에서 누구를 위해 놀아졌는가를 간단히 살펴보는 것으로 대신하자.

탈춤의 고유한 특징인 탈과 춤장단 악기는 채취시대의 수렵을 위한 실용적 동물탈과 그 몸동작을 위한 원시적 타악기에서 기원하는 것으로 추정한다. 실용에 필요했던 인간의 모든 창작물은 보다 정교화되는 과정을 통해서 제의(주술)를 위한 굿의 소도구 또는 제물로 수렴된다. 이런 과정에서 육체적 사유인 춤과 정신적인 사유인 주문(呪文)도 세련화되겠지만 그보다는 물질적인 소재로 된 탈과 타악기가 변형 세련화될 가능성이 더 많다. 실용동물탈의 제의화(주술화) 때 변형된 귀신탈은 농경정착적인 삶의 변화 속에서 다시 인간의 탈로 변형되고, 그것이 북, 방울, 피리 등 보다 다양화되는 악기와 결합하면서 우리가 알고 있는 제의적 전통풍물로 계승되었을 것이다.

기록으로 남아 있는 자료가 없어서 풍물(농악)의 시원과 역사적 전개 과정을 구체적으로 추정하기는 쉽지 않지만, 전통 마을굿을 풍물굿이라 할 만큼 풍물은 그 자체가 의례적인 것만은 분명하다. 마을굿의 주도구일 뿐 아니라 풍물은 무당 주도의 굿에도, 그 밖의 일상적인 일과 놀이에도 모든 신명이 있는 곳이면 어디든 빠질 수 없는 의례 자체다.

이런 제의 자체인 풍물에 좀 이색적이라 할 잡색들이 언제 어디서 결합되기 시작했는지도 정확히 알 수 없다. 물론 잡색 중의 포수는 수렵채취시대의 사냥풍요를 기원하는 유감주술의 상징적 존재이기도 하고, 농경사회에서는 농작물을 해치는 짐승 피해 예방 등의 자연재앙을 물리치는 기능을 상징한다. 하지만 농촌공동체의 두레굿과 도대체 상관도 없고 어울리지도 않고 오히려 이를 배격 탄압하던 양반이나 중의 춤이 끼여든 것은 아무래도 모순이다.

이것은 아마도 농경사회의 두레를 위협하는 모순이 자연재앙에만 그치기보다 그 밖의 재앙, 구체적으로 양반관료 등의 지배계급에 의한 인위적 수탈재앙이 점증되는 사회분화의 반영인 것 같다. 이런 사회적 인간관계 갈등과 결코 무관할 수 없는 굿의 사회적 전개과정을 통해 자연과의 인간갈등을 굿적으로 풀기 위한 풍물굿에, 인간끼리의 사회적인 극적 갈등까지 포용하지 않을 수 없는 단계에서 양반춤이 도입된 것 같다. 다시 말하면 두레공동체를 위협하는 현실적 주체일 뿐 아니라 조선조에 와서는 마을굿까지 음사로 규정하고 유교식 제사로 바꾸도록 제도적으로 강압하는 양반을 오히려 풍물굿 속에 받아들여, 그들을 반어적으로 풍자하고 희화하고 조롱하기 위한 극적 대응으로 볼 수 있다.

이 같은 풍물굿 속의 잡색탈춤이 농촌탈춤으로 분화 발전되어 간 것은 물론 농촌두레의 분화라는 모순의 반영일 것이다. 그러나 다시 굿적인 농촌탈춤이 인간사회의 복잡한 갈등구조로 초점을 옮기고 굿적인 요소를 완전히 해체시킨 도시탈춤을 발생시킨 모태가 된 것은 농촌두레의 모순이자 비극이다. 요컨대 탈춤도 다른 모든 예술장르들처럼 원시두레로부터 농촌두레까지 모든 민속 및 무당굿에 그 원천을 두고 있으면서도 농촌두레의 분화와 함께 그 분화를 추동하여 토착성을 버리고 분리, 이탈, 시장화한다. 이처럼 정해진 단계를 거치면서 도시탈춤은 오히려 농촌두레의 파괴를 가속화시키는 배반의 산물이 된다.

  탈춤 공연 배우는 농사일이 하기 싫거나 적어도 농사일 부적응자인 농촌두레 이탈자다. 농사일이 싫은 탈패가 놀러갈 곳은 시장밖에 없다. 신작로는 아직 없고 거의 모든 물류를 물길에 의존했던 당시(18세기)에는 대부분의 큰 시장이 물 가까이에서 형성됐고 탈패는 이 물가의 시장이나 아니면 새로 생긴 큰 시장으로 몰렸다.

  이 시장에 나온 도시 탈패는 물론 이제 농민이 아니다. 그러나 탈패도 시장주체인 상인도 그 장터에 모이는 농민도 당대의 민중이다. 민중이 민중을 불러모아 민중을 즐겁게 해주는 한 그것이 민중연희인 것만은 틀림없다. 하지만 민중연희라고 다 민중을 위한 연희는 아니다. 아무리 전근대적인 시장이라 해도 시장은 시장일 뿐 농촌두레는 아니다. 전근대적 농촌시장은 본격적인 도시시장으로, 근대적 자본시장에서 산업시장으로, 다시 오늘의 세계화 금융자본시장으로 재편확대를 거듭하며 이 지구상의 모든 지역적이고 토착적인 두레를 무차별적으로 공격 파괴하고 있다.

  두레굿의 본래 주인인 풍물과 풍물잡이들이 한갓 잡색에 지나지 않던 탈광대에게 그 무대는 물론 춤과 말조차 다 빼앗기고 그 광대의 보조장단수로 전락한 탈판 악사의 모습에 몰락한 오늘의 농촌이 겹쳐져

온다. 두레 풍물잡이의 탈판 악사로의 전락과 농촌두레의 소멸, 두레 풍물에 대한 탈판 광대의 승리와 두레에 대한 시장의 승리는 정확히 대응한다. 탈춤의 핵심주제가 되는 양반과 노장에 대한 말뚝이와 취발이의 승리는 그러므로 새롭고 창조적인 두레의 승리가 아니라 그와 반대로 반두레, 반토착적인 시장의 승리로 전개되고 있다.

사실 탈춤에는 양반, 노장 등 당시의 지배 이데올로기에 대한 모순 폭로와 부정만 있었지, 미래에 대한 어떤 전망, 특히 자기 모태인 두레에 대한 전망이 전혀 없었다. 굳이 전망을 찾는다면 스스로 농촌을 버리고 시장으로 달려감으로써 시장을 전망화했을 뿐이다. 따라서 두레 신명으로부터 분리된 마당굿(탈춤)도 다른 예술장르나 종교들처럼 또 하나의 이데올로기일 뿐 진정한 '삶의 집합화'나 '놀이의 삶에의 환원'이 될 수 없었다. 삶의 집합화가 아니라 시장의 집합화였고, '놀이의 삶에의 환원'도 시장에로의 환원이었지, 자급자족하는 두레에로의 환원은 아니었다.

유랑성의 예술성과 파괴성

채희완은 그의 「유랑성과 예인정신」이란 글에서 이런 주장을 한다.

탈춤의 등장인물을 보면 거의가 유랑생활자이거나 아니면 적어도 유랑성을 엿보이고 있는 뜨내기적 인물이다. (중략) 특히 유랑예인으로서의 사당패 연희자는 유랑생활을 통해 전국적인 현지체험과 다양한 현실접촉에서 폭넓은 견문을 가질 수 있게 된다. 그리하여 이들은 민심의 소재와 여론의 방향, 사회구조의 모순점 등에 민감하고도 정확한 사태

인식을 행할 수 있어서 민중의 생활상의 꿈을 예술적으로 실현, 현실화하는 예술적 선지자 역할을 담당하는 것이다. 사당패 연희자의 이러한 미적 사제자로서의 정신을 이른바 '예인정신'이라고 할 수 있을 것이다. (중략) '예인정신'은 민중일반을 대신하여 민중의식이나 민중적 미의식을 미적 대리인으로 표현해 주는 정신이라는 의미에서 민중예술가의 정신이라고 할 수 있다.

내 글을 쓰면서 남의 글로 다 채울 수가 없어 일부만 인용해서 이 정도지만, 채희완의 「유랑성과 예술정신」이란 글은 온통 유랑성에 따른 온갖 미덕이란 미덕을 총동원해 두고 그에 대한 최고의 찬사를 헌사하는 글로 일관하고 있다. 과연 유랑에는 그토록 아름다운 미덕과 민중예술정신만 있는 것인가?

그것은 교통수단이 보행일 때는 그나마 보아줌직한 스산한 아름다운 정서일지 몰라도 본질적으로는 반토착적 제국주의 정서이다. 과거의 모든 제국주의는 물론이고 오늘날의 기업·시장 제국주의도 생활수단 자체가 반농업적이라서 반토착적인 유목민이거나 바다에서 남의 배와 사람을 가라앉혀 먹고사는 해적들의 그 유랑정신을 고스란히 이어받고 확대시켜 온 그 후손들의 위대한 유랑정신의 결과다. 북미의 인디언문화, 중미의 마야문화, 아프리카의 원주민문화, 아시아의 토착문화를 해체 파괴하고 오늘의 세계시장을 지배하는 장본인이 바로 그들이다.

현재만 그런 것이 아니고 일찍이 정착화한 우리에게 계속 가해진 환란의 장본인도 바로 그 유랑성이었다. 우리 고대의 정착두레사회도 보다 일찍 철기문화로 무장한 북방의 유목 이주민들에 의해 계급국가로 해체당했다. 중세에도 여진족, 호족 등의 유랑 침략족에 의해 수없는 두레 유린과 치욕을 당하는 것이 우리 역사였다. 이런 역사과정에서 여진족의 포로 또는 귀화인의 후예인 '화척(禾尺)'과 신라말부터 고려말의 정권교체기의 혼란 틈으로 스며들어온 유목민 타타르족의 후예인 '재인(才人)' 계층도 그렇다.

유입 초기에 이들은 집단으로 유랑하며 걸식, 강도, 방화, 살인 등을 자행했고, 고려말에는 왜구로 가장하여 민가를 약탈하기도 했다. 이들의 집단 유랑성에 따른 난폭성과 침략성이 문제시되어 조선조에 와서는 토지를 지급하여 농사를 짓게 하고, 신공을 면제시키고, 장적을 만들어 천민이란 인식을 씻어주기 위해 백정으로 개칭하는 등의 국가 중요정책의 대상이 되기도 했다. 그럼에도 이들은 그 떠돌이 유랑근성을 버리지 못한 채 버들그릇과 가죽제품의 제조나 도살, 수렵, 육류판매 등을 생업으로 하다가, 조선조 중기 이후에는 주로 창극 등의 기예에 종사하기도 한다.

유랑성에는 아름답고 낭만적인 예술성, 재인성(才人性), 혁명성만 있는 게 아니다. 이것을 압도하는 난폭성과 침략성, 파괴성도 병존한다. 매사를 제 눈으로 좋은 점만 확대재생산하지 말고, 남의 눈 쪽에서 보이는 나쁜 점도 함께 보아주는 시각도 필요하다. 최근에 와서는 인간 내부에 잠자는 그 유랑성을 부추기는 고적문화답사기가 이 시대 거품 물량화에 따른 관광 광기에 편승해서 베스트셀러가 되자, 자기 지역에서 잠자고 있던 온 문화계를 답사유행 태풍 속으로 몰아넣고 전국 방방곡곡을 유랑시키는 그 유랑병의 재발계기가 되기도 했다. 예술성과 낭만성으로 미장된 그 유랑성이 결과적으로는 시장성이었고, 그 시장의 난폭성과 파괴성이 우리의 토착문화에 어떤 영향과 결과를 가져왔는지는 각자가 알아서 가늠해 볼 일이다.

토착두레 속의 마당굿 아닌 시장판의 18세기 탈춤과 사당굿은 어떤 탁월한 민중미학적 강론에도 불구하고, 고향에 뿌리를 둔 두레의 신명

직거래 토착문화를 배반 파괴하고 시장체제 속에 흡수 소멸시킬 수밖에 없는 유랑 그 자체일 뿐이다. 두레이탈 광대나 사당패의 현대적 부활 후신인 지금의 신세대 광대들도 마지막 남은 토착문화와 지역두레의 유풍을 파괴하는 데 어떤 역할을 하고 있는지는 새삼 이야기할 필요도 없다.

그러므로 민중문화론의 '신명론'과 생명문화론의 '단비론', '틈론' 등도 지금은 재고와 '창조적 파괴'를 통한 재창조를 피할 수 없다. 신명 직거래의 두레에 그 유통 대리업자가 개입하면 그날부터 두레는 시장으로 해체되는 길을 걸어야 한다. 두레에 필요한 것은 미적 대리자나 신명유통업자가 아니라 두레사람이다. 두레사람만이 두레로부터 분리되지 않은 두레예술과 두레과학과 두레문화를 만들 수 있고 저절로 생기게도 한다.

신명의 원천은 두레다

우주생명의 자기표현으로서의 수많은 개별생명 중에서 유독 자기표현욕구가 가장 강한 생명이 사람이다. 그래서 사람은 여럿이 모이기만 하면 그것이 농사일판이든, 놀이판이든, 제사판이든, 정치판이든 모두 떠들썩하고 시끄러운 굿판을 만든다. 굿판은 신명판이다. 그러므로 신명은 신에 의한 신지핌이나 신내림이라거나 틈을 아우르는 힘이라거나 선험적으로 인간에 내재하는 정신력이라거나 일과 놀이 또는 모든 사물에 편재한다기보다, 개별생명의 자기표현력이 조화롭게 한데 어우러지면 그 상호상승작용으로 그때 그때 솟아나는 생기(生氣)라고 해야 옳을 것 같다.

그렇지만 그 어우러짐도 적정규모라야지, 너무 많이 모이거나 설사 적게 모여도 자기표현력이 지나쳐서 자기중심적, 이기적이 되면 굿판이 끝날 때나 오늘의 정치판이나 온갖 이익집단들의 판처럼 난장판이 된다. 굿판에서의 난장판은 말로는 성속일여와 신인융합의 절정판이기도 하겠지만, 그러나 사실은 그것으로 잔치는 끝나고 일상으로 되돌아가는 파장이기도 하다.

따라서 두레삶의 기본덕목인 협력과 헌신, 양보와 봉사 등의 사회도덕적인 규범들은 어떤 도덕군자가 책상물림으로 만들어서 세상살이의 지침으로 내려주는 추상적 규범이 아니다. 두레 사람들이 두레 삶을 통해 만들고 키워나간 두레적인 실천원리들의 개념화에 다름아니다. 요컨대 신명의 원천도 어려운 책이나 수사들의 복잡한 조합으로 구성되는 것이 아니고, 바로 두레―마을 규모나 생태적 토착문화 규모의 지역사람들이 어울려서 절제있는 상호의존으로 일하고 노는 데 있을 것이다.

사람들은 신명(神明)이라고 하니까 굳이 신과 관련된 굿이나 굿놀이에만 연관시켜서 그것을 보려고 했었지, 일과 신명을 관련시킬 줄은 모른다. 그러한 편견을 바로잡기 위해 지금쯤은 '神明'을 '身命', 곧 '목숨'으로 바꿔봄직도 하다. 그러고 보니 '신명이 난다'와 '목숨이 난다'라는 말에서 풍기는 체취가 꽤 비슷하기도 하지만, 후자가 더 실감나는 말인 것도 같다.

인간의 본디 삶에는 잠자고 쉬는 것과 놀고 먹는 활동과 초자연적 초월 존재들에 대한 제사 활동 등의 넓은 의미에서의 놀이가 있었을 뿐 따로 생산이란 뜻의 일은 없었다. 그래서 놀이하는 인간이란 그럴듯한 말도 있지만, 노동하는 인간이란 말도 있다.

일의 개념은 농경이나 목축 등 인위적인 생산이 시작되고 그 잉여로

천신제 등에 종사하는 '일'로 먹고사는 계층의 비생산활동에 대한 생산활동의 상대화에서 생겨난 것 같다. 더 많은 잉여의 축적이나 독점이 이루어지면서는 먹는 것도 먹는 일, 노는 것도 노는 일, 제사하는 것도 제사 일 등으로 나누고 독점하면서 모든 것을 일로 받아들였을 것이다.

노는 것도 그것이 직업일 때는 일이다. 그러나 잉여를 독점해 왔던 비생산계층과는 달리 농경을 하고서도 잉여의 축적 없이 그때 그때마다 자급자족했던 두레에서는 여전히 일과 놀이의 분리가 일어나지 않았다. 두레에서는 일이 놀이였고 놀이가 곧 일이었다. 굿도 놀이인 동시에 생산을 기원하는 중요한 일이었다.

이 모든 것을 혼자서 하면 힘든 일이었지만, 두레로 같이하면 즐거운 놀이가 되었다. 혼자 할 수 있는 것은 잠자고 쉬는 것뿐이고, 혼자서는 놀 수도 없다. 혼자 놀고자 해도 그것은 일보다 더 재미없고 힘드는 일이 된다.

춤추고, 함께 떠들고, 노래하고, 풍물치고, 뛰노는 놀이나 두레굿도 일하는 것보다 더 많은 땀과 열량을 소모한다. 큰줄굿에서 작은 가닥 수십 개로 큰 줄을 만들고, 옮기고, 당기는 데에는 농사일보다 더 강도 높은 대역사 노동을 요구한다. 혼자서는 도저히 할 수 없는 이 일도 여럿이 모이면 신명으로 할 수 있기 때문에 고역 아닌 즐거운 놀이가 된다.

편의상 생산의 목적이 있으면 일이고, 잔치·제의 등의 직접 생산 외의 목적이나 아무 목적 없는 인간활동을 놀이라고 분류해 볼 수는 있다. 그러나 마을굿이나 놀이 등도 농사짓는 생산활동과 똑같이 풍농이란 공동 염원을 공유했고, 지금의 분리된 삶을 사는 사람들에게도 엄격한 뜻에서 목적 없는 활동은 있을 수 없다.

일과 놀이를 굳이 분리할 필요가 있다면, 뭐든지 억지로 하면 일이고 여럿이 자발적, 자치적으로 하면 놀이가 된다. 그러므로 두레일을 할 때의 두레 소리나 춤, 풍물도 결코 일과 떨어진 틈 밖의 놀이문화가 아니고 바로 그 두레일의 연장, 확대로 봐야 옳다. 다시 말해 두레에서 하는 일을 포함한 모든 놀이가 일 아닌 놀이가 되는 것은 두레노동에 그 외적인 풍물이나 노래, 춤, 두레굿과 대동굿 등이 추가돼서가 아니라 두레 자체의 신명 탓이다. 풍물이나 노래·춤, 대동굿조차 이 두레 신명의 외연과 확대라 해야 옳다. 노래, 춤, 풍물굿을 통해 두레에 신명을 불러오는 것이 아니고, 두레의 신명을 자연과 초자연 존재에 바치기 위한 의례상 필요에 따라 갖추어진 도구로 보아야 옳다.

서정록도 앞의 인용문의 뒤를 이어 두레일터가 가족과 이웃으로 연장되고 일터의 놀이가 마을굿놀이로 연장되면서 마침내 성속이 하나 되고 나아가 우주적 영성과 하나 되는 두레 신명의 통일성을 말하기는 했다. 그렇다면 두레일과 놀이 사이에 왜 '틈'을 말하는가? 두레시대에도 두레일 밖으로 나가 틈을 만들고 두레를 분리 지배하기 위한 이데올로기 세력이 물론 있었다. 제정일치 시대의 제관이나 족장, 촌장들과 중세 두레시대의 승려, 지주, 양반들도 이 틈을 만들고, 그 틈을 이용해서 육체적, 물질적 안락을 추구한 세력이라 할 수 있다.

두레 안에서도 분리와 전문화가 전혀 없었던 것은 아니다. 두레풍물패의 잡색들로 꾸린 농촌탈패는 아직 두레에 생활기초를 두고 있기 때문에, 18세기 도시탈춤으로 완전분리되기 전의 과도기적 전문문화집단이라고 할 수 있다. 원시공동체에서 근세의 두레까지 수많은 신명 있는 사람, 끼 많은 사람들이 개인적, 집단적으로 두레공동체로부터 딴살림을 차려나간 두레문화 분리사에서 가장 주목할 만한 분리가 도시탈패와 사당패의 분리일 것이다. 두레로부터 떨어져나간 탈패와 사당패는 시장의 봉건지배 이데올로기 해체와 승리를 위한 문화적 도구로 그 역할을 마치고 사라져간 것 같지만, 그러나 그 문화전문주의는 자기 분칠을 거듭하고 세포분열을 거듭하면서 결코 사라지지 않는다. 사라지기는커녕 시장상업주의에서 더 맹위를 떨치며 마지막 남은 두레문화의 유풍까지 공격 파괴하는 문화 전위대로 부활했다.

두레 삶으로부터 이탈한 이런 문화전문주의자들은 이같이 좁은 의미의 문화 이데올로기를 끼고, 그것을 재생산하면서 살아갈 수밖에 없다. 자급자족의 두레 삶으로부터 분리된 전문집단의 안주처는 과학과 기술, 문화와 예술 등을 상품화하는 시장뿐이다. 만약 이것이 두레를 위한 단비문화라면 두레는 그 단비문화를 사양해야 한다. 두레의 쇠퇴소멸이 바로 그 외부에서 오는 단비로 시작됐기 때문이다. 두레에는 누레신명 자체가 단비일 뿐, 외부에서 내려오는 문화단비는 오히려 산성독비가 된다.

분리된 문화는 토착두레로 통일

두레에는 두레 자체가 문화일 뿐, 따로 노는 문화는 없다. 문화만이 아니라 두레에는 다른 분리도 없다. 자연과 사람이 분리되지 않았고, 사람과 사람이 분리되지 않았다.

어린이에서부터 노인까지 함께 살고, 정상인에서부터 병약자나 장애인까지 섞여서 산다. 분리된 세상에서는 장애인이나 노약자를 격리수용하는 복지시설로 그 복지수준을 가늠한다. 그러나 장애인과 노약자를 위한 격리시설이 많은 사회가 복지사회가 아니고, 장애인과 노약자도 정상인과 남녀노소를 가리지 않고 함께 섞여 살아도 자기를 장애인으로 의식하지 않고 살 수 있는 두레가 진짜 복지사회다.

두레에는 재주 있는 사람과 없는 사람, 힘있는 사람과 없는 사람, 늦게 온 사람과 일찍 온 사람이 성서 속의 포도밭 일꾼처럼 같은 품삯을 받는다. 물론 두레에도 땅을 많이 가진 사람과 그들에 의한 차별이 전혀 없지는 않았겠지만, 그러나 능력이 없다고 두레로부터 사람을 분리해 내지는 않는다.

두레에 문화와 예술, 교육과 경제 등이 중요하지 않아서가 아니라, 너무 중요하기 때문에 그것을 전문인에게만 맡겨 분리시키지 않고 통합적인 두레관리를 지향한다. 전인적인 두레는 그 자체가 가장 탁월한 뜻에서 대안문화이고 대안교육이기 때문에 또 다른 분리된 제도가 될 그런 말 자체의 발설을 삼가한다. 지역에 뿌리박은 자립두레에 토대하지 못한 대안문화와 대안교육이 단지 현실불만의 떠돌이들끼리 모여 지역과 분리된 집단을 이룰 때 그것 또한 하나의 체제가 되고 만다.

기존체제의 막강한 힘에 견주면 대안체제에 대한 우려는 물론 기우인 줄 안다. 그래서 각자가 이미 분리되어 있는 자기전문성을 통해 통합의 두레삶을 찾아내는 것도 물론 필요하고 소중한 일이다. 그러나 자기의 전문성의 기득권을 그대로 다 지키면서 통합 그물망만 강조하다 보면 또 다른 분리와 분리론만 난무시킬 것이다.

물론 두레 안에서 자라나온 토착문화론과 인문적 지혜들은 자치적 두레사람됨에 큰 깨달음의 지침이 될 수 있고, 황폐한 현대 인간의 정신을 정화시키는 단비가 될 수도 있다. 그러나 스스로는 두레 흙을 묻히지 않고 두레일에서 놀이를 분리하는 틈을 만들고, 틈 저편으로 분리해 간 생명문화론은 또 다른 문화주의, 인문주의, 신과학, 신문명주의가 된다. 그래서 서정록의 일에서 분리된 그 이분법적인 문화론과 모방신명론은 그가 말하는 '생명운동'에 '생명문화운동'으로 개입하고 지도하고자 하는 권위주의 문화론이 될 수밖에 없다. 땅과 두레를 떠난 변명과 수사가 길어질수록 그 또한 수사적인 서울문화론을 닮아갈 수밖에 없다.

서울에서 하는 환경운동과 생명문화운동들은 '기우뚱한 균형'으로 생태근본주의 대신 제3의 길을 찾아야 한다고 지역에 충고하고 있다. 하기야 땅과 너무도 큰 틈을 벌리고 있는 초지역적 거대시장에서는 그것 말고 달리 갈길도 없을 것이다. 제3의 길도 좋은데, 그 길인들 어디 쉬운 길일까?

일천년대든 이천년대든 어차피 서기(西紀)는 우리 것 아닌 남의 군사·문화 침략사의 기원이자 전통이다. 그 연장에 다름아닌 이 천년대를 지식인들로 자처하는 주제들의 '새 밀레니엄' 어쩌고 하는 말잔치가 씨가 되어 밀레니엄 상업주의가 먼저 판치고 있다. 이 같은 현재의 확대, 재생산, 연장에 다름아닌 새 천년 시대의 꿈과 화두가 된 첨단기술과 그 정보화도 여전히 지역의 토착문화를 세계시장체제로 완벽하게 단일화시키려는 그 자본시장운동의 연장일 뿐이다.

그런데도 "정보/신호 교통관계를 새로운 차원으로 조직함으로써 물질 대사(물류)를 최저화"시키는 '기우뚱한 균형'을 우리에게 허용할까? 정체조차 알 수 없는 자본의 자기표현운동인 첨단기술의 정보화는 똑바로 서서 제 갈길을 질주하는데 우리만 그쪽으로 기우뚱해지는 균형을 언제까지 유지할 수 있을지 확신할 수 없다.

80년대의 거품물량화 속에서 수많은 갈래의 대중문화론들이 거품으로 떠올랐고, 그 물량화로 인한 생태환경 파괴의 심각성을 우려하여 나온 것이 생명문화운동이다. 이런 소용돌이 속에서 분별력 잃은 세계화 체제에 대응하려는 지역문화론도 싹을 내밀었다.

그런데 서울의 문화론들은 아직은 있어 본 적도, 있을 수도 없는 지역문화 권력과 생태근본주의의 경직성과 폐쇄성을 미리 경계하고 있다. 아직 있지도 않은 지역문화에 대해 민족과 세계로의 개방과 그 그물망을 미리 강조하는 데는 물론 서울이라는 초지역성의 한계에서 나온 기우인 줄 안다. 마을굿의 민중·민족화는 탈춤으로 시장화됐고, 풍물굿의 세계화는 액자무대 속의 사물놀이가 되어 제 발로 세계시장 그물망에 달려가도 속수무책인 지역두레문화에 우려할 폐쇄성과 경직성은 처음부터 없었다.

오늘의 생명문화론이 당대로서는 치열했던 민중운동, 공동체 문화운동과 그 이론의 복제적 부활은 아닐지라도 그 영향을 전혀 안 받았다고는 할 수 없다. 그 문화운동의 주체들 중에 지역의 두레를 위해 정착해 간 사람이 전혀 없지는 않겠지만, 대부분은 문화상업주의 권력에 휩쓸려 매몰당했거나 아니면 서울사수의 문화주의에 기우뚱해 있다. 일부러 기우뚱해 하지 않아도, 어차피 바로 서서 살기는 다 틀린 세상이다.

이런 어지러움 속에서 힘겹게 나오는 '농업 중심 지역자립 공동체 지향'의 토착문화론의 하나인 《녹색평론》의 논조를 지지하거나 안 하는 것은 물론 자유다. 그렇지만 이것을 '폐품공동체' 정도로 비하하며, 남의 밥상에 재 뿌리는 서울의 수사문화론은 대체 무엇을 어찌하자는 것인가? 다만 그 《녹평평론》의 논조들이 우리 토착문화론의 부재 탓에 거의 외부의 것으로 채워지는 것이 아쉽다면 아쉽다. 그렇다면 우리의 토착문화론의 부재를 먼저 우려하고 토착문화의 존재 자체를 부인하는 시장그물망의 무서움을 걱정할 일이지, 있지도 않은 지역 폐쇄권력을 우려할 일인가? 기우뚱이든 직립보행이든 이제는 흙문화를 회복하고 흙문화를 논하다가 흙으로 돌아갈 일만 남았다. 막막한 시멘트 도시와 가도 가도 끝없는 아스팔트 시장 아래 묻혀 죽는 토착문화와 그 문화론이 그립고 대망스럽다.

전통과 진보

미완의 진행형 4·19혁명은 갈아치우기 '불가능'해 보이는 절대권력도 민중의 뜻에 따라 얼마든지 갈아치울 수 있다는 '가능성'과 자신감과 무한한 희망을 일깨운 역사적 사건이다. 그러나 곧이어 이 가능성과 희망을 무참하게 짓밟은 반혁명의 5·16 군사쿠데타로 좌절된 민중의 꿈은 미처 군사권력이 미치지 못했던 민중·민족문화의 연구와 사랑, 그 복원 쪽으로 그 분출구를 뚫었다.

이의 연장선상에서 70년대에 가장 찬란하게 부활하여 80년대까지의 기나긴 반독재 민주화 싸움의 요긴한 무기로 쓰인 전통 탈춤이 있다. 봉건적 지배계층과 그 가치를 회화화하고 부정하면서 새로 등장하기 시작한 시장권력의 이념을 옹호했던 전통탈춤은 그 탄생기에서는 두말할 필요없는 전투적 민중장르였다.

그러나 두레의 풍물굿으로부터 탈춤의 분화와 성장을 추동하고 탈춤자신도 추구했던 상인과 시장의 역사적 승리와 함께 그 사명을 다하고 쇠퇴, 소멸, 폐기처분당한 탈춤이 70년대의 서울바닥에서 한때나마 부활의 축제를 맞게 된 것은 그것의 현재적 진보성 때문은 결코 아니다. 그것은 과거의 민중전통의 존재 자체를 불온시하고 자발적으로 사람이 모이는 것만으로도 제 밑구멍이 구린, 18세기 양반지배사회보다 더 반동적이고 민중정통성이라고는 전혀 없던 군사독재권력의 한계

탓이다. 일찍이 있어 본 적 없이 철옹성 같은 이 군사권력에 대한 단순한 반대만으로도 진보적이고 변혁적이게 했던 당대의 예외적 상황 탓이다.

바로 그래서 국내의 부분적인 권력민주화와 동시에 현실사회주의가 퇴장하자 한때 민중 전통부활의 축제에 동참했던 그 자의반 타의반의 진보진영마저 모든 민중전통과 과거를 깨끗이 버리고 기다렸다는 듯이 시장만세를 부르며, '참여'니 '비지'니 하고 제 몫 찾기의 이합집산을 거듭하고 있는지 모른다.

사회주의의 퇴장으로 통일천하를 이룬 시장주의가 지구 구석구석을 휩쓸며 시장찬가를 합창하는 사이, 먹고 쓸 만하게 된 우리 대중들도 자기 과시욕과 감상적 복고성을 충동질하는 문화상업주의로 매몰되고 있다. 그리하여 우리 전통과 문화와 심지어 대중 스스로를 관광 상품화하는 전통문화 상업주의가 창궐하고 있다.

이 같은 전통의 박제적 상품화는 전통문화의 위기인 동시에 모든 진보성의 위기로 나타났다. 전통이 모든 역사 마디를 관통하는 지속적이면서도 현재적인 진보성을 획득하자면 그 문화적 양식이나 기술, 이데올로기만의 복원에 그쳐서는 안 된다. 그것의 탄생을 조건지었던 공동체의 물질적 기반까지 창조적으로 회복하고 계승하는 데까지 나아가야 한다. 70~80년대의 전통탈춤의 재계승운동이 시장의 체제적 승리와 함께 재단절될 수밖에 없었던 것은 그 최소한의 물질적 기반이었던 반군사독재 공동전선의 공동체성이 해체되었기 때문이다.

탈춤의 본디적 민중성도 아직 태동중이던 소상인과 해체중인 농민두레가 양반이란 구체제에 대한 저항과 타파라는 점에서만 이해관계를 같이하고 있었던 과도기적 민중성이다. 그 공동체성 역시 농민과 아직 지배계급화 되지 못한 소상인들이 직거래 농촌시장에서 얼굴을 맞대고 공동의 적에게 일시적 동거로 대항하는 정도의 과도기적, 임시적 공동체성이었지, 농촌·농업적인 토대에서나 가능한 자급자족으로 공생하는 진정한 공동체성은 아니었다.

이같이 탈춤의 지속적 부활 계승은 그 물적 조건인 농촌공동체와 그 직거래시장의 창조적 복원 위에서나 가능한 일이다. 지금처럼 기술적으로 전문화되고, 정보가치적으로 획일화된 이 거대한 반공동체 현대시장체제에서는 불가능할 것이다. 따라서 탈춤의 시대는 다시 오지 않을지 모른다. 지난날 군사독재와 같은 가혹한 조건에서의 그 부활이라면 차라리 영영 안 오는 것이 좋다.

하지만 그보다 더 가혹한 시대가 올지 모른다. 한때 탈춤의 성장토대인 그 지역시장공동체성마저 거부하는 세계시장체제의 승리도 결코 영원할 리 없다. 이미 시장의 횡포와 독재는 구관이 명관이란 옛말이 실감나게 농촌두레 정도는 용인했던 옛 양반체제를 오히려 그립게 하고 있다. 이 시장의 눈부신 파괴력이 머지않아 자연과 생태계를 완전히 고갈시켜 마침내 전지구적인 파장—난장을 맞게 되면 탈춤이 다시 부활할 수도 있을 것이다. 그러나 그때는 자기의 모태인 농촌도, 젖줄인 농촌시장도, 자기를 지지해 줄 어떤 계층도 함께 사라지고 없을 것이다. 그때의 탈춤은 전통탈춤이 아니라 이 인간사의 모든 거짓과 허위, 기만의 탈을 쓴 춤들이 종언을 고하는 자기 해체의식으로서의 탈춤일 것이고, '오래 된 미래'의 두레굿으로나 부활하기 위한 전혀 새로운 의미의 탈굿일 것이다.

스웨덴의 언어학자 헬레나 노르베리 호지는 그의 언어학 연구를 위해 75년 처음으로 히말리야 산맥으로 둘러싸인 해발 1만 피트 이상의 티베트 고원 가운데 하나인 라다크에 가기 전까지는 서구 공업사회의 물질적 진보방향에 의문을 달아본 적이 없었다고 한다. 그러나 이 지구 위에서 가장 나쁜 자연환경 덕택에 1975년 외부개방 당시까지 외부의 간섭 없이 천 년 이상을 농업공동체사회로 자급자족해 온 라다크에서 딜레마에 빠진 서구물질 문명의 대안을 발견하고 그것을 저술한 자신의 책 제호를 『오래 된 미래』라고 달았다.

오래 된 것은 전통이고 또 과거지사라면, 과거의 미래란 있을 수 없는 모순이다. 하지만 생명력 있는 참다운 전통은 아무리 오래 되어도 과거화되지 않고 오히려 거듭 되살아서 지속적으로 진보하는 원동력이 된다. 그래서 앞으로 나아가는 것만 진보가 아니라 돌아갈 때가 되면 돌아가는 것도 때로는 급진이 된다.

지속적인 미래가 보이지 않는 모든 기술과학적 진보주의는 앞으로 나아간다고 진보가 아니라 오히려 파괴가 된다. 지속적이고 자급적인 농업공동체 전통의 전면적 파괴 위에서 전개되는 오늘의 기술공업사회의 진보는 진보 아닌 파괴다. 비록 오래 된 과거전통이라 해도 우리의 지속적 삶을 위해 오직 그것밖에 다른 대안이 없다면, 그것의 현재적 재창조는 전통의 복고적 수구가 아니라 오히려 급진적인 진보다.

그래서 나는 『땅 사랑, 당신 사랑—고향 회복을 위한 공생농두레 이야기』라는 책에서 이 시대의 진정한 진보적 실천은 공생농업을 중심사업으로 하는 지역공동체 회복을 위한 귀농(歸農)이라고 줄기차게 외칠 수밖에 없었다.

민족예술에서 지역두레예술로

'민족'이란 말이 내 피를 끓이던 시절이 있었다. 일제 말에 태어나 미군정을 거쳐, 미소 강대국에 의한 분단체제 아래서 이 평생을 다할지 모를 연배에 접어든 우리 세대로서는 당연지사일지 모른다. 인정하고 싶진 않지만 부인할 수 없는 문화적 구세대가 되고, 육체적인 노쇠 탓에 설사 예전 같지는 않다 해도 아직도 이 말은 내 피의 박동을 확인하는 데 여전히 유효한 말이다.

나는 한때의 예술에 대한 꿈을 포기하고, 1965년에 귀향해 일생을 거의 농사일로 사는 한 사람의 농부다. 그런데도 1988년 민예총의 창립에 적극적으로 참여하고 초기 활동에 내 나름의 열정을 보탰던 것은, 예술보다 순전히 그 앞에 붙은 '민족'이란 말에 뜨거워지던 내 피 탓이다. 조금 더 부연하면 어떤 토대, 주로 도시적 이데올로기에 기생하는 예술문화보다 그 토대 자체인 '농촌공동체'의 현재적 부활을 꿈꾸던 나로서는, 민족예술이라면 당연히 그 토대가 농촌공동체라고 생각했고 새로운 농촌공동체의 창조적 실현을 위해서는 새로운 민족예술과 더불어 함께하는 것이 그 지름길이자 온당한 길이라고 생각했기 때문이다. 이 밖에도 민주화와 민중해방, 민족통일 등으로 당대 사회를 뜨겁게 달구었던 시대적 분위기가 새로운 공동체를 꿈꾸는 한 농부를 농사에만 전념하도록 그냥 내버려두지는 않았다. 민예총의 참여도 그 이전의 농민단체, 민중문화단체, 민주·민족통일운동단체 등 모든 재야단체의 가입 동기와 다름없는 그 연장선상에서였다.

자격과 동기야 어쨌든 참여한 이상 열심히 해보려고 했었는데 여기에도 벽은 완강했다. 당대를 주름잡았던 사회과학의 그 과학주의 때문이었다. 젊은 과학주의 예술지망자들은 이 과학만의 진보시대에 무슨 한물간 공동체주의냐며 비아냥거렸다. 당시 내가 속한 장르위원회는 민족굿이었는데, 민족굿은 과학은 고사하고 예술 장르 자체가 될 수 없다며 아예 상종을 꺼리는 분위기였다. 예술이 상업적 도시에 토대한 외래어(공동체 밖의 언어)라면, 농촌공동체에 토대한 민족굿은 그 자체가 '민족예술'이란 우리 말인데 민족굿을 민족예술의 한 장르 단위로 자리매김해서는 안 된다는 뜻에서는 아주 과학적인 지적이었다. 하지만 공동체 자체가, 특히 농촌공동체가 과학 아니라는 데야 예술이 뭐 대단한 기술이라고 민족굿이 과학예술이기를 굳이 애걸하며 연명할 필요가 있겠는가.

바쁘고 고달픈 농사일 접어두고, 더구나 엄마 없는 아이들끼리만 적막한 농가에 남겨둔 채, 큰맘먹고 서울 가서 새파란 과학주의자들로부터 괄시와 핍박받는 민예총에 내 열정이 오래 갈 리 없었다. 그런 민족예술이라면 차라리 예술이고 뭐고 그만두고 농사를 통해 예술보다 더 근본적인 새로운 공동체를 꿈꾸고 창조하리라. 그래서 그 뒤부터는 내가 불참한 모임에서 나를 공동의장으로 천거한 것 같았지만 나는 한 번도 의장 직무를 해본 적이 없었고, 민예총과의 결별까지는 아니더라도 내가 새로운 지역공동체의 실현을 위한 일에 침몰한 탓에 관심이 떴던 것은 사실이다.

그 사이에 벌써 10년 세월이 흘러갔나? 물론 내 관심의 소홀 탓이 크겠지만, 나는 이 10년 사이에 민예총이 이 공동체를 위해 무엇을 어떻게 이룩했는지 잘 알지 못한다. 하지만 나도 나의 새로운 지역공동체를 위해 무엇을 얼마나 했는지 알지 못하면서도, 아직도 이 나이까지 그 막연한 꿈에 매달려 있게 하는 현실로 보아, 그 과학주의 민예총의 성과도 별로 큰 것이 아닌 줄 안다. 사회주의의 역사적 퇴장과 함께 그 융성하던 사회과학주의도 시들해진 줄 안다.

그렇다고 지금 온 지구를 휩쓰는 시장제국주의와 IMF 신탁관리체제로 대표되는 그 물량시장주의의 파국에 즈음한, 이 땅에서 민예총의 지향이 무엇이어야 한다고 내가 감히 단언할 수는 없다. 혹자는 기업 및 시장제국주의가 세계를 전일적으로 지배하는 시대일수록 민족공동체와 국가의 역할과 기능이 더욱 강화되어야 한다고도 말한다. 그럴지도 모른다. 우리 민족에게는 분단체제가 여전히 민족 최대의 모순이고 질곡인 만큼 민족통일이야말로 민족 모두의 지향이어야 한다고 말하기도 한다. 그럴지도 모른다.

그렇다고 한때 진보적이고 과학적이라고 자처했던 지식인, 예술문화인들이 유행처럼 다투어서 중국을 에둘러 백두산 뒤통수 관광을 먼저 하고자 했던 것처럼, 통일을 위한 문화예술 교류란 명분으로 남보다 한 발 앞서 평양이나 금강산을 다녀와서 평양, 금강산 장사나 해먹는 반민족 공동체적 행위는 이제 제발 그만두었으면 한다. 통일 좋지만 그런 민족공동체 파괴적인 장사를 위한 통일은 지금의 미친 세계화니, 지구화니, 정보화니 하는 것만큼 이제 신물난다. 통일도 좋지만 현존하는 어느 한 체제로의 흡수통일은 되기도 어렵겠지만 차라리 안 되느니만 못할 것이다.

진정한 통일은 지금의 양 체제를 모두 극복하고 전혀 다른 새로운 민족공동체 체제로 거듭남을 뜻한다. 그렇지만 이제 와서 민족이 하나의 진정한 공동체로 거듭나기에는 그 구성원 수도 너무 많고 지역적,

문화적 동질성도 너무 희박하다. 진정한 공동체를 지속적으로 자급자족이 가능한 토착문화적 생태적 단위지역이라고 할 때 그런 민족공동체란 지금으로서는 실현 불가능한 추상이고 허구일지 모른다. 민족공동체란 토대와 지향없이 민족예술이 있을 수 없다면 민족예술의 지향 또한 달라질 수밖에 없다.

예술이 아름다운 자연이나 한 인간의 개인적 삶을 뒤따르고 모방하는 단순한 기술에 머물지 않고 새로운 공동체와 그 지속적 삶의 창조에 지향이 있다면, 모름지기 그것은 당대 삶의 모순을 남보다 앞서 짚어내고, 그 극복을 위한 저항성과 창조성에 남달리 민감해야 할 것이다. 그러한 민감성 없이 기존의 사회과학이나 기술과학에 의존하는 모방기술로서의 예술은 개인의 삶과 공동체를 억압하는 또 하나의 질곡이 될 것이다.

이 시대의 최대 모순이 자본의 첨단 기술과학과 정보화에 토대한 시장 세계화와 물량의 대량 파괴로 인간의 지속생존 자체가 불가능한 데 있다고 여기서 다시 되풀이하는 것도 이제 진부해졌다. 지속적인 삶이 없이 예술도 그 무엇도 있을 수 없다면 예술은 물론 인간의 모든 행위는 지속 가능한 새로운 삶의 공동체 창조에 이바지하지 않으면 안 될 것이다.

역사적 경험에서 볼 때 지속 가능한 공동체란 구체적으로는 농업 중심의 지역자립의 두레, 즉 농촌공동체밖에 없었다. 농촌공동체가 지난 역사의 퇴장물이라서 오늘 이곳에서 재창조될 수 없다고, 상상력과 창조성을 본질로 하는 예술마저 외면하고 오늘의 기술과학과 사회과학에 안주하고자 한다면, 바로 그런 예술이야말로 이 도시의 시장문명과 함께 이 땅 위에서 역사적 퇴장물로 영원히 사라지고, 그 자리는 지속 가능한 새로운 농업두레의 지역대동굿의 창조적 부활로 대체당할 수밖에 없을 것이다.

  참다운 과학적 삶이란, 지금의 파괴적이고 절멸적 기술과학과 사회과학의 노예로 죽는 길이 아니고, 지역공동체 속에서 거듭남으로써 지속 가능한 삶 자체이다. 미친 세계화와 정보화의 시대일수록, 예술이 더불어 같이 살리는 창조성에 그 본질이 있다면 민족예술도 지속 가능한 지역공동체의 예술로 거듭나야 할 것이다.

죽음은 새로운 삶의 시작이다

한 송이 풀꽃으로 거듭 살기 위해

못 대그룹회장 선친의 무덤도굴 사건으로 다시금 사회 지도층의 불법 호화분묘가 세인의 따가운 시선을 받았다. 거대 석물들과 대리석으로 둘러싸인 봉분, 낮지도 높지도 않은 아름다운 구릉 아래 자리잡은 넓은 묘역, 거기다 울산의 태화강이 내려다보이는 확 트인 풍수적 전망. TV 뉴스시간에 잠깐 비친 그 산소는 누가 봐도 부럽고 동시에 배아픈 호화분묘에다 명당터로 보였다. 그러나 아무리 명당터라 해도 적덕(積德)을 쌓아가기 보다 자기 과시적이고 이기적인 인공호화가 그 적덕(積德)을 오히려 넘칠 때 풍수발복은 이루어지지 않는다는 내용의 어느 풍수학자의 주장 또한 이번의 도굴사건으로 실증되고 있다.

곧 이어 잡힌 시신도굴범이 그 분묘에 보석부장품이 있을 것으로 오판하고 도굴했다니 그 호화가 어느 정도인지 짐작이 간다. 게다가 나로서는 고대 이집트의 파라오들에게나 해당되는 줄 알았던 시신의 미라화도 그것이 매장 이전의 약물처리에 의한 것이든 아니면 심장(深葬)에 따른 공기차단에 의한 것이든 인공에 의한 시신의 영구보존은 보통 사람들이라면 엄두를 낼 수 없는 사치임에 틀림없다.

그러나 이런 사치분묘보다 더 못마땅한 것은 이번 사건뿐만 아니라 호화분묘에 관련된 말썽이 날 때마다 대응하는 언론과 당국이다. 이

나라에도 매장이나 묘지에 관한 법률이 있긴 있을 터인데 그런 호화분묘와 지나치게 넓은 묘역점유가 이 법에 허용되는 것인지 아니면 어느 정도 위배되는 것인지는 따지지 않고 분묘와 관련된 사건 위주로만 반짝하다가 시간이 지나면 까마득히 잊고 마는 것이다. 그런데 이번 사건은 때마침 1999년 3월 9일 현재 국회법사위 제2소위에 '사자의 행복추구권'으로 논란을 일으키며 계류중이던, 최장 60년 제한 매장 뒤에 화장 또는 납골장을 의무화하는 등 종전보다 벌칙이 강화된 '매장 및 묘지 등에 관한 법률 개정안'을 보다 쉽게 합의시킨 계기로 작용한 것 같다.

나는 장묘문제에 대해 누구보다 일찍부터 고민을 해온 사람 중의 하나일 것이다. 내가 태어나기도 전에 조부모님은 돌아가셨는데, 나는 아주 어릴 때부터 아버님과 큰아버님이 조부모님의 산소자리로 늘 걱정하는 것을 보고 자랐기 때문이다. 조부모님의 유해를 모실 만한 마땅한 산소자리가 없어 남의 산 깊은 곳에 소위 은장을 했다가 말썽이 나고 명당터로도 신통치 않은 것이 드러나자 지금 모신 산소까지 몇 차례나 이장을 했다. 지금 조부모님의 산소도 남의 종산 밑인데 두 형제분들이 지극한 정성과 읍소로 당시나 지금이나 결코 적지 않은 논 서마지기값으로 1백 평 묘역을 겨우 양해받았다고 한다.

이처럼 조부모님 산소로 곤욕을 치르면서도 정작 당신 스스로 가실 곳을 정해 두지 못한 아버님이 임종 때 "내 죽으면 문동골 양달 밭에 또 끄다 버리겠제"하고 돌아가셨다. 양달 밭이란 산이 없던 아버지가 훨씬 일찍 돌아가신 어머님을 한쪽에 모셔둔, 당시에는 유일하게 양지바른 우리 밭을 말한다. 아버님이 그 밭에 묻히기를 유언으로까지 싫어하신 이유는 그 밭떼기를 둘러싼 산주의 묘와 어머니 산소와의 거리, 밭과 산의 경계 등에 얽힌 문제로 당신의 부모님 산소문제에 이어

평생 동안 곤욕을 당하신 탓으로 짐작한다.

한 권의 책을 쓰고도 모자랄 만큼 우리 집안의 산소와 관련된 문제는 복잡했고, 따라서 그것은 내 의식과 행동에 깊은 영향을 주었다.

이처럼 죽음과 장묘에 대해 하고 싶은 이야기가 그렇게 많았음에도 불구하고, 이것이 수백 수천 년 동안에 정착된 전통관습과 명당발복 풍수사상과 토지 잠식이란 현실문제가 뒤얽힌 매우 예민하고도 중요한 문제이기 때문에 쉽게 의견을 내놓기가 어려웠다. 가능하다면 나보다 더 관심과 고민이 많은 이들에 의해 진지하게 문제가 제기되어, 나라가 이를 가장 합리적으로 수용, 최선의 방향으로 자리잡아 갈 때까지 회피하고 싶은 문제였다. 그러나 이미 60을 넘는 내 평생에 그런 조짐이 보이기는커녕 장묘제도는 더 고약한 방향으로 개악만 거듭될 것 같다.

가장 양심적이고 진보적이고 심지어 생태적으로 각성했다는 지식인들까지 장묘문제가 나오면 그 해법은 화장에다 납골당이다. 그럴까? 그것이 그렇게 오늘의 쓰레기처리처럼 매립지 없으니 소각장을 만들어야 한다는 식으로 당장 내 눈앞에서만 안 보이게 눈가림하여 만사가 해결될까?

이 문제를 더 이상 미룰 수가 없어, 당시에도 무덤의 국토잠식문제가 사회적 이슈가 되어 1994년 3월 28일부터 5월 17일까지 주 1회 19회에 걸쳐 '국토잠식하는 묘지 — 금기(禁忌)의 벽을 헐자'는 연합통신 기사를 전재한 영남일보 기획기사 스크랩을 다시 꺼내 읽고 이 글을 쓴다. 이 기사 역시 매장의 국토잠식 문제제기, 세계 각국의 장묘제도 순례소개, 가장 합리적 대안은 화장과 납골당이라는 뻔한 전개와 결론으로 끝난다.

내가 평생 고민하다 내놓는 이 대안 장묘제는, 매장제를 고집하는 유림보다도 어떤 의미에서 더 보수적인 도식과 선입관에 빠진 법률가는 물론 진보적인 여론에조차 결코 쉽게 반영되기 어려울 것이다. 하지만 이 글의 주장이 지금은 그 어디에도 쉽게 먹히지 않는다 해도 이 나라 아니 세계의 장묘제도가 인간의 지속적 공생과 영생에 보다 합당한 방향으로 나가고 제도적으로 정착되도록 하기 위한 수많은 의견 중의 하나가 될 것이라고는 확신한다.

어떤 장묘제도가 있어 왔나

내 개인 집안의 산소문제와 함께 우리 전통의 매장문화로 인한 국토 잠식 상태가 심각하고 우려스러운 만큼 이에 대한 관심과 고민이 누구 못지않은데도, 나는 정작 장묘역사나 제도에 대해서는 문외한이다. 따라서 내가 하는 장묘 얘기는 보통사람들이 모두 다 알고 있는 상식적 수준에다 내 나름의 추론과 상상력을 추가한 것임을 미리 밝힌다.

인류역사에는 어떤 장묘제도가 있어 왔을까? 우리에게 알려진 장묘제는 초장, 풍장, 조장, 지석묘장(고인돌장), 독무덤, 수장, 매장, 화장, 납골장 등이다. 이를 크게 두 갈래로 분리하면 초장, 풍장, 조장, 수장까지를 자연장이라고 할 수 있겠고 매장, 지석묘장, 독무덤, 화장, 납골장을 인공장이라 볼 수 있다.

태초에는 사람도 죽으면 다른 동물과 같이 그가 살던 터전에서나 그 인근의 숲 속에 그대로 버려져 그가 먹고살다간 땅에 한 줌의 거름으로 되돌아갔을 것이다. 그러다 이렇게 그냥 버리는 것이 섭섭한 생자의 의식변화나 어떤 종교적 믿음으로 시신을 숲 속이나 높은 나뭇가지 또는 큰 바위 위에 안치시켜 짐승이나 새들에 뜯어먹히게 함으로써 죽은 자의 영혼을 위로하거나 그 영생을 기원했던 장제를 초장, 풍장, 조장이라고 후대가 부른 것 같다. 또, 주검을 초막에 안치시켜 육탈이 될 때까지 두었다가 그 뼈만 묻는, 지금까지도 남아 있다는 초장은 자연장으로서의 초장과 인공장인 매장의 혼합장제가 아닐까 싶다. 인구의 증가에 따라 취락규모가 커지고 또 그것이 보다 정착화될 때 일어나는 여러 부작용을 해소하기 위해 사자의 일부 또는 전부를 큰물이 가까운 지역에서는 수장으로 해소하기도 했을 것이다.

오늘에 와서 사회문제로 등장한 매장제도는 이 땅에 언제부터 시작되었을까? 현재도 수없이 발굴되고 있는 지석묘, 독무덤, 가야 고분군 등으로 보아 인공장인 매장제의 최하한년대는 청동기시대 또는 가야시대가 분명하다. 인구가 계속 늘어나고 그 취락구조가 복잡해지면 초장으로부터 수장까지의 모든 자연장은 쉽게 한계에 부딪혔을 것이다. 냄새, 유골 따위의 뒤끝을 깨끗이 처리하는 방법으로서의 매장은 당시로서는 최선의 선택이었을 것이고, 그 전통은 지금도 우리의 의식을 지배하는 완고한 체계로 자리잡게 된 것 같다. 매장문화는 자연장의 한계에 대한 대안장으로 추측되지만 그것의 시작은 자연장과 동시에 병행되었고, 그것 자체도 자연에서 나온 생명을 자연 속에 되돌린다는 의미에서 일종의 자연장이라 할 수 있다.

이 같은 인류사회 이후의 오랜 전통의 매장문화가 이 땅에서 화장제로 바뀐 것은 통일신라 이후 고려조까지의 통치 이데올로기였던 불교의 민중지배 탓이다. 불교가 통치권력화하고 또 사자의 시신을 태워야 극락왕생한다는 믿음에 따라 지배층이 솔선수범으로 강요하는데 따르지 않을 민중은 없다.

불교통치 이데올로기에 의해 강제되었던 화장제가 다시 매장제로 환원된 것은 조선조의 숭유억불정책의 결과다. 내세보다 현실을 더 중요시하고, 종교적 공동체 의식보다 혈연적인 가족관계를 더 중요시하며 숭조(崇祖)와 봉사(奉祠)정신을 통해 가부장적 가족관계를 공고히 함으로써 나라의 기틀을 삼고자 했던 유교이념에서 선대의 시신을 불태워 허공중에 날리는 화장이 용납될 리 없다. 숭조와 봉사의 중요한 대상인 선대의 분묘를 대대로 보존유지하는 것은 현실적인 가족관계를 공고히 하고 가문의 정체성을 담보해 주는 중요하고도 기본적인 기제로써 작동한다. 여기에다 조상의 분묘터가 자손의 길흉과 귀천에 크게 영향을 준다는 풍수사상의 접목은 명당·길지묘제를 정착시킨다. 이로부터 생자와의 격리를 위한 자연매장문화는, 명당 문중 종산의 과다점유와 재력이나 권력을 과시하기 위한 명당터의 호화분묘로 치장하는 과시용 노출장제화 되어 하나의 전통으로 굳혀졌다. 이것이 오늘날에 확내 새생산됨으로서 마침내 매장제 자체가 커다란 사회문제로 등장한다.

매장문화는 모두 악인가

지금과 비교할 수 없을 만큼 인구밀도가 낮고, 자연은 상대적으로 풍부했던 전통시대에는 매장을 하든 화장을 하든 그것은 당대를 지배하던 관습, 의식, 종교의 문제지 자연과 생태적 문제까지 될 수 없었다. 힌두교나 불교적 관점에서는 매장이 악이고 화장이 선인데 견주어 이슬람이나 유교적 시각에서는 그 반대겠지만, 그것이 인류 모두의 지속공생에 당시로서는 문제가 안 되었다는 뜻에서는 선도 악도 아니다. 그렇다면 지금은? 지금은 발상과 생활의 대전환을 요구받는 이른바 문명과 문화의 대전환점에 있다. 어떤 문제든 여기로부터 출발하지 않는 물량중심 개혁 따위는 말장난이나 헛소리에 지나지 않는다.

오늘날의 관점에서 문제가 되고, 배격이나 개혁당해야 마땅하다는 모든 전통도 그것이 원시시대부터 지금까지 완고한 전통으로 계승되어 왔다면 거기에는 그럴 만한 가치와 이유가 있을 것이다. 전통시대 일부 특권층의 파행적 자기 문중 과시의 매장제도도 가난했던 당대로서는 대다수 사람들이 부러움과 시샘의 눈길을 보냈을망정 모두가 어쩔 수 없는 팔자소관으로 체념하고 넘어갔다.

그러나 70년대 이후 근대적 공업화로 인한 물량화와 생산기술의 기계화는 일부 특권층의 전유물이었던 분묘치장을 전계층으로 확대시킴으로써 매장은 지난날의 계층간 갈등 정도를 넘어 사회문제화한다. 전국민이 적어도 밥 먹고 사는 것에 관한 한 옛날 양반 수준을 능가했는데, 묘지 치장에 드는 '석물'은 옛날의 수공업에서 기계적 대량생산화로 그 값이 비교가 안 되게 싸졌다. 그런데다 양반이나 지배계급 안에 국한됐던 자기 과시욕과 경쟁은 시장경제의 전통두레 파괴와 함께 전마을화, 전국민화 되었다.

양반 못 돼서 대대로 맺힌 한을 풀 겸, 너도나도 양반 흉내 한 번 내보자는 심산이다. 그래서 좀 잘사는 도시인은 물론 제 땅 한 평 없는 농민까지 농토를 사는 것보다는 밥걱정만 면하게 되면 먼저 묘터 걱정하고 그것을 우선으로 구입한다. 마을 인근의 쓸 만한 산은 이미 옛날에 힘깨나 쓰는 문중 종산으로 다 점유되고 없다. 그래서 양지 바르거나 접근이 용이하거나, 전망이 과시적인 조건 중에 하나라도 갖춘 밭뙈기들은 거의 묘터로 점유되었다. 농기계 접근이 쉽지 않은 전답을 다 묵히는 세상에 까짓것 묵은 비탈밭을 묘지로 잠시 이용하는 것까지야 무슨 문제이겠나. 정작 문제가 되는 것은 무덤의 치장이다.

요즘 사람들은 상사만 났다 하면 수의와 목관 마련을 위한 장의사행과 동시에 달려가는 곳이 돌집이다. 석관, 봉분축, 묘터축의 석물은 필수기본이고 상석, 망주석, 월영축도 웬만하면 다 한다. 민중적인 시각에서 본다면 오히려 부끄러운 죄인인 벼슬아치들의 무덤 앞에서만 세우다던 전통시대의 관 쓴 묘비도 요즘에는 돈만 많으면 다 세운다. 물론 이것은 이 시대의 소수 특권층의 과시적 호사분묘 경쟁심리와 석물공장의 상업주의가 합작한 일종의 유행경쟁결과다. 전통적이고도 과시적인 매장제도로 인해 국토의 약 1퍼센트를 점유한 묘지의 국토파괴와 잠식도 문제가 아닌 것은 아니지만, 이 시대 묘지문제의 핵심은 바로 이 지나치게 경쟁적인 돌치장에 있다.

무덤의 돌감옥화가 문제다

아무리 자기와 그 문중과시를 위한 숭조와 봉사정신의 유교전통 나라의 양반 문중이라 해도 대대 조상 전부의 묘터를 지키고 치장하는 후손은 드물다. 상민은 말할 것도 없고 지금에까지 어깨에 힘 넣고 사는 양반문중이라 해도 시조, 중시조, 또는 고향마을 입향조의 무덤 정도나 치장하고 잘해야 고조부모 정도까지 상석을 놓거나 벌초 성묘하는 정도에 그치고 대부분의 선대묘는 방치하거나 실묘상태로 두고 있다.

어떤 양반의 후예(?)가 좀 특이한 무늬가 있는 나무로 만든 문갑(?) 같은 것을 ≪녹색평론≫의 김종철 발행인에게 주는 것을 보고 내가 그것이 무엇이냐고 물었을 때 그는 "천방지축 마골피 ××은 모른다(알 필요없다)"고 했다. 요즘 세상에서도 이런 모욕을 당해야 하는 그 상놈의 대표성씨를 가진 후손이라서 그런지 몰라도 내가 명절 때마다 지금도 계속 찾는 산소는 생전에 정든 부모님 산소뿐이다. 조부모님은 이따금이고 깊은 산중에 모신 증조모님 산소는 요즘 우거진 나무들로 길이 완전히 막혀 벌초도 않고 방치해 두고 있다. 멀리 떨어져 있는 입향조와 중시조는 내 아니라도 찾아가는 잘난 후손들이 많을 테니 아예 가지 않아 산소조차 혼자 찾아갈 수 없다.

게다가 내가 40대까지 해오던 족보까지 그만두기로 했다. 공화당 정권 때 최고 권력기관에 있었던 탓인지 집안에까지 독재자로 군림하던 내 재종형(6촌형)이 있다. 그 형이 내 큰자형과 곗돈 관리문제로 틀어져 큰자형이 돌아가실 때까지도 나의 끈질긴 화해중재 노력에도 불구하고 끝내 화해를 거부했다. 그가 종친회장이었을 때 진행하던 족보에는 나도 그와 상면하기 싫어, 이른바 족보원고인 내 집 형제와 자녀들의 초단을 안해 주는 것으로 빠지고 차라리 철저한 상놈의 길을 택하기로 했다.

세상에 제 집안 양반 아닌 사람 없고, 왕년에 제 집에 금송아지 없었던 사람 없다지만, 진짜 양반은 드물고 나 같은 상놈이 압도적으로 많은 곳이 세상이다. 양반들도 조상대대로 전해 오는 묘를 간수하기 힘난한 세월에 상놈들이야 말해서 무엇하랴. 그래서인지 요즘 주택지나 공장지, 도로개설 등을 위해 땅을 파헤쳐 개발할 때 그냥 야산이거나 구릉지로 알았던 곳들이 몽땅 무연고 무덤으로 덮여 있다.

내가 경작하는 비탈밭도 보리, 콩 등의 작물을 심을 때는 전연 몰랐는데 복숭아나무를 심기 위해 구덩이를 깊게 파자 당시의 심장풍습 탓인지 지금도 유골이 남아 있는 무덤투성이 묘역이었다. 이웃들과 동생은 그 무덤훼손에 따른 집안재앙을 우려해서 그 유골의 공동묘지 이장을 권유했다. 하지만 나는 유골을 그 자리에 그냥 두는 것이 죽은 자를 더 편히 하는 길이라며 그 깊은 유골 구덩이를 좋은 흙으로 메워주고 그 위에다 예정된 복숭아나무를 그냥 심어두었다. 이 일로 우리 집에 무슨 변고가 생겼다면 사람들은 그 무덤 탓으로 돌렸겠지만, 내가 한 짓이 그 무덤 영령에게 결코 욕되지 않아 우리 집을 돌보아준 탓인지 아닌지는 몰라도 그 뒤에도 별다른 재앙은 없었다.

지금 쓸 만한 땅의 개발로 발굴되는 무덤은 주로 가야시대 이후의 역사시대 것이라고 하지만, 사실 우리가 발견할 수 있는 흔적이 이미 사라진 무덤들이 겹겹으로 쌓인 곳이 지금 우리가 사는 이 땅이 아닌가 하는 생각도 든다. 그렇다면 자연스런 매장 자체가 무슨 문제인가?

역시 문제는 얼마 지나지 않아 자연스럽게 흙으로 돌아가는 무덤 자체가 아니라 상식과 도를 넘는 돌치장에 있다. 겹겹의 돌치장 무덤은 그 묘역이 넓으면 넓을수록 산과 무덤, 경작지와 무덤, 주변의 나무나 풀 등, 생명과 주검과의 단절을 심화시킨다. 유해에 나무뿌리가 뻗어오는 것을 막기 위한 석관이 말해 주듯 돌을 통한 유해로부터의 자연생명격리는 그 유해의 자연화와 그 묘지의 재활용을 어렵게 한다. 사람들은 비록 시신의 뼈까지 다 삭아 없어져 무덤이 완전한 흙으로 되돌아갔는데도 무덤 표시나 흔적이 있는 곳이라면 그 위에 다시 무덤쓰기는 고사하고 경작하거나 나무심기를 꺼린다.

흙이 될 수밖에 없어 신속히 흙이 되라고 흙 속에 묻은 시신을 흙이나 자연으로부터 격리시키는 이 돌감옥이 시신을 위해서도 무엇이 좋겠는가? 시신에 좋지 않은 것이 그 후손에게는 또 무엇으로 좋겠는가? 우리들은 누가 죽었다는 소식을 접하거나 지나가다 모르는 이의 상여를 만날 때는 "나무두루마기 입고 흙집에 가는구나" 하며 망자와의 이별정리를 달래 온 세대다. 그런데 요즘은 '돌집 지고 돌감옥 살러' 가는데도 남의 죽음에는 무감각한 세태가 되고 말았다.

특정종교를 믿지 않는 나는 죽은 자의 부활이나 극락왕생을 믿는 것도 안 믿는 것도 아니다. 그러나 주검이 썩어 한 줌의 유기물이 되고 그것이 주변의 나무나 이름 없는 풀꽃, 아니면 경작물의 거름이 되어 다른 생명으로 다시 산다는 뜻이라면 나도 부활과 윤회, 극락왕생을 확신한다. 약물이나 의도적인 심장을 통한 미라화가 아닌 이상 시체는 썩기 마련이고 또 빨리 썩을수록 부활과 극락왕생에 빨리 이르는데, 이미 썩어버린 시체 없는 무덤, 한 줌의 흙으로 돌아간 조상무덤에 겹겹의 돌감옥을 만들고 생명에로의 부활과 윤회, 극락왕생을 막는 자기과시 심보가 도대체 어째서 조상을 위하고 자신을 위하는 길일까?

무덤의 돌감옥화로 인한 반생명, 반공생, 반지속적인 터전 잠식 파괴는 그 묘역에만 국한되지 않는다. 지금 모든 주검들을 돌감옥으로 격리치장하는 그 천문학적 양의 석재는 어디로부터 오는가? 그 또한 묘지화에 따른 국토 파괴와 똑같이 멀쩡한 산 파괴의 결과가 아닌가? 석재를 얻기 위해 아름다운 산, 생태적으로 안정된 산을 파괴하고, 또 그 석재로 다른 산과 농지를 파괴하는 총체적 국토 파괴의 악순환인 셈이다. 인간의 살 집과 공장건축과 그 터닦음, 길닦음을 위해 산을 파괴하는 것도 모자라 묘지를 위해 또다시 산을 파괴하는 악순환이 계속된다면 남아날 국토가 없을 것이다. 그것은 국토 잠식의 문제가 아니라 생자의 터전인 땅 자체가 송두리째 파괴되어 생자 또한 돌감옥—시멘트 감옥에 갇혀 사는 대낮 유령이 되고 말 것이다.

화장제의 반생태 · 반지속성

그래서 매장제는 악이고 그 대안장이 화장에다 납골장인가? 결론부터 말하면 화장은 생태지속적 관점에 서면 가장 나쁜 장묘제다.

첫째로 화장에는 너무 많은 연료가 쓰인다. 우리는 가끔 큰 절의 큰 중이 죽으면 TV나 신문의 뉴스를 통해 그 화장 경위를 알게 된다. 여기서 내가 절 중을 스님이라 하지 않고 그냥 중이라 한 것은 특정 중을 면전에서 부르는 2인칭이 아니고 3인칭 보통명사로 썼기 때문이다. 그것은 우리가 특정 목사나 신부, 교사들을 호칭할 때는 그 명사 뒤에 님자를 붙이지만 그렇지 않고 일반 명사로 쓸 때는 님자를 생략하는 것과 같은 이치다. 그런데 요즘은 본인들 없는데서도 님자 존칭 안 붙여주는 것이 섭섭해서(?)인지 선생은 선생끼리 목회자는 목회자끼리 서로 어김없이 님자를 붙여주는 자기호칭 존칭화 홍수시대를 이루고 있다.

아무튼 큰 중의 시신을 한 구 태우는 데 장작나무가 몇 짐이나 들어가는지 나는 화장을 해본 적이 없어 알지 못한다. 그러나 큰 중의 시체 한 구를 화장하는 기사가 하루 만에 끝나지 않고 그 다음날까지 연장되는 것으로 보아 이틀에 걸친 화장연료가 많이 들어갈 것이라는 것은 미루어 짐작된다. 다행히 유명한 큰 중들만 나무로 화장해서 그렇지 그것이 모든 절 중과 모든 불교신도, 정책적으로 전국민에게 확산시킨다면, 4천5백만 우리 국민이 한 번도 다 죽기 전에 이제 막 우거지기 시작한 우리 산림은 거덜나고, 모든 산이란 산은 옛날의 그 뻘겋고 허연 민둥산으로 금방 되돌아가고 말 것이다.

내가 민둥산과 나무연료에 이렇게 민감한 반응을 보이는 데는 그만한 이유가 많다. 이 땅에 무연탄 난방연료가 보급되기 전에는 취사와 난방을 하느라 아주 깊고 높은 태산 말고 웬만한 산들에는 나무가 거의 고갈되고 없었다. 심지어 강원도의 태산까지도 현지 주둔군 사령관이 군병력을 동원한 불법벌목으로 사복을 채우느라고 민둥산을 만들어간다는 기사가 요즘의 율곡 기타 군장비 도입과 얽힌 대형 군비리처럼 종종 신문지면을 크게 장식했었다. 이 같은 연료 전쟁시대에 우리는 야산의 뿍대기(잔디풀 등을 포함 지상에 낮게 자라는 풀들)를 밀낫으로 뿌리째 파거나 방목 시절의 쇠똥을 들과 산에서 주워다 햇볕에 말려 취사 겸 난방연료로 사용하며 냉골방에서 몹시도 썰렁한 겨울을 나던 그 아픈 기억들을 갖고 있기 때문이다.

지상 목재연료의 너무도 뻔한 한계는 갠지스 강의 목욕으로 생전의 죄업을 씻고, 죽어서는 시신을 태운 연기의 승천으로 극락왕생한다는 완고한 믿음을 가진 인도의 힌두교에서조차 나타난다. 심각한 목재난으로 전통적인 이 화장방법 대신 30분 만에 시체를 태우는 고압전기 화장방식을 채택한 것이다. 하지만 전기는 어디서 공짜로 떨어지는가? 제한된 지상연료 대신 지하의 석탄·석유연료나 원자력을 태워서 나온 '불귀신'이 바로 그 전기 아닌가? 지상연료가 동나서 대체한 이 지하연료는 또 얼마 만에 동이 날 것인가?

전통시대와 같이 지극히 간소한 식사조리와 겨우 얼어죽지 않을 만큼의 난방연료로 쓰는 데도 한계는 시간문제인데, 세상 모든 일이 이 지하연료와 원자력 없이 한순간도 돌지 않는 이런 세계시장체제로 파괴경쟁을 하면서 그게 얼마 간이나 버틸 수 있겠는가? 지상과 지하 연료를 다 쓰고 나면, 이 연료 때문에 오염을 저장한 저 공중으로부터 다시 무슨 기체연료를 뽑아오는 신기술을 기다리면 되는가? 그 사이에 우리가 지상에 버린 쓰레기와 공중 가득 넘치는 공해물질로 기상이변, 천지개벽을 일으켜 인간자신이 한꺼번에 땅에 묻혀 몇백억 년 뒤에 나타날 신인류의 지하연료로 부활 왕생하게 되는 것은 아닐까?

시신 하나 태우는 데 들어가는 전기에너지를 생산하는 데 얼마만큼의 석유에너지가 들어가는지 나로서는 알 수 없다. 대신 석유를 직접 쓰는 화장장에서 시신 1구 화장의 석유량을 알아봤더니 대충 두 말 정도라고 한다. 우리가 살아서 평생 난방에 쓰는 그 막대한 석유량에 견주면 아무것도 아니지만, 살아서는 어쩔 수 없이 쓴다치고 그러나 이 지구상에 태어난 60억 인구가 다 한 번 죽는데 드는 석유의 총량만을 합쳐도 입이 딱 벌어진다.

석유에너지를 전기에너지로 바꾸어 화장한다고 해도 사정이 나아지기는커녕 오히려 악화될 것이다. 일정 에너지를 다른 일정에너지로 바꿀 때는 그것의 물리화학적 작용을 위한 에너지와 그 연소로 불필요한 공해물질이 분리생산되므로 직접 에너지 이용 때보다 그 간접이용의 효율성이 그만큼 떨어지는 것이 이른바 열역학법칙(제2법칙)이다.

둘째로 화장은 막대한 이중공해를 발생시킨다. 나무를 태우는 연기노 공해겠지만, 그것과 비교할 수 없는 중금속 기타의 발암 유해물질을 발생시켜 거의 영구적으로 지상과 지하를 함께 오염시키는 것이 석유연료와 원자력이다. 게다가 저절로(미생물로) 분해될 유기물이 대부분인 시체까지 태움으로써 추가되는 공해도 사람이 하도 많다 보니 결코 만만한 양은 아닐 것이다. 돈이 안 되는 이런 공해 측정은 아무도 할 리 없겠지만, 설사 미미하게 측정된다 해도 그것도 인류 전부를 태운 총량일 때는 엄청날 것이다.

셋째로 화장은 매장의 돌감옥을 통한 시체의 자연격리보다 더 원천적이고 완벽한 최악의 자연으로부터의 격리다. 인간들이 대충 70평생 동안에 땅에서 나온 것으로 먹고, 입고, 집 짓고 산다. 이렇게 땅에 할 수 있는 온갖 해코지란 해코지는 다 하고서 죽을 때 마지막으로 그 어머니 땅에 보은할 수 있는 유일한 것은 50~70킬로그램의 유기물인 시체뿐이다. 그런데 이것마저 땅을 잠식한다는 이유로 후대가 깨끗이(?) 태워 엄청난 공해물질로 만들어 마지막까지 공기와 땅을 오염시키는 도구로 쓴다면, 이것은 이 땅의 윤회왕생법칙의 자격을 스스로 부인,

박탈하는 영원한 죄업이 될 것이다. 20킬로그램 무게의 유기질 비료 세 포대 정도에 해당하는 내 주검이 비록 나무 한 그루를 키우는데도 부족할지 모르지만, 그것도 60억 인류일 때는 60억 그루의 나무를 기르는데 보탬이 되는 엄청난 양이다.

  시체의 화장연기가 공중을 통해 미지의 세계로 극락왕생할 수 있다는 특정 종교의 믿음에 근거한 화장은 종교의 자유를 존중하며 그 교리를 따르는 신자의 자발성을 존중해야 하기 때문에 법률로 금지할 수는 없다. 이와 같은 원칙에서 특정 종교를 믿지 않는 전국민에게까지 최대 60년 매장 뒤에 의무적으로 화장을 강제하는 '매장 및 묘지 등에 관한 법률'은 어떤 인류지속공생의 사상도, 보편성 원칙의 철학도 없이 문제의 근원보다 나타난 현상만 임시방편으로 땜질하는 지극히 근시적인 실증법의 대표적 횡포다.

지속가능한 묘지문화

  그런데도 묘지문제가 나왔다 하면 그 대안으로 자연이나 산 자로부터 죽은 자를 최대로 격리시키는 화장과 납골장 타령이다. 어쩔 수 없는 이유로 화장을 한다 하더라도 그 재만이라도 숲 속에 거름으로 갖다 뿌리는 것이 옳은 일이지 왜 그것으로 또 납골장까지 해서 이중장을 치러야 하는가? 또 납골이 그렇게 부러운 장제라면, 어떤 외국의 경우처럼 가족납골당에 죽는 순서대로 포개놓는 시신납골을 할 일이지 화장한 뒤에 뼈만 납골이나 매장하는 이중장인가? 아파트나 돔형 실내경기장 같이 최소한의 지상공간에 최대한의 납골시설을 한다지만, 그 아파트식, 또는 돔식 납골장 자체를 짓기 위해 또 얼마만한 자연과 에너지가 땅을 점유파괴하는 것인가? 그 시설 또한 언젠가는 용도가 끝났는데도 폐기할 수도 없는 영원한 쓰레기 무덤 자체임을 고려하고나 하는 소린가? 그 비용과 에너지 소모와 쓰레기 무덤화는 어찌됐건 우선 당장 내 눈앞의 주검의 공간을 최소화하고 산 자로부터 주검을 최대로 격리시키는 것만이 만능해결책인가?

죽음은 공간적으로는 삶의 단절과 격리로 보이지만, 시간적으로는 삶의 일부이고 그 연속이다. 삶의 끝이 죽음이고 죽음이 다시 삶의 시작이라는 삶과 죽음의 연속성과 부활 윤회사상도 산 자를 위한 삶의 한 부분임에 틀림없다. 그렇다면 묘지가 산 자의 공간을 에워싸고 잠식해 온다고 한탄하기보다 그럴 공간이라도 있기만 하다면 그 주검의 묘지에 싸여 그 묘지 위에서 사는 인간 삶이 오히려 자연스런 삶이 아니겠는가.

'매장 및 묘지 등에 관한 법률 개정안'의 국회 법사위원회 토의과정에서 한 국회의원이 "한시적인 매장제도가 헌법상 사자의 행복추구권을 위배하기 때문에 위헌소지가 있다"고 말함으로써 언론의 빈정거림을 샀다. 하지만 그것을 사자의 자손이나 혈육의 행복추구권으로 말했다면 결코 틀린 말은 아니다. 산 자가 조상이나 혈육의 무덤을 통해 자기과시를 하고 자기표현이나 자기위안을 얻는다면 그것도 산 자의 행복추구권임에 틀림없다.

다만 그것이 유교의 봉사전통과 현대의 상업주의에 놀아나는 과시경쟁의 합작품으로 그 과시와 자기위안이 남에게 큰 피해를 줄 만큼 한계에 도달했다면 먼저 이 문제를 제대로 짚고 지혜롭게 풀어가는 것이 옳다. 그런데 현재의 매장행태에 문제가 많다고 수만 년 전통의 매장 자체를 악으로 규정 매도하고 외국의 사례나 종교적 사례를 늘어놓고 화장만능주의를 내세우는 것이야말로 사대적이고 유치한 흑백

논리다.

　매장은 유교 이데올로기에 강제된 후대의 인위적 장묘문화가 아니다. 아마도 원시공동체부터 모든 인류가 땅 위에서 살 때부터 자연스럽게 해온 유구한 전통의 신토불이식의 장묘문화다. 모든 전통에는 그럴 만한 가치가 있다고 해서 무조건 존중해야 되는 것은 아닐지라도, 그렇다고 만 사람이 원하는 것을 개혁과 진보라는 이름으로 무조건 그것을 배격하면 더 많은 문제를 확대시킨다.

　매장문화는 사람의 밀도가 낮았던 전통시대에는 개인이나 집단의 자율에 맡겨도 별로 문제 될 것이 없었다. 동시에 매장은, 생태적으로 지속가능한 가치생활로 삶의 형태를 대전환하지 않고는 인류전멸이 가까운 이 위기의 시대에 대응하는 장묘제로서도 자기과시성과 거품만 제거하면 그 이상의 대안은 없다. 그러나 인구밀도가 너무 높고, 열량소비가 너무 환경파괴적이고 따라서 인류의 지속공생이 불가능한 지금으로서는 자연파괴 그 자체인 도를 넘는 자기과시의 매장문화를 개인이나 집단의 자율규제에 맡기고 기다릴 여유가 없다. 법률적, 제도적 규제는 시급하다. 그렇다고 그것이 최장 60년 매장 뒤에 다시 화장해서 납골하는 3중의 자연과 에너지 파괴적인 장제여서는 안 된다. 이보다 더 나쁜 장제가 어디 있겠는가?

　60년 매장이면 주검의 미라화나 특별한 심장이 아니라면 육탈은 물론 유골까지 삭아 없어지기에도 충분히 긴 세월이다. 내 선친 묘소를 모셨던 내 밭과 그 밭을 에워싼 산주와의 경계시비로 나는 새로 조성한 농장 한쪽으로 그 묘소를 15년 만에 이장한 일이 있다. 얕은 매장과 그 봉분흙의 질 탓이었는지 아버님의 유해는 이미 유골까지 거의 삭아 있었다. 그 모습에 인생무상을 실감했지만, 아버님의 윤회부활을 위해서는 차라리 잘됐다고 스스로 위안하기도 했었다.

60년이 지나 시신 없는 무덤이라면 그 무덤이 만일 경작지에 있다면 차라리 봉분을 허물어 강제 경작을 시키거나 이를 거부하면 정해진 장소로 강제 이장시킴이 옳다. 그쪽이 죽은 자와 산 자를 덜 욕보이고 산 자의 생태지속을 위하는 길인데 새삼 옛 무덤을 다시 파 일구어 뼈만 추려 또 화장을 해서 다시 납골장이라니?

산 자가 죽은 자의 무덤에 포위되고 마침내 밀려나게 생겼다며 엄살이지만, 그 유명한 서울 미아리 공동묘지가 당했듯이 산 자의 개발광기에 죽은 자는 자기의 마지막 유택까지 빼앗기지 않으면 안 되는 것이 인간의 개발사였다. 죽은 자가 아니라 사실은 그 힘있는 소수의 산 자가 힘없는 죽은 자와 함께 산 자를 밀어 내팽개친 것이 인간의 역사였다.

아무리 국토가 좁다 해도 산 자 모두에게 위안이 되는 한, 죽은 혈육을 위해 한 평 이하의 좁은 땅을 점유할 권리와 의무도 존중해 주어야 한다. 스스로 모든 것을 버리는 실천으로 살다간 톨스토이도 「사람에게 얼마나 땅이 필요한가」란 민화에서 '자신이 묻힐 땅 딱 한 평'이라고 하지 않았던가? 이런 권리와 의무를 골고루 나누기 위해서라도 앞으로의 매장이나 이장은 시립이나 군립 공설묘지가 바람직하겠지만, 아래의 조건만 지키게 한다면 제 땅의 개인묘지도 얼마든지 허용해도 좋을 것이다.

첫째, 미래의 묘지는 가능한 주거지나 큰 도로로부터 일정하게 떨어져, 산 자에게 가시적인 위화감을 안 주는 곳에 마련하도록 한다.

둘째, 공사설 공동묘지와 같은 대형 집단묘지는 가능한 깊고 높은 산을 활용하도록 한다.

셋째, 미래의 묘지조성은 지금의 집단묘지처럼 인공적 지형변경을 절대금지하고 기존의 수목을 적당한 간격으로 간벌하여 지금 스웨덴이나 유럽 녹색주의자들처럼 나무 한 그루 밑에 한 개의 묘지를 설치하는 산림묘지 — 녹색묘지 조성을 원칙으로 한다.

넷째, 묘역은 세 평 이하로 제한해서 봉분 없는 평장으로 매장한다.

다섯째, 묘역에는 어떤 명목의 돌의 반입도 금지하고 다만 일정 규격 이하의 묘비설치만 허용한다.

여섯째, 공사설 집단묘지에는 적정수의 관리인을 배치하여 위의 규정을 준수하도록 지도 단속하고 만일 위반할 경우는 지금처럼 가벼운 벌금형 대신 실형으로 처벌한다.

일곱째, 값싼 시립 공동묘지보다 사설 공동묘지나 개인, 가족, 종중 묘지를 선호하는 우리 국민의 전통적이고도 여유 있는 묘지관행도 존중하여 위의 규정만 지킬 경우에는 자기 소유의 산이나 한계농지에 이의 자유로운 설치를 허용하도록 함이 바람직하다.

앞서 말했듯이 화장과 그에 따르는 납골장은 당면한 문제를 일시적으로 미봉하는 눈속임일 뿐 생태적으로는 지속 불가능한 최악의 장묘제다. 또 그것은 우리의 장묘 전통이나 관습과 무관한 특정 종교에서 온 장묘관행이다. 너무도 유서 깊은 매장관행을 화장납골로 민주적인 절차에 따라 바꾸는 것은 불가능할지 모른다. 그렇다면 최선의 대안은 현행 매장의 경쟁적 과시성과 상업주의 장묘문화를 지속가능한 생태매장으로 바꾸는 것뿐이다. 이 관행과 장묘상업주의만 제거할 수 있다면 국토의 80퍼센트가 산지인 나라에 매장제도가 무슨 문제이겠는가?

여기쯤에서 이 글을 끝낼 생각이었는데 친구에게 부탁했던 '매장 및 묘지 등에 관한 법률 개정 법률안'을 받았다. 그래서 그 딱딱하고, 맛없고, 따라서 재미 하나 없는 법률을 한두 조항이 아니라 난생 처음으로 그 전문을 다 읽는 곤욕을 치렀다.

개정안 이전의 법률을 보지 못했지만 이 개정 대안 법률의 주요골자로 보아 기존의 것과 달리 개정되는 것은 종전의 개인묘지, 사설 화장장, 사설 납골장의 허가제를 신고제로 바꾼 것, 약간의 축소된 묘지면적, 그리고 위반시에 벌칙이 강화된 것과 가장 핵심적인 것은 이미 신문에 보도된 대로 최고 60년 매장 시한 뒤의 화장, 납골인 것 같다. 일본에서 그대로 따온 법률용어가 그렇듯이 개정내용에 근본적인 발상의 전환은 예견한 대로 전혀 없었다. 허가제를 신고제로 바꾼 것, 묘지축소, 벌칙강화 등은 약간 전향적이긴 하지만, 그것도 앞서 내가 제시한 생태지속적 매장제를 전제할 때 의미 있는 것이지 그렇지 않고서는 임시 미봉의 그게 그거다. 가장 개악된 것은 역시 앞에서 내가 거듭 비판한 대로 매장 뒤에 화장, 납골하는 삼중 장제다.

나는 실증법은 물론 그 철학도 따로 공부한 적 없는 문외한이지만, 법이 만 사람을 위한 것이고 만 사람 앞에 평등해야 하는 것이라면 이래야 된다고 생각한다. 대다수의 민중삶이 그랬듯이 법률 한 조항을 모르고도 자연순리와 인간 양심에 따라 살고 행동하면 그것에 저촉되지 않아야 하고, 더불어 사는 삶에서 어느 생명에게도 서로 상처나 피해를 주지 않는 공생원리에 따라야 하고, 현재뿐 아니라 지속적 미래 인류의 행복추구에도 장애가 되지 않아야 한다고.

내가 가꾸는 나무 밑에 묻어다오

미국 작가 포리스트 카트(1925~1979)가 인디언 소년의 눈으로 본 세계를 그린 작품이 최근 우리나라에 『내 영혼이 따뜻했던 날들』이란 제목으로 번역되어 나왔다. 이 작품에는 윌로 존이란 한 인디언 노인이

나오는데, 그가 죽을 때 그의 임종을 지킨 친구에게 다음과 같은 유언을 남겼다.

"내가 죽으면 저기 있는 소나무 옆에 묻어주게. 저 소나무는 많은 씨앗들을 퍼뜨려 나를 따뜻하게 해주고 나를 감싸주었어. 그렇게 하는 게 좋을 걸세. 내 몸이면 이 년치 거름 정도는 될 거야."

물론 이 말은 소설 속의 유언이지만, 실지로 인디언의 자연관, 대지를 어머니로 섬기는 인디언들은 이렇게 주검을 처리해 온 것으로 알려져 있다. 땅에서 나온 것으로 살다가 땅으로 돌아갈 수밖에 없는 인간이라면 이렇게 죽는 것이야말로 인간이 땅에게 보답할 수 있는 유일한 길이자 마지막 도리다.

오늘날 같은 삭막한 세상 가운데서도 죽어서 아름다운 영혼으로 기림 받는 사람이 없지 않다. 생명에 영혼이 있고, 그 중에 드물게나마 아름다운 영혼이 있다면 이런 염치라도 아는 영혼이 정말 아름다운 영혼일 것이다. 이 같은 아름다운 영혼으로 하여 오늘의 삭막함에 병든 우리의 영혼도 때로 위안과 따뜻함을 느낀다. 또 그러한 영혼의 이심전심이 나 같은 사람조차 이 책을 읽기 훨씬 전부터 위와 같은 묘지 규정을 스스로 만들고 죽을 때는 그렇게 묻히기를 바라게 했을 것이다.

내가 젊은 시절부터 이날까지 개인산을 구입하려고 집착했던 첫째 동기는 물론 조부모님과 부모님 산소문제로 겪은 내 개인사적 한(恨) 탓이다. 바로 내가 당했던 그런 설움을 다시 우리 후대들에게 유산으로 넘기지 않기 위해서다. 그래서 내 산을 구하면 우선 나부터라도 자기과시적이고 독점적인 돌매장 대신 자라기에 적당한 간격으로 솎아낸 기존의 나무 밑에다 내 부모님을 모시고 나도 그 발치에 낮은 흙봉분이나 돌 없는 평장으로 묻히는 녹색 가족묘지를 조성하려 했던 것이다.

　그러나 이 구상은 나의 희망사항일 뿐, 법률적 규제 없는 자율로서는 쉽지 않을 것이다. 같은 부모의 형제들과 내 아이들의 동의를 얻기가 쉽지 않을 것이다. 그리고 내 집안의 산소문제를 일거에 해결하기 위해 거의 한평생을 찾아 헤매다 최근에 우연히 구입한 산은 내가 태어나 먹고 자란 동네와는 상당히 떨어져 있고, 경사가 너무 가팔라 산림묘지로서는 마땅치 않은 리기다소나무 조림지다.

　그럼에도 이 산을 구입한 것은 묘지를 하기 위해서가 아니고 사실은 우리의 공생농두레농장을 보호하기 위해서였다. 두레농장구입 당시 남지농협에서 이 농장을 에워싼 야산을 공원묘지로 개발할 계획이 있었기 때문에 농장구입 자체가 무산될 뻔한 위기를 넘긴 적이 있다. 그래서 다시 그런 산지개발문제로 골치 아픈 일이 생기지 않도록 미리 예방하기 위해, 내켜하지 않는 동생까지 끌어들여 형제 공동으로 사둔 산이다.

　설사 마땅한 산이 있다 해도 형제들과 자식들의 동의를 얻지 못한 내 식의 장묘관행을 설사 유언으로 남긴다 해도 그것은 산 자의 처분이지, 아무 말, 아무 힘 없는 죽은 자가 무슨 수로 그렇게 집행시키겠는가? 주검을 어디 갖다버리든 내가 알기나 하고 내 죽으면 만사 끝인데 내 평생 소원도 무슨 소용이겠는가. 그러나 나이가 들어가자 욕심은 오히려 늘어나서 요즘에 와서는 내가 영원히 누울 장소로, 구하기 어려운 산 대신 지금 현재에도 가능한 자리로 바꾸기로 했다. 내가 갈아먹던 농장 한구석을 깔고 눕기로 한 것이다.

　거듭 말하거니와 죽음도 새로운 삶의 시작이자 그 연장이라면, 설사 생전에는 한 평의 제 땅도 소유 못한 사람일지라도 죽어서는 흙이 되어 다른 생명으로 되사는 날까지 한 평 정도의 땅을 점유할 수 있는 권리가 존중되어야 한다. 더구나 평생을 농민으로 살아온 나는 어머니처럼 자식처럼 살 비비고 사랑해 온 땅이 있다. 죽어서라도 지키고 싶은 땅이다. 그리고 나는 경작불가능한 청석 비탈밭에 모신 부모님 산소에 돌감옥(치장)은커녕 묘비명도 새겨놓지 않고, 불효자식을 감수하며 주변에 유실수만 잔뜩 심어놓은 녹색묘지를 이미 실행하고 있는 사람이다. 이만하면 경작에 거의 쓸모 없어 유실수를 대신 심은 농장 비탈밭 한구석 땅을 깔고 누울 권리는 충분하지 않은가?

　좁디좁은 골짜기 비탈밭이라서 기계 아니면 농사를 포기하는 요즘 세상에, 자식대에는 농사를 포기하거나 다른 용도로 전매될 이 밭에 나는 죽는 날까지 유실수를 심고 가꿀 것이다. 농약 없이도 어느 정도 잘되고 이왕이면 보기도 아름답고 우리 정서에도 합조하는 토착 설중매를 주로 하고 비슷한 정서의 다른 나무도 공생식재할 것이다. 생각 없는 아이들이라 할지라도 다른 용도로 팔아 없애기는 가슴 아프도록 나의 남은 힘, 남은 정성, 남은 인생을 이 땅에 쏟아부으리라. 나도 내가 스스로 만든 농장조차, 설사 이 다음에 더 좋은 곳으로 모시겠다는 스스로의 다짐 아래 부모님 산소가 있는 그 비탈밭 몇백 평만 남기고, 팔아먹을 수밖에 없었다. 예측 못할 인생 유전과 사람의 이기심을 어찌할 수 없지만, 그래도 어쨌든 내가 마련한 비탈밭 한구석에 내가 심어 가꾼 한 그루 나무 밑에 눕고 싶은, 영원히 이 땅 지키고 싶은 생전의 이 욕망을 어찌하랴!

　아이들아, 이 밭 한구석의 저 한 그루 설중매 아래 봉분 없는 평장으로 나를 묻어다오, 한 송이 매화꽃이든, 한 그루의 이름 모를 풀꽃이라도 좋으니 내 땅에서 나를 거듭 살게 해다오. 내 아버님, 그러니까 너희들의 조부님이 스스로 가실 곳을 마련하지도 지정하지도 못하시고도 특정 장소에 묻히기 싫어하신 유언이 내게 한이 되었단다. 그러니 내가 기어이 내 생애에 묻힐 곳을 정해 두고 가리라던 뜻을 이해하고 내가 정한 곳에 나를 묻어 그 땅을 너희들도 대대손손 지켜가게 해다오. 봉분 없는 평장, 나무 밑 잡초로 거듭 살아 땅 지키고 싶은 아비의 소망이 서운하다면, 작은 묘비로 나를 기념하며 그 뜻으로 뭇생명 거듭 사는 땅을 땅인 채로 영원히 지켜다오.

남들처럼 쉽게 "사랑한다"는 말 한 번도 아직 못했지만, 내 땅사랑이 곧 너희들에 대한 온몸의 사랑인 줄 너희들도 스스로의 땅사랑을 통해 언젠가 깨닫게 되리라 믿는다. 땅이 진리고 땅이 곧 도(道)이니라. 땅에 길이 있다.